衔尾蛇 书系 · 认知科学前沿典藏

The
Sociocultural
Brain
A Cultural Neuroscience Approach
to Human Nature

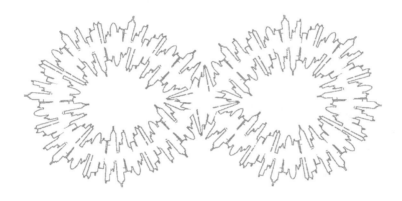

社会文化脑

人类天性的文化神经科学

韩世辉 _ 著　赵志刚　王珍珍　曲炎 _ 译

机械工业出版社
CHINA MACHINE PRESS

社会文化经验如何塑造我们的大脑？具有文化多样性的行为背后的神经关联物是什么？基因如何与社会文化经验交互作用，以调节大脑的功能组织和我们的行为模式？本书提供了一个关于人类大脑功能组织的新视角，强调了人类社会文化经验及其与基因的交互作用在塑造人类大脑与行为中扮演的角色，以及基于文化神经科学这一方兴未艾的研究领域的前沿成果；揭示了一系列认知与情感过程背后人类大脑活动模式的跨文化差异，包括视知觉/注意、记忆、归因、对他人心理状态的推理，以及共情。此外，本书展示了一系列研究，整合了神经成像技术和文化启动方法，以探索文化与大脑功能组织的因果关联。本书还探讨了文化神经科学研究对理解人类大脑与文化的实质，以及教育、跨文化沟通、文化间的冲突和相关心理问题的临床干预有何启迪。

北京市版权局著作权合同登记　图字：01-2020-5837号

图书在版编目（CIP）数据

社会文化脑：人类天性的文化神经科学 / 韩世辉著；赵志刚，王珍珍，曲炎译. —北京：机械工业出版社，2023.3
书名原文：The Sociocultural Brain: A Cultural Neuroscience Approach to Human Nature
ISBN 978-7-111-72808-5

Ⅰ.①社… Ⅱ.①韩… ②赵… ③王… ④曲… Ⅲ.①神经科学 – 研究 Ⅳ.①Q189

中国国家版本馆CIP数据核字（2023）第057253号

机械工业出版社（北京市百万庄大街22号 邮政编码100037）
策划编辑：刘林澍　　　　 责任编辑：刘林澍
责任校对：韩佳欣 陈 越　 责任印制：刘 媛
北京中科印刷有限公司印刷
2024年1月第1版第1次印刷
160mm×235mm・22.25印张・3插页・237千字
标准书号：ISBN 978-7-111-72808-5
定价：88.00元

电话服务　　　　　　　　 网络服务
客服电话：010-88361066　　机 工 官 网：www.cmpbook.com
　　　　　010-88379833　　机 工 官 博：weibo.com/cmp1952
　　　　　010-68326294　　金 书 网：www.golden-book.com
封底无防伪标均为盗版　　　机工教育服务网：www.cmpedu.com

前　言

　　不同文化中的人们行为方式迥异，这在日常生活中随处可见。那么，人类行为的文化多样性背后到底隐藏着何种动力？人类学家和社会学家曾对人类行为的多样性进行过广泛记录，也建立了许多理论从宏观角度说明其观察结果。神经科学家提供了很多实证研究结果，来帮助我们了解动物行为的微观机制（例如：细胞学和遗传学）。我们是否可以从神经科学的角度来理解人类行为的多样性？在过去十年里，随着文化心理学、认知神经科学以及其他相关研究领域的融合发展，出现了一种新的研究方法。文化心理学家通过探索人类潜在的心理特质、认知或是情感过程，来调查行为的多样性。认知神经科学家运用脑成像技术探索人类的认知、感情及行为的神经关联。得益于文化心理学家以及认知神经科学方面的尖端脑成像技术，我们拥有了详细的行为范式以及理论框架。而这一切推动着文化心理学和认知神经科学的融合发展，文化神经科学也应运而生。

文化神经科学从文化的角度，对许多有关人类行为和大脑的问题进行调查研究，这些问题有趣又重要。譬如，人类行为的文化多样性到底在何种程度上反映大脑特殊的功能组织？来自不同社会文化环境中的人们，他们在认知任务中的表现涉及的神经机制是否为文化经历所影响？大脑活动又能否被短期文化经历所影响？大脑是否以相同过程处理当前熟悉或是陌生的信息？文化经历与基因的交互作用如何影响大脑功能组织？另外，文化神经科学研究还提出了一些有关大脑与文化的综合性问题。例如，人类大脑的本质是什么？它是一个纯粹的生物器官还是一个生物社会学器官？文化的本质是什么？它是一种单纯的社会结构还是一种社会生物学结构？

本书并非意在回答上述所有问题。但是，鉴于文化神经科学的研究数量与日俱增，且这些研究给出了一系列有趣的实证结果，我认为当下应概述一下近10至15年来文化神经科学研究的方法及结果，因为这些研究极大丰富了我们关于文化与人脑功能组织关系的认知。这些研究结果显示，脑的功能组织由社会文化经验塑造，以指导人们做出适应特定社会文化环境的行为。特别要指出，最近的文化神经科学研究表明，东亚文化和西方文化能对涉及多种认知/情感过程的神经活动产生重要影响，譬如感知、注意、心理归因、自我反省以及情绪调节。与特定文化特质交互作用的基因同样调节着人脑的功能组织。本书通过总结最近文化神经科学的研究结果，同时通过强调人类社会文化经验的重要性及其与基因的交互作用，为研究人脑的功能组织提供了一个新的角度。

本书共分为九章。第1章通过比较东亚及西方社会个人行为的案例，对人类行为的文化差异进行概述。本章介绍了文化这一概念，即强调共同信念及行为脚本。同时介绍了跨文化心理学的发现，揭示了东亚文化及西方文化中人们多种认知和情感过程的差异。也对文化神经科学简史进行了回顾。

第2章回顾了一系列功能磁共振成像和事件相关电位研究，概述了在面对手势、音乐、品牌和宗教知识时，大脑如何加工熟悉或是陌生的信息。

第3章在理解社会文化经验和认知二者的关系方面，为读者介绍了一个理论框架，同时本章为阐述东亚文化与西方文化成员在感知、注意、记忆、因果判断、数学计算、语义关系和决策方面的大脑活动的差异提供了证据。接着，本章讨论了对情境独立和情境依存的认知策略的文化偏好。

第4章研究了西方文化和东亚文化成员自我观念的差异，阐述了行为和脑成像研究的结果，揭示了西方文化和东亚文化成员自我面部识别以及自我反思背后的神经机制。

第5章展示了针对社交活动背后的神经过程，跨文化神经影像学研究得出了怎样的结果，揭示了东亚文化经验和西方文化经验如何影响面部和表情感知、共情能力、情绪调节、对他人信念的理解、对他人社会地位的感知和对社会反馈的处理等方面的具体认知策略及神经策略。

第 6 章研究了一种文化知识系统的临时性转向对涉及痛觉处理、视觉、自我面部识别和自我反思、经济回报、同情心以及静息状态时的大脑活动会有何影响，并讨论了文化信念或价值观及人脑功能组织之间的因果关系。

第 7 章概述了实证研究结果，得益于这些结果，我们可以从进化论角度（例如，基因 – 文化共同进化）和个体发展角度（例如，基因 – 文化交互作用）来考虑生物及环境对人类行为的影响。而且，本章通过向读者展示几项研究，这些研究调查了血清素转运蛋白功能多态性与催产素受体基因如何调节互相依赖性和涉及自我反思及同情心的大脑活动之间的关系，从而介绍了一种文化神经科学的方法，来揭示基因如何影响脑活动及文化特质的耦合。

第 8 章基于文化神经科学的发现，介绍了人类发展的文化—行为—脑循环模型（CBB）。该模型假定，文化通过将行为情境化来塑造大脑，同时大脑借助行为的影响适应与调节文化。而且，无论是在个体还是群体水平，基因都是 CBB 的基础，也是纽带。该模型旨在加深我们对于文化、行为、大脑之间的动态关系的理解。

第 9 章讨论了文化神经科学研究结果的意义，即帮助我们理解人脑的生物社会本质，和理解文化的社会生物学本质。本章还阐释了文化神经科学如何帮助我们重新审视学校教育、跨文化交流，以及不同文化中的神经心理障碍的临床治疗。

本书借鉴了众多相关文献以及书籍。笔者对投身于文化神经科学发展的研究者们致以敬意和感激，正是你们的实证研究和理论框架推动着科学研究不断前进。若是没有这些研究的帮助，本书将无法问世。在此，笔者要特别感谢朱滢教授，他曾于中国发起了跨文化脑成像研究，并且自 2001 年起便同我一起工作。除此之外，笔者还要特别感谢我的博士后同辈们、毕业生们以及学生们，是他们伴我工作十余载。包括（以下中文人名均为音译）：隋杰、毛丽华、马一娜、穆言、葛剑峤、王辰波、盛峰、罗思阳、施峥浩、刘力、Moritz de Greck、Sook Lei Liew、Meghan Meyer、Miohael Varnum、Kate Woodcock、John Freeman 等。此外，笔者还要表示对吴玺宏、饶毅、Georg Northoff、Shinobu Kitayama、Andreas Roepstoff、Michele Gelfand、Kai Vogeley、Ernst Poppel 教授的感激之情，我们曾一同展开热烈讨论，并进行了卓有成效的合作工作。同时，本书能够成功出版的最大贡献来自于 Glyn Humphreys 和 Jane Riddoch 教授。我们自 1996 年起便一同工作。2015 至 2016 年，他们邀请我担任牛津大学的客座教授，在那里我完成了本书的编写工作。Jane Riddoch 教授还帮我审阅了本书的所有章节。此外，感谢王伟强提供图 1.2。最后，我还要感谢我的妻子，感谢她无时无刻不在支持着我的研究工作。

感谢中国国家自然科学基金（项目 31421003、31661143039、31470986）对本人关于文化和大脑关系研究的资助，感谢 Leverhulme Trust 基金会帮助我完成 2015 年和 2016 年对牛津大学的访问，我才得以全身心投入到本书的写作中。

写于英国，牛津

2016 年 6 月

术语表

A/A	腺嘌呤 / 腺嘌呤	L	左
ACC	前扣带皮层 / 质、前扣带回	LG	舌回
A/G	腺嘌呤 / 鸟嘌呤	LMF	左侧中额叶皮层 / 质
Amyg	杏仁核	LPC	晚正复合体
BOLD	血氧水平依赖	LPP	晚正电位
CBB	文化 – 行为 – 大脑	MEG	脑磁图
CC-Behavior	文化情境化行为	MO	枕中皮层 / 质
CV-Behavior	文化自愿行为	MPFC	内侧前额叶皮层 / 质
DACC	背侧前扣带皮层 / 质	MR	磁共振
DLPFC	背外侧前额叶皮层 / 质	MZ	同卵双胞胎
DMPFC	背内侧前额叶皮层 / 质	OXTR	催产素受体基因
DZ	异卵双胞胎	PET	正电子发射断层成像
EA	东亚人	PrecCu	楔前叶
ECG	心电图	R	右
EEG	脑电图	RMF	右侧中额叶皮层 / 质
ERN	错误相关负电位	SNP	单核苷酸多态性
ERP	事件相关电位	SP	顶叶上回
G/G	鸟嘌呤 / 鸟嘌呤	TMS	经颅磁刺激
GWAS	全基因组关联研究	ToM	心理理论
IAT	内隐联想测试	TP	颞极
Ins/IF	下额叶皮层 / 质	TPJ	颞顶联合区
IP	顶叶下回	VMPFC	腹内侧前额叶皮层 / 质
IPA	内隐积极联想	WC	西方白人
IRI	人际反应指针量表	WEIRD	西方、受过教育、工业化、富裕、民主

目 录

社文
会化
脑

人类天性的文化神经科学

第 1 章

文化多样性：从行为到思想和大脑

⌄
⌄
___

不同的人类行为

　　1996 年我在中国读完博士就出国了。作为一名访问研究员，我在英国伯明翰大学继续视觉感知和注意力领域的研究。在我到达伯明翰后的第一个周末，我的联系教授和他的女儿就带我去了靠近伯明翰的一个小城市——沃里克——游玩。除了参观一座古老而美丽的城堡，我们还参观了一家专门为左撇子销售工具和乐器等产品的商店（教授的女儿就是左撇子）。这家商店让我非常吃惊，因为我在中国从来没有遇到过类似的商店。当我在 2015 年写这本书时，这再次激起了我的好奇心。我向北京的朋友和同事（还有一些左撇子朋友）询问中国这类商店的情况，但他们也对此一无所知。我在网上搜索中国销售左撇子产品的商店但一无所获。然而，我们很容易找到经营左撇子产品和商店的英文网站。为什么在英国和中国左撇子产品会有如此大的差异？两国之间的这一差异可能反映了人们对左撇子的看法和态度。而左撇子只占总人口不到 10% 的比例（Van der Elst et al, 2008）。西方社会中的人（比如我的英国联系教授）似乎不仅容忍左撇子，而且还倾向于鼓励他们使用左手。相比之下，大多数试图用左手握筷子或打算用左手握笔的中国孩子，会被父母"纠正"，改为右手。为什么会发生这种情况？一种可能是，用左手显得与大多数中国人有别（尽管父母可能会解释说，拿筷子或写字，用右手比用左手更方便）。

与我在加州的一次经历相比，我在伯明翰的经历还算不上"文化冲击"。在伯明翰大学工作几年后，我搬到了美国加州的一个实验室继续对视觉感知和注意力的研究。我在一个小镇上租了一位年轻房东家的一间房间。我的房东、他的父母和两个已婚的姐妹都住在同一个城镇，经常在周末或节假日聚在一起。有一次，我的房东邀请我参加了在一家餐馆为他的一个侄子举办的生日晚餐。参加这场欢聚晚宴的有他的祖父母、父母、叔叔阿姨和堂兄弟姐妹。他的家人们和我都赠送了礼物，大家在一起一边享受着美食、一边畅谈无碍。晚饭后，我非常惊讶地发现他的祖父母、父母和叔叔阿姨都各自付了自己的账单（作为一名客人，我则很荣幸得到了他的祖父母的"款待"）。我为什么感到惊讶？嗯，因为我在中国从未见过这样支付家庭聚会账单的方式！在中国，永远都是一个人为家庭聚会买单，要么是父亲、祖父，要么是其他人。在中国社会的社交场合中，由祖父母、父母和晚辈甚至其他亲属组成的家庭是一个整体。在我看来，我房东的家庭虽然分付账单，但仍然保持着良好的家庭关系。

我在加州经历了其他的文化差异。例如，在葬礼上可能会发生什么？在中国社会的传统葬礼上，亲戚、朋友和同事通常会快速向逝者的尸体致敬，然后用握手和几句话来安慰家人，并表示哀悼。那里有一种悲伤的气氛，大多数出席者都会陪着死者家属一起哭泣。中国传统葬礼的核心是，出席者向逝者家人表达他们对逝者的敬意，更有意义的是，他们在悲伤中安慰逝者家人，在这种场合下没有人会微笑。让我感到惊讶的是，在加州，人们从葬礼上回来后，逝者的家人与其他亲戚和朋友们聚在一起，回忆逝者生前的点点滴滴，并称赞他的与众不同和卓越品质。在活动期间，没有人会流泪哭泣。更让我震惊的是，有人开始讲逝者生前的趣事，引得人们哄堂大笑！这种行为在中国社会的任何地方都是不能容忍的。在我看来，加州葬礼出席者的行为和他们讲述的故事都是通过回忆并赞扬逝者的美德来关注逝者的一种方式。相比之下，参加中国葬礼的人会更加注重逝者家人的感受，并避免讲述逝者生前的故事。前往不同国家的机会越多，就越有可能见证人们不同的行为。在一个社会，孩子可能在出生后就睡在单独的卧室里；而在另一个社会，孩子可以和父母同处一室很久。当一个美国女孩不满意她点的食物时，她的妈妈可能会说："这是你自己的选择，你必须吃。"在类似的情况下，一位中国母亲可能会告诉她的女儿："妈妈吃吧，你可以再点一份其他的。"美国学生可以根据自己的兴趣来选择大学专业，而中国父母更有可能对孩子选择的大学专业给出强烈建议，甚至帮助其做出决定，这意味着父母对孩子未来的期望并在一定程度上反映了父母自己的生活目标。东亚和西方社会在如何安排宴会宾客座位方面也有很大差异。在中国传统宴会上，人们会围坐在一张圆桌旁（见图1.1A）。现代的餐桌甚至还添加了可以旋转的一层，这样在旋转层的菜品就很容易送到每个人面前。这样的安排使人们便于分享食物，并与桌子旁的每个人交谈。相比之下，在一个传统的西方宴会上，人们往往坐在一张长桌旁，每个人都有各自的食物（见

图 1.1B）。这种安排只允许一个人和他 / 她邻近的几位客人交谈。这些餐桌安排的关键差异在于，在中国宴会上围坐在圆桌周围的每个人都通过分享食物和对话与所有客人联系在一起，而西式宴会的特点是只注重两个人之间的交流。西式宴会上的食物和座位安排突出了每一位客人，而在中国宴会上个人则或多或少融入了一个社会群体。

（A）

（B）

图 1.1　中国（A）与西方国家（B）的宴会形式

不同的人类行为并不局限于个体的观察。就社会行为而言，一个社会群体可能与另一个社会群体截然不同。我想再举两个例子来表明存在于当代社会中的不同社会行为。第一个例子是关于"摩梭人"的，他们生活在中国的云南和四川省。不像世界上最常见的家庭结构，即男人和女人结婚并一起抚养孩子，摩梭人有着非常不同、独特的婚姻习俗和家庭模式。他们采用了一种母系家庭制度，即由几代人共同组成大家庭，外祖母、母亲、舅舅阿姨、孙辈等共同住在同一所房子里。除了特定年龄段的女性可以有自己的私人卧室，其他家庭成员都住在公共宿舍里。摩梭人以"走婚"而闻名。一个摩梭女人邀请一个她喜欢的男人在天黑后走到她家，和她在她的房间里共度一晚。然而，这名男子第二天就不能呆在那里了，一大早就必须回到自己的家。即使有了孩子，男人仍然不能和女人住在一起。相反，这个女人继续和她的家人住在一起，在孩子的外祖母、舅舅阿姨等人的帮助下抚养孩子。而这个男人则帮助他的姐妹们照顾他的"外甥"和"外甥女"们。因此，一般来说，摩梭人的孩子是由母亲的家庭抚养长大的，与"阿姨"和"舅舅"（但不是父亲）一起长大，他们跟随母亲的姓氏。"走婚"制度下的家庭与大多数中国家庭不同。多数中国家庭中父子处于主导地位，女儿长大后要离开家嫁到夫家，与丈夫一家一起生活。一个家庭中儿子越多，这个家庭就会越壮大。相比之下，一个摩梭家庭只有在有很多女婴时才会变得庞大。

长期以来，社会学家和发展心理学家一直观察父亲对儿童发展的影响。除了为伴侣和子女提供经济和社会支持外，父亲还可以通过互动和教育来影响儿童的发展（Paquette et al., 2013）。例如，父亲可以扮演道德教师的角色以确保他们的孩子在适当的价值观引领下长大。父亲通常会鼓励孩子们选择特定性别的游戏和玩具，并在儿童性别角色的发展中发挥强大而独特的作用（Parker, 1996）。亲子关系的质量已被证明可以预测青少年的学业成就和对同龄人的亲社会行为（Amato & Gilbreth, 1999; Coley, 1998）。目前还没有关于摩梭人儿童发育的系统研究。然而，考虑到父亲在儿童发展中的重要作用，人们可以想象缺乏父亲的陪伴会如何影响孩子的个性、亲社会行为和未来职业发展。

第二个例子是一种独特的建筑类型，其分布于中国福建省东南部的农村，大部分位于山区，被溪流和 / 或田野包围（Liu, 1984）。当地人称这些农村住宅为"土楼"（"土屋"）（见图 1.2）。每个住宅都由夯土墙制成，是一个封闭的大型建筑，呈圆形或矩形，有两层或两层以上。每个土楼通常只有一个主入口，由一扇厚厚的木门守卫着。内里是小型的内部建筑，它们都被主楼巨大的外墙所包围。一楼的房间是仓库、厨房等，楼上则是生活区。有时，这些土方建筑的顶层可能会有用于防御目的的枪孔。最令人惊叹的特点是，每座宏伟的土楼建筑实际上可以容纳多达 80 户家庭。一旦主入口的大门被关闭，这些家庭就会一同成为一个单元。因此，土楼内的许多设施，如水井、宴会大厅和浴室，都是共有的财产。土楼建筑使得居住在里面的人们有许多共有之物，也为他们创造了很多机会互动，这使得他们之间可以建立紧密的联系。诸如清洁公共区域和打开 / 关闭大门等公共职责是轮流分配给不同的家庭的。生活在西方社会独立住宅和大城市的现代高层建筑中的家庭很少见面，在这个方面，土楼则大不相同。一个在土楼里长大的孩子与许多同龄人和许多家庭有着密切的关系。

（A）

（B）

图 1.2　福建土楼的外部（A）和内部（B）

即使是住在这种农村住宅内的成年人，也必须学会如何适当地处理邻里关系，以便与他人和谐相处。

福建土楼最初是建造给同一宗族或相近宗族的人居住的，在其特有的自然和社会环境中具有良好的防御功能。这种建筑风格是如何发展起来的？实际上，这些乡村宅宇映射了许多中国的传统理念。比方说，建筑中的圆形或长方形构造符合中国"天圆地方"的传统观念；福建土楼的布局也符合中国住宅"外闭内开"的传统理念，该理念意味着：共同居住于土楼里的人们关系密切，共享诸多事宜，这可能是因为他们有共同的家族祖先，也可能是紧密的社会关系使然，不过他们与生活在土楼之外的人保持着一定的社会距离。土楼不仅代表一种建筑风格，也对居住者的生活方式有着潜移默化的影响。试想，孩子 A 住在福建土楼，孩子 B 住在西式的独栋别墅。土楼的房屋间距很近，孩子 A 每日都会与邻居碰面，和其他孩子一起玩耍，对他们的名字、家庭和关系都比较了解，即使在自己屋里也会注意不要打扰到别人。相比之下，孩子 B 在自己的家庭之外很少见到其他人，也不必经常考虑与他人的关系，一个人做自己想做的事。这些在不同社会环境下的成长经历会对孩子的发展产生深远影响。

人类学和心理学的研究者除了此类日常观察，还广泛记录了人类的不同行为。人类学家和心理学家对世界各地的行为进行了定性与定量的测量。在观察到其他社会的人的行为与自己的不同时，人们总会感到兴奋有趣，也对不同社会的多样性感到好奇。对人类学家和心理学家来说，要理解人类思想、情感和行为的复杂性，极其重要的一点是：比较不同社会中人与人之间的异同之处。研究人员并未将观察到的不同行为简单归因于"地理差异"或"肤色差异"。他们越过这种视觉上的层次，试图在大脑中找到更深层次的机制以解释各种行为，其中，核心概念即"文化"。但什么是文化？

文化：从观察到观念

大众经常使用"文化"这个词。多数情况下，当我们注意到来自其他社会的人的"异常行为"时，我们产生的第一想法是"文化的差异"或"文化的多样性"。这里的"差异"或"多样性"只是反映了我们的观察，即不同社会的人的行为方式并不相同。那"文化"指的是什么？《简明牛津词典》中对"文化"的简单定义是"一个特定时期或民族的习俗、文明和成就"（1990 年第八版，第 286 页）。公众经常使用这种"文化"定义，它指的是明显不同的行为及其可见的后果。此外，这个定义是群体属性的，而非个体属性的。

除了字典中对文化的定义外，学术文献中也有很多关于"文化"的定义。早在 1952 年，Kroebe 和 Kluckhohn 的合著中就列出了 161 种"文化"定义，都是从人类学、社会学、心理学和哲学等学科收集而来的。对"文化"的定义或宽泛或具体，强调了文化的不同方面。例如，一些定义强调了传统和遗产，表示"文化是指由人类发展起来的、由每代人接续传承习得的行为综合体"（Mead, 1937, p.17）；"文化包括一切可以代代相传的事物。一个民族的文化是他们的社会遗产，是一个'复杂的整体'，其中包括知识、信仰、道德、法律、制造使用工具的技术以及交际方法"（Sutherland & Woodward, 1940, p.19）；一些定义将文化视为想法和信息，比如"文化可以简要定义为通过象征性行动、口头指导或模仿在个人之间传递的思想流"（Ford, 1949, p.38）；"文化是能够影响个人行为的信息，可以通过教学、模仿和其他形式的社会传播，从其他人那里获得"（Richerson & Boyd, 2005, p.5）。一些定义突出了文化在指导行为方面的作用，表示"我们所说的文化是指所有那些历史上创造的生活设计，包括显性的和隐性的，理性的和非理性的，它们在任何特定的时间都存在，作为人们行为的潜在指导"（Kluckbobn & Kelly, 1945, p.97），或"文化一般被理解为在特定社会中代代相传的、可能从一个社会传播到另一个社会的学习行为模式"（Steward, 1950, p.98）。文化不是由自然环境赋予的。相反，文化是由人类创造的。因此，有一些定义强调了文化的人工性质，指出"文化是人类生产或创造的物品、习惯、观念、制度、思想或行动模式，然后传给别人，尤其是下一代"（Huntington, 1945, pp.7-8）或"所谓的文化的主要组成部分，是智人发明的能想象到的现实的多样性，以及由此产生的多样化的行为模式"（Harari, 2014, p.37）。

与上述对文化的理解一致，社会文化心理学家经常使用三种基本意义上的文化概念（Chiu & Hong, 2006）。"物质文化"是指人类生产的所有物质制品，例如承载各种人类社会活动方法的建筑、人们制作和流通食物与商品的方法以及人们相互交流的方式。"社会文化"指的是指导和规范人类行为的社会规则和机构，例如家庭和婚姻。"主观文化"是指人类头脑中的共同想法、价值观、信仰和行为脚本。文化的这些方面是动态关联的，它们共同构成了一个群体特有的社会环境。正如 Kuper（1999, p.6）所指出的："与科学知识不同，文化智慧是主观的。"物质文化和社会文化本质上反映了共同信仰和行为脚本的结果，因此，主观文化相对来说更具有根本性。

这些关于"文化"的定义研究指出了一些关键属性。第一，主观性是文化的一个基本特征。信念和价值观可以概念化为心理活动，告诉人们孰是孰非，我们应该做什么，不应该做什么。储存于我们脑中的行为脚本能够指导我们社交中的言语和行为。主观的心理活动与物理环境是分离的，它在指导行为方面发挥着更基本的作用。第二，信仰和行为脚本只有在为一个社会群体的所有成员或特定成员所共享时，才称得上是文化的一部分。个人可能会创造新的思想和行为脚本，但如果没有被社会群体中的大多数人接受并传承，这些思想和行为脚本便不能构成文化。共同的信念能够大大增强人们的凝聚力，以进行社会协作。第三，文化的"遗传性"并非生物学概念。文化可以通过社会学习代代相传、跨代传递，文化不会消亡，除非被自然灾害摧毁。

文化心理学家已经意识到，文化不是对社会群体的一套僵化的刻板印象，而是社会集体思想所拥有的动态知识系统（Markus & Hamedan, 2007）。文化是代表着社会环境的一个动态概念，并非人类先天的生物条件。人类没有天生的特定文化倾向，但具有获取和创造文化的潜能（Harris, 1999）。由此，一个人可能会因经历而改变文化信仰和价值观，转而吸收新的信仰和价值观（如一个人移民他国）。即使是同一社会或同一地理范围内的群体，在信仰和价值观以及行为准则方面，也可能有巨大的异质性。当代社会的文化交流和移民比过去更频繁、更迅速，这种异质性也更为明显。

同一社会中的大多数人所拥有的文化知识体系通常与另一社

会中的人的文化知识体系不同。文化心理学家广泛调查了东亚和西方社会，分别将这两种相异的文化知识体系称为东亚文化和西方文化。这两种文化在一些维度上存在差异，例如在看待自己和他人之间的关系方面，以及对客观社会事件的因果归因方面。然而，现代社会中的人们并非绝对是单一文化的，因为在多元社会文化背景下，难以避免接触到其他文化的信仰和规矩，而且往往是深入接触。因此，一个人很可能拥有多个文化体系的观念，这就导致人们社交时常常需要根据具体背景来切换脑中的文化体系（Hong et al., 2000）。研究者可以在此视角下探究文化，建立起一个关于人们信仰和行为脚本的动态模型，并在实验室进行测试。

文化与国籍不同，后者由具有共同民族起源国家的社会群体成员定义。文化强调共享的信仰、思想、价值观和行为脚本，而同一国籍的人不一定共享这些东西或执行同种行为脚本。例如，与北美人相比，南美人更坚信个人声誉的重要性，更会不惜一切代价去捍卫自己的声誉（Nisbett & Cohen, 1996）。日本北部岛屿——北海道的居民与北美的欧洲裔美国人在重视个人成就方面和因果归因倾向性方面相似，而非北海道居民则基本不具备这些特征（Kitayama et al., 2006）。相比之下，来自不同国家的人，例如西方和东亚社会的基督教信徒，即使地理位置不同，也可能有相似的信仰和行为脚本。

文化也不同于种族，种族是根据外部属性来分类人群，例如区分肤色和面部特征。在许多种族理论和非专业的世俗理论中，种族群体也具有稳定的、生物决定的心理特征和倾向。人们将种族视为一种在整个生命周期和文化背景中都固定不变的存在，认为同一种族的群体在血统和外表上是同质的。但实际上，同一种族的个体并不一定具有相同的文化价值观和经历。例如，人们可能认为中国人和美籍华人属于同一种族，但他们也许有不同的文化价值、信仰以及经历。

文化心理学家等研究人员在社会群体意义上使用"文化"一词，特定群体的成员有共同的社会价值观、知识和实践准则。有文化心理学研究表明不同群体在特定的文化价值观或认知过程方面存在差异，基于此，一些研究会从两个不同的文化群体（如西方人和东亚人）中招募研究对象。某些情况下，种族和语言是区分两个文化群体的伴随因素。其他研究（Han et al., 2008, 2010; Yilmaz & Bahçekapili, 2015）调查了来自同一国家，但由宗教或政治信仰规定的文化群体，在这类调查中，两组研究对象拥有相同的国籍、种族和语言，只是在信念/价值观和实践上有所不同，这些因素被假设与特定的行为表现和大脑活动模式有关。

要理解文化的本质，就必须对文化进行定量的评估，由此，我们对文化的探究要从描述层面转变为阐释层面。由于文化是一个多维度的复杂概念，研究人员们开发了一些测量方法，用于评估特定维度的文化价值或特征。例如，为了调查人们对个体之间亲密度的重视程度，Triandis（1995）制定了一份问卷来测量个人主义和集体主义的文化价值观。其中，一部分参与者主要将自己视为集体（例如社会群体或国家）的一份子，另一部分参与者侧重强调个人的目标/偏好、需求/愿望以及思想和行为权利。Singelis 于 1994 年创建出自我构念量表来评估文化特征，该表内容包括：个人是否将自我视为一个自主的、有界的实体，强调自

我的独立性和独特性，或者是否更重视自己与亲密者之间的相互
联系和共鸣，强调和谐性。Tsai 等人于 2006 年设计了一种衡量人
们的"理想情感"和"实际情感"的方法，以检测文化偏好的理
想情感状态。这些问卷已被广泛用于量化来自不同社会群体的个体
之间的文化取向差异。此外，这些方法能够捕捉到群体内部之间和
各群体之间的文化价值观的差异，有助于测评和进一步理解文化价
值观和人类行为之间的关系。研究人员通过测量文化价值观来考察
群体行为的差异和潜在的心理过程是否与特定的文化价值观有关，
以及文化群体的行为差异是否由特定的文化价值观调节。最重要的
是，这些措施提供了一个框架，用于明确各种认知和情感过程中的
文化差异，这对于理解人类行为的多样性至关重要。

行为的文化差异背后：心理过程

为什么来自不同社会的人有不同的行为？我们如何才能理解
不同的人类行为？研究者可以用多种方法，从多个角度来解析
这些问题。例如，人类学家曾通过以下问题来探索灵长类动物
的文化进化：（a）社会生态变量如何影响文化传播动态；（b）
实现社会学习的近似机制；（c）关于社会影响在获得行为特征
中的作用的发展研究；（d）参与社会学习的适应性结果（Perry,
2006, p.171）。文化人类学试图通过描述和分析人们的交流、家
庭结构、社会关系、宗教活动等，了解文化系统的起源、结构和
适应功能（Fortun & Fortun, 2009）。环境、行为和社会学习引起

了人类学家的广泛关注，但由于人类学方法以行为观察为主要特征，人们对心理过程在文化进化中的作用关注较少。

因为行为是由大脑引导的，研究人员自然会寻找人类各种行为相关的心理过程。文化心理学就是这样一种方法，它研究"文化传统和社会实践调节、表达和改变人类心理的方式，及其如何造成人类在心智、自我和情感方面的种族差异"（Shweder, 1991, p.73）。文化心理学起源于文化人类学，但其自身的研究问题、方法和理论已经发展起来了（Kitayama & Cohen, 2010）。尤其是文化心理学的科研计划，侧重于人类行为背后的心理过程的相似性和差异性。过去 20 年来，文化心理学的主要目标之一是：揭示支撑人类行为的多种认知和情感过程中的文化群体差异，并将不同的人类行为归因于不同的潜在心理过程。

文化心理学研究的主要方法是基于文化具有可比性的假设，用特定的认知 / 情感任务测试多个不同文化的被试群体，以便从被试的行为表现或问卷调查的结果中推断出文化上普遍和独特的心理过程。由于文化心理学研究是由北美和欧洲国家的心理学家发起的，后来又有东亚国家（中国、日本、韩国）的研究人员加入，因此大多数跨文化比较是在西方人和东亚人之间进行的，对其他文化群体的比较较少。为了确保来自不同文化样本的研究对象是具有可比性的人群，大多数跨文化研究选择对大学生进行测试，因为这样更易于控制年龄、教育、智力和职业之类的混杂因素。然而，正如 Henrich 等人（2010）所指出的，目前的行为科学家（包括文化心理学家）定期测试来自西方（West），受过教育（Educated），工业化（Industrialized），富裕（Rich）和民主（Democratic）社会的被试（WEIRD），并假设这些 WEIRD 被试和其他人群一样具有代表性。由于不同人群的实验结果存在很大差异，并且与其他群体相比，WEIRD 对象更加罕见，因此如果研究人员（包括文化心理学家）想要根据从 WEIRD 人群的成员那里得到的结果概括人类的情况，更须保持谨慎。

尽管如此，文化心理学的研究日益增多，不可轻视，这些发现揭示了各种心理过程中的文化差异。迄今，越来越多的结果表明人类心理结构的多个方面存在文化群体差异。例如，Kitayama 及其同事（2003）开发了一种框线测试，以评估在视觉加工过程中融入或忽略情境信息的能力，他们对不同文化背景的两组被试的表现进行比较。在框线测试中，被试首先看到一个方形框架，里面有一条垂直线。撤销该框架刺激后，被试会看到另一个相同或不同大小的方形框架，并按要求画一条与第一条线长度相同的线（绝对任务）或与周围框架高度成比例的线（相对任务）。研究者最初测试了两个不同的文化群体，发现在日本招募的日本本科生在相对任务中的表现更好，而在美国招募的美国本科生在绝对任务中的表现更好。更有趣的是，为了说明文化对框线测试表现的影响，研究者进一步测试了在日本招募的美国本科生，发现他们在相对任务中的表现也比在绝对任务中更准确。然而，在美国招募的日本本科生在这两项任务中表现相当。这些结果说明：在视觉感知过程中，亚洲文化群体更能融入情境信息，而北美文化群体更容易忽略情境信息。

感知方面的文化差异不仅存在于视觉过程中。Ma Kellams 及其同事（2012）在一项心跳识别项目中，通过心电图（ECG）记录亚裔和欧洲裔美国被试的心率，研究了内脏感知的文化差异，在此期间被试需要对其心跳进行计数和报告。计算出来的实际心率和报告心率之间的差异分数用于衡量心率自我感知的准确性。与欧洲裔美国被试相比，亚裔被试的实际心跳和感知心跳之间的差异分数较大，这表明他们的内脏感知不太准确。Kitayama 等人（2003）的框线测试也用于研究亚洲人对情境线索的关注和依赖是否会致使其内脏感知能力较差。Ma Kellams 等人计算了一个情境依赖得分（即绝对任务和相对任务中误差的差异），结果表示情境依赖调节了文化和心跳检测得分之间的关系。

研究者们还记录了高层认知过程的文化差异。为了探索文化对记忆的影响，Wang（2001）邀请美国和中国的大学生做问卷调查，该问卷主要关注调查对象最早的童年记忆，且必须是自己的记忆，不能是听说的故事。结果表明，这两个文化群体的记忆取向大不相同。美国大学生的报告比较冗长、具体、以自我为中心、情感细腻，他们在描述自己的记忆时强调了个人属性（例如"我盯着天花板的时候意识到周围没有其他人。我没有任何玩具就能自娱自乐，这种能力把我吓了一跳"）。相反，中国的大学生在自我描述中融入了更多的集体活动、例行活动和大量的社会角色。因此，美国和中国被试的文化背景在检索个人经历的过程中突出了不同的重点，这种文化差异也存在于美国和中国的学龄前儿童中（Wang, 2004）。当讲述自传性事件时，美国儿童通常会描述详尽的记忆，侧重于他们自身的角色、偏好和感受；他们常常以一种积极的态度呈现自己的个人属性、抽象性格和内在特征。相比之下，中国儿童对以社会交往和日常生活为中心的经验提供了相对简略的描述，他们经常以中立或温和的语气描述自己的社会角色、特定环境下的性格和行为。

另一个体现高层认知过程中文化差异的例子是不同文化群体为物品分类的方式。在早期的工作中，Chiu（1972）测试了中国和美国儿童如何将物体归为不同的类别，这些儿童分别来自中产阶级家庭和工人阶级家庭，年龄在9~10岁，他们要观看代表人类、动物、车辆、家具、工具或食物类别的三张图片。孩子们在这三者中选择任何两张相似或者有关联的图片，并说明选择的理由。例如，当观看牛、鸡和草的图片时，美国儿童倾向于把鸡和牛放在一起，他们会说"这两个都是动物"，以证明分类的正确性。所以，美国儿童在对物体进行分类时，能够注意到不同物体所共有的属性。但中国儿童更倾向于把牛和草放在一起，并强调"牛吃草"，以说明分类的原因。Chiu 的研究结果表明，美国儿童倾向于根据物体的推理特征进行分类（即推理 – 分类风格），而中国儿童更喜欢根据分组中各元素之间功能、主题上的相互依存关系来进行分类（即关系 – 情境风格）。在大学生群体中也有类似倾向。Norenzayan 等人（2002）发现，东亚学生倾向于根据共同的家族相似性对物体进行分组，而欧洲裔美国人则更倾向于将能够依据规则分组的物体归为一类。这些结果表明，不管是儿童还是成人，在为物品分类的心理过程中都存在文化差异。

上述研究说明文化群体在视觉、内脏感知、记忆、分类等方面存在差异。显然，文化差异存在于多项认知过程中。研究者们还试图找出其中的基本原理，以便清晰理解这种文化差异。Ferguson 于 1956 年指出，不同的文化环境导致了不同的能力发展模式。来自不同文化群体的成员在处理日常问题时，会发展出各种认知风格。不过，这些观点强调不同文化群体的感知／注意、社会／政治过程模式之间具有差异，与传统的西方观念和早期的心理学思想相悖。例如，Nisbett 及其同事（2001）提出，集体主义的东亚文化培养一种整体性思维（如中国、日本），提倡人们在观看复杂的视觉场景时，关注整个领域及其中物体之间的关系，并且将关注的信息用于其他认知过程，例如分类和归因。相反地，西方的个人主义文化培养了一种分析性的思维风格（如希腊或美国），主要将注意力引导到具体对象及其内部属性上，这反过来又引导了依据特征进行分类和归因。Nisbett 及其同事进一步推测，这些不同的思维风格可以追溯到文化发展中的哲学思想和社会体系。

Markus 和 Kitayama（1991）通过审视自我构念（即人们如何看待自我以及自我与他人之间的关系），从另一个角度看待心理过程中文化差异的根本原理。他们提出，有两种基本方式来看待自我和他人。东亚文化坚持人与人之间的基本联系（包括自己与他人的联系），鼓励关注他人、融入他人、和谐相互依存。相互依存的自我构念奠定了认知和情感的基础，弱化了人类在社会行为中的内在属性和自主性的作用。西方文化（尤其是北美文化）倡导关注自我、表达个人独特的内在属性，激励个人保持独立。在决定社会环境中的行事表现时，独立的自我构念会将自己的能力和想法置于主导地位。已有研究证实了西方人和东亚人在自我构念上的巨大差异，及其对其他认知和情感过程的影响。这些内容将在第 4 章和第 7 章中讨论。

文化差异也可以从与社会规范相关的社会政治角度来评估。Gelf 及其同事（2011）对 33 个国家进行了调查，以评估社会规范的强度和对越轨行为的容忍度。调查形式是：让不同国家的人对一些项目进行评估，例如"这个国家的人总是遵守社会规范"。研究者们设法将文化区分为紧密型（有很多强有力的规范，对偏差行为的容忍度低）或松散型（社会规范薄弱，对偏差行为的容忍度高）。需要注意的是，个体评估文化紧密程度时，会受自己国家历史上的生态环境以及人为社会威胁因素的影响。紧密型国家人口密度高，自然资源少，自然灾害多，来自邻国的领土威胁大。据报告，紧密型国家的群体有更强的自我调节能力和更高的自律性，这些心理特征都与压制异见的专制规则、严格的法律法规和紧密型国家的政治压力相适应。这种紧密度分析从文化体系的维度来区分国家，阐释了心理过程和制度因素的形成过程，及其如何加强秩序和社会协调，从而有效地应对生态和历史威胁。

一些理论阐述了认知过程中的文化差异，有助于我们进一步理解人类多样化的行为。正如上文提到的，在父母控制孩子睡眠的行为方面，也存在着新的文化差异。欧美中产阶级父母的行为与其他大多数社会的父母不同。Whiting 对 136 个社区进行了调查，结果显示，2/3 的社区中，婴儿与母亲睡在同一张床上，在其他社区中，婴儿与他们的母亲睡在同一个房间（Whiting，1964）。然而，中产阶级的美国父母报告说，他们的婴儿在几周大的时候就和他们分开睡了，通常是在另一个房间（Morelli et al.，1992）。美国中产阶级的家长鼓励婴儿依靠诸如奶嘴、毯子等物品，不依赖他人的安慰和陪伴。为什么美国中产阶级的

父母在安排婴儿睡眠方面的行为与其他社会的父母不同？根据
Markus 和 Kitayamas（1991）关于北美文化中独立自我构念的理论，
欧美中产阶级的父母认为他们自己是独立自主的实体，他们的孩
子将来也应该成为独立自主的人。据 Richman 等人（1988）报告，
欧美中产阶级的父母将独立视为他们的孩子最重要的长期目标。
因此，在单独的房间里睡觉是一种理应从小培养的习惯。进入学
校后，欧美中产阶级家庭继续支持孩子在行动和思想上表现出自
我表达、不受他人影响的独立性。所以，父母的早期教育就将独
立的文化价值观传递给了孩子。

多种心理过程中的文化差异研究不断积累，开始挑战"人类
行为背后的心理历程不论何时都是相同的"这一观点。这些研究
有助于我们了解不同的人类行为，也引出了与人类大脑相关的重
要问题。鉴于心理过程本质上是人脑的功能，而在各种文化中能
够发现不同的心理过程，这又驱使我们重新思考人脑的本质。抛
开社会环境因素，人脑的功能组织方式都是相同的吗？无论个人
的文化经历如何，人脑是否都以相同的方式工作？传统的神经
科学研究并未解决这些问题，因为神经科学家通常研究在简单环
境中长大的动物，而这些环境远没有人类创造的社会环境那样丰
富多彩、千变万化。此外，传统的神经科学研究类似于物理和化
学研究，探寻的是指导动物和人类行为的大脑功能的普遍原理。
文化心理学的发现提出了一个迫在眉睫的问题，即人脑是否在不
同的文化中调节不同的心理过程以及如何去调节。脑成像等新型
研究技术为这些重大问题提供了新的思路，也使得神经科学进入
文化领域。

思想的文化差异背后：大脑活动

过去 20 年里，一些拥有不同历史的研究学科促进了文化和大脑之间的关系研究的兴起，并启发了神经科学对不同文化的行为和思想差异的理解。自 20 世纪 90 年代以来，脑成像技术发展迅速，该技术对于人类不具有创伤性，可用于记录人类在特定任务和行为表现期间的大脑活动。在这些成像技术中，功能性磁共振成像（fMRI）和脑电图（EEG）已被广泛用于探索人脑多种认知和情感过程的神经基质。

研究者可应用功能性磁共振成像（fMRI）来记录血氧水平依赖性（BOLD）信号，该信号能灵敏地检测到血液循环中氧气水平的变化。Fox 等人于 1988 年指出血流量和葡萄糖消耗量远远超过耗氧量的增加，导致血液中的氧气量增加，表现在脱氧血红蛋白和含氧血红蛋白的比值上，这些可以通过 fMRI 检测出来（Fox et al., 1988）。虽然 BOLD 信号没有直接测量大脑中的神经元活动，但该信号的空间限制性增加与局部场电位（即一种慢速电活动，主要反映从头皮上的电极记录到的神经元输入）相对应（Logothetis, 2008）。BOLD 信号的空间分辨率通常约为一到几毫米，具体取决于 MRI 扫描仪产生的磁场强度（1.5~7 特斯拉扫描仪已被用于人类被试）。BOLD 信号在几秒钟后开始增加，在出现刺激后的 4~6 秒内达到峰值。BOLD 信号需要 10~12 秒回到基线。因此，fMRI 允许研究人员以高空间分辨率、低时间分辨率来评估与认知和行为相关的神经元活动。从感觉皮层记录的BOLD 信号随刺激的持续时间和强度而变化，而从其他大脑区域（如额叶）记录的 BOLD 信号在认知过程中的表现模式很复杂。

EEG 是电压差的图示，可以记录安装在头皮上的金属电极和参考电极之间的电压差及其随时间的变化（Luck, 2014）。突触活动代表了两个皮层神经元之间的信息传递，是脑电图电位最重要的来源。脑电图反映了神经元群的综合同步电活动。脑电图在一毫秒内就可以记录下来，具有时间分辨率高的优点。通过计算与外部事件（或刺激）、运动反应和内部心理活动时间锁定（锁相）的脑电图活动，可以产生事件相关电位（ERPs），已被广泛用于探索人类行为和认知 / 情感过程的神经生理活动。然而，尽管研究人员一直在探寻不同的算法来估计头皮上记录的脑电图活动源，但由于脑电图本质上是神经元活动在三维空间的二维投影，理论上不能开发出一种算法来确定脑电图活动源的位置。这就是对与认知和行为相关的神经活动的时空信息感兴趣的研究人员经常将 fMRI 和 EEG/ERP 结合起来的原因。

从 20 世纪 90 年代起，心理学家和神经科学家就开始广泛使用 fMRI 和 EEG/ERP 等脑成像技术，旨在研究人类心理事件的神经基础，这些研究催生了认知神经科学。Gazzaniga（2004）指出，早期的认知神经科学研究集中关注感知、注意、记忆、语言、运动技能等方面的神经机制。认知神经科学家创造了一些行为范式，这些范式可以用来分解瞬时的神经活动或维持与特定认知功能有关的神经活动。认知神经科学家试图通过结合 fMRI 和 EEG/ERP，在特定大脑区域定位这些过程并阐明相关的时间进程，来解释认知过程的神经相关性。早期的认知神经科学研究假设人脑的认知机制普遍存在于各文化群体中，很少考虑潜在的文化差异。

社会认知神经科学出现在 21 世纪初期，当时社会心理学家对大脑机制感兴趣，这些机制促使人们理解自我和他人，在社交互动中举止得当，有效地驾驭复杂社会环境（Ochsner & Lieberman, 2001）。早期的社会认知神经科学研究侧重结合脑成像和社会心理学范式来研究支撑社会认知的神经基质。由于缺乏大脑成像结果的跨文化比较，这些研究大多旨在揭示社会认知和行为的神经机制，而没有考虑潜在的文化差异。然而，社会认知和行为的一个重要特征是它们的情境依赖性。人们总是处于一种特定的社会文化环境中，这种"环境"实质上影响着他们对他人和自己的行为的感知。这种情境依赖性本身就构成了文化信仰和价值观所施加的实质性影响的基础。哪些社会信息被处理，以及如何处理，在很大程度上取决于一个人的互动伙伴（在双人互动的情况下），更广泛地说，这取决于互动发生的社会背景。正如本章前文提到的，人类学很好地记录了人类行为中的文化差异（见 Haviland et al., 2008），我们将人类发展看作一个获得和体现文化信仰／价值体系的过程（Rogoff, 2003）。社会认知神经科学的研究人员对文化心理学的发现有很深刻的见解，相关研究结果揭示了在自我建构（Markus & Kitayama, 1991, 2010）、物理和社会事件的归因（Choi et al., 1999; Morris & Peng, 1994）、分析性注意与整体性注意（Masuda & Nisbett, 2001）等方面的文化差异。大量证据表明人类的主观体验和心理过程存在文化差异，于是，在社会认知研究发展后不久，研究人员开始对这个问题感兴趣：在不同社会文化环境中出生、受教育的人之间是否也存在认知和行为的神经机制的相应差异。

仅仅从理论上讲，文化对人类认知和行为的神经基质有影响是很合理的，因为大脑的很大一部分需要20年的时间才能成熟（如皮质表面灰质密度的降低，见 Gogtay et al., 2004）。从出生时起，人们就置身于复杂的社会环境中，这些环境由客观实体、社会规则和本地社区的民间信仰组成。在这种环境中的社会互动可能会塑造人们的大脑，使大脑的功能组织与周围的社会文化背景紧密相连，而这些社会文化背景的特点是特定的文化信仰／价值观和行为脚本。生物学研究表明，有大量证据表明人类大脑具有内在可塑性，也就是说，大脑在结构和功能上都会随着环境和经验的变化而发生变化（Shaw & McEachern, 2001）。例如，枕叶皮质通常可以参与盲人的听觉处理（Burton et al., 2002; Gougoux et al., 2009）。听觉剥夺使得聋人群体在处理振动触觉刺激（Levanen et al., 1998）和手语（Nishimura et al., 1999）时会重新调用初级听觉皮层。在进行自我省察时，视力正常的人的内侧前额叶皮质对视觉呈现的特征词有反应，对听觉呈现的特征词没有反应；而对于先天性失明群体，听觉呈现的特征词会激活内侧前额叶皮质。这些结果表现出大脑的内在属性——可塑性，该属性能使神经系统对环境压力、生理变化和个人经历做出反应（Pascual-Leone et al., 2005），并在发展过程中适应社会环境（Blakemore, 2008）。鉴于人类的思想和行为在各种社会文化背景下有很大的不同，作为人类思想的载体和人类行为的直接指导者，人脑受到社会文化环境的调节也就不足为奇了，它发展出独特的神经机制，

帮助个体适应文化上的特定变化和压力。因此，社会文化情境依
赖性理应被视为人类大脑的内在特征。

　　21 世纪初，研究人员开始通过比较从不同文化群体获得的
大脑成像结果，研究涉及特定认知和情感过程的人类大脑机制的
潜在文化差异。这些研究人员与文化心理学家类似，认为人类的
认知和情感过程会随着文化环境的变化而变化，文化环境提供
了独特的社会情境，心理过程和潜在的神经基础在其中发展形
成。他们还以理论框架，如个人主义与集体主义价值观（Triandis,
1995）、独立与相互依存的自我建构（Markus & Kitayama, 1991,
2001）、整体与分析的认知倾向（Nisbett et al., 2001）来指导经
验性脑成像研究，研究人类认知和行为的神经相关的文化差异。
越来越多的脑成像研究发现，在不同的社会文化背景下，涉及认
知和行为的大脑活动具有不同的模式，这促进了文化神经科学的
诞生。

文化神经科学

　　社会科学和自然科学不同分支的融合促使了文化神经科学的
兴起。文化神经科学主要发展自两个学科：文化心理学和神经科
学，前者表明认知、情感、动机倾向和习惯由文化塑造，后者
则证明大脑是由经验塑造的。文化神经科学一词最初由 Chiao 和
Ambady（2007, p.238）提出，他们将其定义为"一种理论和实
证方法，用于调查和描述文化、大脑和基因的双向、相互构成的

机制"。Chiao（2010, p.109）进一步完善了这一定义，他将文化神经科学描述为"一个连接文化心理学、神经科学和神经遗传学的跨学科领域，它解释了神经生物学过程，如基因表达和大脑功能如何产生文化价值、实践和信仰，以及文化如何在宏观和微观时间尺度上塑造神经生物学过程"。这些概念与神经科学、遗传学、发展心理学和社会学的研究产生了共鸣，强调了出生后的神经可塑性在人类发展中的作用（见 Li, 2003; Wexler, 2006）。文化神经科学的基本设想是：文化为社会行为、交流和互动提供了一个框架，此框架生成社会价值和规范，为社会事件赋予了意义，与生物变量（例如基因）相互作用，并共同决定了大脑的功能组织。

文化神经科学将文化视为一个共享的动态环境（如社会制度）和知识体系（如信仰、价值和规则），旨在解释文化背景和个人的社会文化经验是否及如何与人类大脑的功能组织相互作用，以及可以在何种程度上将所观察到的人类行为差异归因于不同文化中各异的神经基础。文化神经科学研究旨在通过探索社会文化模式的神经机制及其发展轨迹，为人类心理功能和行为的跨文化差异提供一个神经科学的解释。其最终目标是揭示文化上普遍的和独特的神经过程，人类大脑的这些神经过程使我们能够感知自我和他人，与同类交流和互动，并指导我们的行为。

早期的文化神经科学研究考察了文化上熟悉／陌生的信息的不同神经关联物（见本书第 2 章）。另一主要研究是两个文化群体特定的认知和情感过程的神经基质是否有所不同，以及有何不同（见本书第 3 章到第 5 章）。解决这个问题的典型方法是比较在两种不同社会文化背景下长大的人的 fMRI 或 EEG/ERP 结果。该方法的一个基本设想是：来自两个文化群体的被试在文化知识、信仰、价值观、认知和情感过程方面有所不同，因此潜在的神经活动应该以特定的方式反映群体间的差异。文化心理学研究的结果已被用于指导我们就特定文化群体间的神经差异，提出设想。不过，两种调研对象虽然有不同的国籍或社会文化背景，却不一定拥有不同的文化价值观（Oyserman et al., 2002）。因此，文化神经科学研究也会采用社会和文化心理学家开发的完善措施，评估被试的文化价值观 / 特征，并控制潜在的混杂变量，如被试的性别、年龄、语言和教育，以及社会经济地位。研究人员通过对文化价值观 / 特质的测量，能够评估在跨文化脑成像研究中调研对象是否在特定的文化信仰 / 价值观 / 特质方面存在差异，也能测试出文化价值观和跨个体的大脑活动之间的联系，并探索文化价值观是否能调节两个文化群体与特定任务有关的大脑活动的差异。

　　跨文化脑成像研究的结果基本上揭示了文化和大脑活动的相关性，但在逻辑上无法证明其中的因果关系。要阐释文化和大脑活动之间的因果关系，就必须在同一群体中控制文化取向，并证明大脑活动的差异是这种控制的结果。在实验室之外进行这样的脑成像实验是很困难的。幸运的是，文化神经科学家已突破这一挑战，他们采用了文化心理学中一个巧妙的范式——文化启动。基于这样一种假设，即个人可以掌握多种文化知识，还可以根据上下文线索选择不同的文化知识体系（Hong et al., 2000），文化神经科学研究调查了在认知和情感过程中，特定文化价值的启动是否引起会大脑活动的动态变化，以及如何引起这些变化。

这些研究结果提供的信息可用于对文化价值观和特定的大脑活动之间的关系进行因果推断。这方面的研究将在第 6 章讨论。

文化神经科学研究的一个关键问题是：文化如何与基因等生物因素相互作用，以塑造人类大脑的功能组织。行为学的近期发现使得阐明文化与基因相互作用对人类大脑的影响的需求越来越迫切。例如有近期研究表明，与特定基因型相关的心理倾向和行为表现受文化经验的调节，甚至在来自不同文化的个体中显示出相反的模式（Kim & Sasaki, 2014）。这一研究思路为探索大脑机制中潜在的文化与基因的相互作用提供了强有力的线索。最近的研究还指明了特定文化价值观（如相互依存）与不同文化人群中特定基因的等位基因频率之间的关联证据。例如，以较强的集体主义价值观为主导的人群中有更多携带 5- 羟色胺转运体功能多态性（5-HTTLPR）短等位基因的个体（Chiao & Blizinsky, 2010）和携带催产素受体基因 A 等位基因（OXTR rs53576）的个体（Luo & Han, 2014）。这些结果推动研究人员阐明：基因在何种程度上会影响大脑活动的文化差异。要解决这一关键问题，需要开发新的范式，并与不同文化背景的研究人员进行合作，他们能够使用大脑成像测试特定基因型的个体。因此，很难用实证研究去检验文化如何与基因相互作用来塑造人类的大脑活动。此外，已经有大量的脑成像研究发现基因和文化对大脑、思维、行为的影响，以及大脑与思维中基因和文化的相互作用，所以需要新的理论分析和模型来反思处于复杂社会文化环境之下的人类发展。这些将在第 7 章和第 8 章中进行探讨。

文化神经科学虽然是新兴领域，但发展迅速。自早期的实证研究发表以来，在顶级的神经科学和心理学期刊上已发表了多篇综述文章（Ambady & Bharucha, 2009; Ames & Fiske, 2010; Chiao & Bebko, 2011; Chiao et al., 2013; Han & Northoff, 2008; Han et al., 2013; Han, 2015; Kim & Sasaki, 2014; Kitayama & Uskul, 2011; Park & Huang 2010; Rule et al., 2013）。一些期刊设置了关于文化神经科学的专栏，如 *Progress in Brain Research*（2009）、*Social Cognitive and Affective Neuroscience*（2010）、*Asian Journal of Social Psychology*（2010）、*Psychological Inquiry*（2013）和 *Cognitive Neuroscience*（2014）。推动了文化神经科学发展的其他文献资料还包括《认知和交流的文化和神经框架》（*Cultural and Neural Frames of Cognition and Communication*, Han & Pöppel, 2011）和《牛津文化神经科学手册》（*The Oxford Handbook of Cultural Neuroscience*, Chiao et al., 2016）。2013 年，斯普林格出版社（Springer）推出了名为《文化与大脑》（*Culture and Brain*）的新期刊，重点关注"神经活动的文化差异"和"文化与大脑的相互构成"（Han, 2013）。

文化神经科学受到越来越多的关注，相关的实证研究结果也不断积累，但仍面临着各种挑战，比如：寻找文化取向的新维度，沿着这些维度调节大脑活动；开发新的范式，以推断文化和大脑之间的因果关系；发明新的方法来比较两个或多个文化群体的大脑成像结果。文化神经科学还需要新的概念和理论框架来阐释文化与大脑的本质，以及文化、大脑、基因三者之间的关系。未来的研究议程对文化神经科学研究结果的社会意义及其对社会的影响也有深入的考量（见本书第 9 章）。

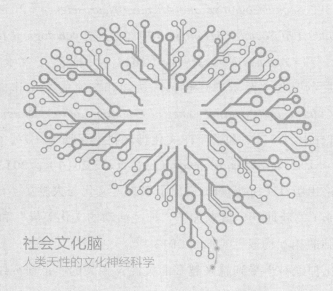

社会文化脑
人类天性的文化神经科学

社文脑化会

社会化脑

人类天性的文化神经科学

第 2 章

对熟悉的文化信息的
神经处理

文化学习

　　人类是地球上唯一一个能够对后代进行大规模、长期且系统教育的物种。每个人的发展就其本质而言，就是特定社会环境中的一个文化过程（Rogoff, 2003）。从出生开始，孩子就能从与身边人的互动中获取信息，这些人包括孩子的父母、兄弟姐妹、亲属和其他来自同一文化群体的人们。同一文化群体的人们通常具有相似的面部特征、相似的文化价值观和共同的观念，遵守相同的行为规范与社会准则。作为孩子的养育者，他们可以借助社会环境，通过语言、音乐、社交媒体、行为习惯和宗教仪式等多种方式，为孩子提供特定的文化信息。在当今大多数人类社会中，每个孩子都在规范的学校或机构接受教育，系统地学习文化知识，直到长大成人。因此，文化学习是人类发展的长期过程，当然，它在不同的社会文化环境中也存在很大差异。

　　根据 Tomasello 等人（1993）的观点，有三种类型的文化学习。第一种"模仿学习"是指在适当的功能情境中，通过理解行为背后的目的，再现他人行为的策略。第二种"指导学习"是指学习者将教师的指示内化于心，并利用这些指示来规范自己的后续行为和认知功能。成年人经常通过以身作则或正面指导的方式，将知识、价值观和观念传递给孩子，因此这两种文化学习方式在跨代的文化传播中发挥着重要的作用。第三种文化学习是"协作学习"，它指同伴协作构建新事物的过程，比如形成新颖的社会价值观和新奇的行为举止等，协作学习在创造新的文化概念和价值观中起着关键的作用。相对于其他灵长类动物而言，人类的学习是独特的，因为人类文化拥有着群体内成员几乎都能习得的文化传统。另外，人类文化可以在文化学习的过程中发生改变，这种改变能够代代相传。有时，一个未能接受文化学习的人会被看作社会群体中的异类。

文化学习以两种不同的方式塑造着人类的大脑。首先，不同文化背景下的父母可能会教孩子以不同的方式对社会事物进行认知和回应，而这种差异将导致不同文化的孩子的大脑产生不同的认知策略，使脑部不同的功能组织得到发展。例如，在自由玩耍期间，中国的幼儿与加拿大的幼儿相比，会有更多与母亲直接身体接触的机会，同时需要花更长的时间才能接近陌生人然后一起玩耍（Chen et al., 1998）。在亲子互动方面，美国和其他西方文化中的母亲倾向于增加孩子清醒的时间，或通过玩和聊天使孩子感到兴奋；然而东亚文化中的母亲更有可能通过轻轻悠荡来哄睡，或使孩子安静下来（Minami & McCabe, 1995; Morikawa et al., 1998）。儿童早期在行为和情绪抑制方面的文化差异会导致其参与自我管理的脑区发展及相应脑部活动的差异，因此，来自东亚文化和西方文化的成年人，其大脑在应对社会互动和情感时会采取不同的方式。其次，在早期教育中，大多数社会中的儿童接触的信息都是与自己的文化有关的信息，不太可能获得其他文化的信息。例如，手势、音乐和品牌这类信息具有典型的文化特征，在一些社会中，个人对于其他文化中的手势、音乐或品牌知之甚少。频繁地接触到文化上熟悉的信息，便可能产生对这些信息独特的神经表征。本章主要讨论的就是熟悉的文化信息和不熟悉的文化信息导致的不同神经过程。

熟悉的文化信息对个体在群体中形成共同观念和行为规范起着重要的作用。相对于早期社会，当代社会的人有更多机会在成年后，甚至童年早期就接触到来自不同文化的人，接触到新的信仰、价值观、行为规范，与自身成长中习得的信仰、价值观、行为规范或相似，或不同。试想一下，当你在异国他乡旅行，这里的人们居住在不同风格的建筑里，说着不同的语言，听不同风格的音乐，享受不同方式烹饪的美食，而这一切都与你所熟悉的事物不同。在这样一个新的社会文化环境中，假设你突然听到有人用你的母语唱着你熟悉的歌，你会如何回应？你会有何感觉？你的注意力可能瞬间被这首歌吸引，这首歌也可能唤起你记忆中的一些东西，让你感到温暖或悲伤。

熟悉的文化信息和不熟悉的文化信息对人们的生活有着不同的意义。前者是人们在特定的社会文化环境中，从早期生活经验中获得的。文化熟悉度与知觉熟悉度存在差异。对物体或场景的感觉或知觉处理将诱发它们所在大脑区域的神经活动发生改变。例如，使用正电子发射地形图（PET）的研究表明，与观察未学习的面孔相比，观察新学习的面孔会增加右侧枕中回、右侧后梭状回和右侧颞下皮质的局部血流量。这些大脑区域构成了大脑右半球的枕颞叶（或腹侧）视觉通路，它是面部特征感知处理的基础，同时也承担物体识别和面部识别的功能。被试并没有机会与新学习的面孔的所有者进行任何形式的社交互动，他们只被允许在实验室里观察这些面孔。这种知觉学习过程带来了对已学习的面孔的知觉体验，而对于未学习的面孔却没有知觉体验，因此知觉学习增加了对已学习面孔的知觉熟悉度。现实生活中的文化学习显然与此不同，因为文化学习不仅可以让观察者记住他人面孔的知觉特征，而且可以通过社交互动为熟悉的人分配更深层次的价值观、概念或观念。在这种情况下，一个群体可以通过类似的文化体验获得对于某人或某物类似的价值观、概念或观念，进而对文化上熟悉的人或物产生共同的价值观。因此，文化熟悉度对人类认知和神经过程的影响能够超过那些简单地执行感觉或知觉处理任务的大脑调节活动。

研究人员试图解决人类大脑如何处理熟悉和不熟悉的文化信息这一问题，以及确认大脑是否为文化上熟悉的信息发展出特定的神经处理过程。因为大脑的功能组织是在文化学习过程中形成的，而且人们对熟悉的信息拥有更多的体验，所以有人认为人类大脑可能会发展出不同的机制来处理这些信息。这一观点得到了实证研究的证实，文化神经科学研究已经从多个角度揭示了大脑在处理熟悉和不熟悉的文化信息时不同的机制。本章将对这些内容进行总结和讨论。

手势

人类除了用语言沟通交流外，还发明了一种非言语的沟通方式，即利用肢体动作，比如手势或面部表情来交流。手势可以单独使用，也可以与语言结合起来使用，用于在社交互动中传递特定的信息。在某些情况下，听觉信息不能正常传递时，手势就成了唯一的沟通方式，比如供聋哑人交流使用的手语。有时，人们使用简单的手势或其他动作来传递信息，比如挥手告别；有时也会使用一系列手势来表达更为复杂的指令、想法和情感，例如用手势指挥城市交通或指示飞机降落等。

人们通过文化经验来学习符号性的、非及物性的手势（Kendon, 1997），因此手势的含义具有很强的文化属性。早期研究利用视频影像捕捉了大量各国手势样本，研究是否存在大家能够普遍理解的手势，以及研究同一手势在两种文化中是否具有不同的，甚至是相反的含义（Archer, 1997）。研究结果并不出乎意料，手势的含义确实具有文化差异，而这种显著差异恰恰体现了文化的独特性。后来的研究从不同的角度证明了手势的跨文化差异。例如一些手势在不同文化中被赋予了不同的含义。用拇指和食指做出一个环形的手势就是一个典型的例子。这个手势在大多数欧洲文化中，意味着"可以""好"，比如在英国、斯堪的纳维亚半岛、西班牙南部和意大利。然而这个手势在法国的主要含义是"零"，在希腊和土耳其却表示身体的孔（Morris et al.,

1979）。相反，不同的手势也能够表达相同的含义。意大利北部普遍使用水平方向摇头这一动作来表达否定，而在意大利南部人们却用甩头的动作（头部向后上方甩动）来表示"不"（Morris et al., 1979）。另外，手势含义的文化差异还与空间认知有关。在澳大利亚中部，阿伦特人将手掌打开，竖直指向，来表示复杂路线中的每段直路。他们用伸出拇指、食指和小指的"号角手势"来表示路线的终点（Wilkins, 2003）。然而，我们并未在其他文化中发现这些手势表达类似的含义。

那么人类使用熟悉的文化手势和感知这些手势的神经关联物是什么？对手势含义与文化差异的研究推动了文化神经科学家探索隐藏在大脑深处的机制。这些文化神经学研究针对动作知觉和模仿的相关神经活动，并基于早期成果提出了一些问题。例如，通过对动物和人类进行不断研究，神经科学现已揭示了两个神经系统，即镜像神经元系统和心理化系统，这两个系统在理解他人行为的过程中起着互补的作用。镜像神经元系统由额下回和下顶叶与运动相关的大脑区域组成（Rizzolatti & Craighero, 2004）。记录单个神经元反应的动物研究显示，动物（如猴子）在执行一个动作，与观察实验者做同一动作时，这些大脑区域的神经元都会被触发（Fogassi et al., 2005; Gallese et al., 1996）。对人脑的研究与动物研究结果一致。对人类被试与猴子镜像神经元系统相对应的大脑区域，如额下回盖叶和后顶叶皮质进行的 fMRI 研究表明，相较于观察动作，BOLD 信号在执行动作时有所加强，并在模仿动作时表现最为活跃，因为模仿既需要观察动作，又需要执行动作。考虑到动作感知和动作执行过程中的特定反应模式，镜像神经元系统被认为在人或动物将观察到的动作映射到自己的运动表征中发挥了关键作用，从而可以很容易地模拟观察到的行为，理解和预测他人的意图。另一个系统，即心理化系统主要由内侧前额叶皮质、后扣带皮质和双侧颞顶交界处组成（Frith & Frith, 2003），当一个人在阅读他人的故事或观看卡通片、图片或电影，并推断其中的意图和观点时，该系统就会被激活（Gallagher et al., 2000; Han et al., 2005; Saxe & Kanwisher, 2003）。

基于上述对镜像神经元系统和心理化系统的功能作用的研究结果，Liew 与其同事（2011）研究了观察文化上熟悉的手势和不熟悉的手势是否也类似地激发了镜像神经元系统，或心理化系统，亦或二者都有。之前有研究表明，专业舞者在观看自己的，而非陌生的舞蹈形式时，镜像神经元系统的活动会增加（Calvo-Merino et al., 2005; Cross et al., 2006），那么我们可以推断，文化上熟悉的手势可能同样会激活镜像神经元系统，而文化上不熟悉的手势可能会激发心理化系统，使观察者理解展示者的心理状态。另一种假设与此相反，认为观察文化上不熟悉的手势可能只会激发模仿，因而涉及镜像神经元系统，然而观察文化上熟悉的手势时观察者可能会自动推断表演者的意图和观点，从而激活心理化系统。为了验证这两种假设，Liew 等人（2011）对中国大学生进行了实验，实验向学生展示一段 2 秒钟的视频，学生观看视频的同时，其大脑要接受 fMRI 检测。视频中演员做出一个中国学生非常熟悉的手势，即拇指向上的手势，接着做出一个中国学生不熟悉的手势，即美国手语中表示"鹌鹑"的动作（见图 2.1）。此外，一部分视频由白人演员做出这两个动作，另一部分视频由

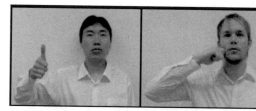

熟悉的手势－中国人　　　　不熟悉的手势－白人　　　　控制静止－中国人

图 2.1　Liew 等（2011）使用的视觉刺激插图。刺激物是一段 2 秒钟的视频，向参与者展示熟悉的手势（左）、不熟悉的手势（中）和控制静止图像（右）。每个手势和静止图像都由一位中国演员（与参与者同一种族）和一位美国演员展示

摘自 Sook-Lei Liew, Shihui Han, and Lisa Aziz-Zadeh, Familiarity modulates mirror neuron and mentalizing regions during intention understanding, *Human Brain Mapping*, 32 (11), pp. 1986–1997, DOI: 10.1002/hbm.21164, Copyright © 2010 Wiley-Liss, Inc.

中国演员做出同样的动作。这种做法能向实验设计者揭示，熟悉的手势引起的神经反应是否会受面孔熟悉度的影响，以及如果会的话，这些影响具体是怎样的，因为来自中国的被试可能具有共同的观念，中国演员对他们来说是"群体内成员"，而白人演员则属于"群体外成员"。为使被试仔细观察演员的手部动作，并推断演员的意图，实验要求被试在头部扫描结束后立刻说出每个手势的含义。这项研究最有趣的现象是，相较于不熟悉的手势，文化上熟悉的手势更加能够激活对应心理化系统的脑部区域，如后扣带皮质、背内侧前额叶皮质和双侧颞顶叶交界处。与之相反，文化上不熟悉的手势则更加能够激活对应镜像神经元系统的脑部区域，比如左侧下顶叶和左侧中央后回（见图 2.2）。然而这两类激活都与演员是白人还是中国人无关，这表明处理文化手势的神经过程与演员的面孔无关。大脑成像结果揭示了一个有趣的相互作用，即对文化手势的熟悉程度与观察动作和理解意图所调用

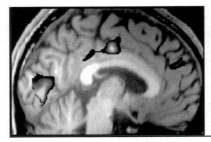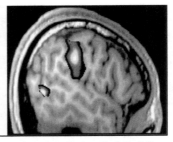

文化上熟悉 > 不熟悉的手势　　　　文化上不熟悉 > 熟悉的手势

图 2.2　理解文化上熟悉和不熟悉的手势所激活的大脑区域图示。与不熟悉的手势相比，文化上熟悉的手势更强烈地激活了与心智化相关的大脑区域，包括后扣带皮质、背内侧前额叶皮质和双侧颞顶联合区。相反，与熟悉的手势相比，文化上不熟悉的手势更强烈地激活了对应镜像神经元系统的脑部区域，包括左侧下顶叶和左侧中央后回

摘自Sook-Lei Liew, Shihui Han, and Lisa Aziz-Zadeh, Familiarity modulates mirror neuron and mentalizing regions during intention un derstan ding, *Human Brain Mapping*, 32 (11), pp. 1986–1997, DOI: 10.1002/hbm.21164, Copyright © 2010 Wiley-Liss, Inc.

的神经区域之间存在相互作用。大脑似乎在不同程度上调用镜像神经元系统和心智化系统，以处理熟悉的和不熟悉的文化动作。对于不熟悉的文化动作，大脑无法理解其含义，因此可能会为其构建一种基于运动的表征，为模仿这些动作做准备。然而，在看到他人做出熟悉的文化动作时，大脑需要进一步理解其动作背后的意图和观点，大脑的这种解读对于下一步指挥复杂的社会互动来说是必不可少的。

　　尽管 Liew 等人（2011）未能证明观察熟悉的文化手势来解读他人意图这个过程会受到演员面孔的影响，但一项经颅磁刺激（TMS）研究表明，文化上熟悉或不熟悉的手势与演员的面孔之间存在复杂的关联。TMS 是一种已被广泛应用的无创治疗方法，它通过电磁感应产生微弱电流来刺激特定的大脑区域。Molnar-

Szakacs 等人（2007）对右侧或左侧的初级运动皮质进行单脉冲TMS，诱导运动诱发电位（MEP），放置在每只手的第一背侧骨间肌上的电极能够将电位记录下来。由 TMS 诱导的 MEP 振幅通常作为皮质脊髓兴奋性水平的指标，较大的 MEP 振幅对应着较高的皮质脊髓兴奋性。Molnar-Szakacs 等人（2007）记录了欧洲裔美国人在观察一名美国演员和一名尼加拉瓜演员分别做出美国手势和尼加拉瓜手势时的 MEP。总的来说，观看美国演员做动作时 MEP 有所增加，这说明被试与文化上熟悉的人之间有更强的运动共鸣。最初的预测是，文化上熟悉的刺激会比文化上不熟悉的刺激更容易促进皮质脊髓的兴奋性。事实上，当被试观看美国演员做出美国和尼加拉瓜手势时，这一点得到了证实。然而，观看尼加拉瓜演员做出美国和尼加拉瓜的手势时，MEP 振幅下降了，因此尼加拉瓜演员展现的美国刺激并没有促进皮质脊髓的兴奋性，反而抑制了皮质脊髓的兴奋性。这些研究结果表明若演员的面孔和他做出的动作对被试而言在文化熟悉度上不一致，被试观察文化上不熟悉的人做出的任何手势，皮质脊髓兴奋性都会有所降低。因此，运动系统的兴奋性是由感知到的刺激是否在文化上熟悉，以及呈现该刺激的人是否在文化上熟悉这两方面共同调节的。从演化的角度来看，在大脑中编码文化熟悉的手势对于人们高效地传递信息、沟通交流尤为重要。特别是根据熟悉的文化手势来理解他人的心理状态，对身处同一文化群体中的个体间的生产合作至关重要。大脑成像的结果揭示了文化上熟悉的手势在多个层面引起的神经反应，这有助于我们理解他人的观点和意图。

音乐

所有人类文化都喜欢音乐。然而，不同文化的人们创造了差异巨大的音乐传统和音乐实践（Campbell, 1997）。不同社会的人们制作出各种各样的乐器，不同文化的音乐家们创作出风格迥异的音乐，表达着独特的情感。即使是同一社会不同年龄的音乐家，也在努力呈现不同的音乐风格。行为研究表明，西方成年人在西方大调音阶下接受随机定位失谐检测时表现得比爪哇人在印尼音阶中的失谐情况要好（Lynch & Eilers, 1992）。更有趣的是，即使是一岁的西方婴儿，在熟悉的音乐环境中，接受失谐检测的表现也比在不熟悉的音乐环境中要好。大脑如何处理文化上熟悉和文化上不熟悉的音乐呢？若想探明背后的神经机制，一种方法是将来自不同文化背景的音乐家或非音乐家的大脑活动记录下来，通过比较大脑对文化上熟悉和不熟悉的音乐的反应情况，可以找到普通的音乐感知和具有文化特征的音乐感知背后的神经机制。

一项早期研究测试了两组大学生的脑部活动，作为实验组的学生同时接受西方音乐系统和爪哇音乐系统的训练，对照组的学生只受西方音乐系统的训练（Renninger et al., 2006）。一种条件设定是：向被试播放西方 C 大调全音阶范围内的音调（80%，记为"标准"）和 C 大调全音阶之外的音调（20%，记为"靶"）。另一种条件设定是：向被试播放爪哇音乐中经常使用的音调

（80%，记为"标准"）和爪哇音乐很少使用的音调（20%，记为"靶"）。实验要求被试识别西方全音阶和爪哇印尼音阶的标量偏离，与此同时，被试头上的电极将记录 EEG。这个设计是典型的刺激序列，与出现频率较高的标准刺激相比，出现频率较低的靶刺激在刺激开始后 300~700 毫秒时引发较大的正向波形（通常表示为 P300）。P300 是大脑面对罕见或意外刺激时做出的反应，在顶叶区域波幅最大，被认为与脑部工作记忆的更新有关（Donchin & Coles, 1988）。因此，回应靶刺激的 P300 波幅被用于评估学生是否对文化上熟悉和不熟悉的音调的标量偏离同样敏感，不管他们之前是否接受了爪哇音乐系统的训练。研究结果表明，相对于实验组与对照组学生的标准刺激，两种音阶系统中靶刺激的标量偏离都引发了较大的 P300。然而，与之前没有爪哇音乐学习经验的学生相比，有爪哇音乐经验的学生对爪哇音阶的标量偏离产生了更大的 P300 波幅。这一结果反映了大脑在处理文化熟悉和文化不熟悉的音乐时采用的不同策略。在以 P300 波幅调节为指标的大脑工作过程中，处理文化上熟悉的音乐比文化上不熟悉的音乐需要耗费更多的脑力资源。

针对其他文化群体的研究也观察到大脑对文化上熟悉和不熟悉的音乐有着不同的神经反应。Nan 等人（2006）记录并比较了德国音乐家和中国音乐家在聆听西方音乐和中国音乐时的大脑活动。中国传统音乐主要采用五声音阶，而西方音乐主要采用七声音阶。研究者针对双句旋律设计了实验，将标准刺激定为能够清楚地分为两个乐句的简短旋律片段，靶刺激则是由一个或几个音符组成、中间带有停顿的两个乐句。通过分析刺激序列引出的 ERP（事件相关电位），Nan 等人发现德国音乐家和中国音乐家在听文化上熟悉的音乐时比听文化上不熟悉的音乐时给出的正确答案更多，因此听文化上熟悉的音乐时，他们检测靶刺激的表现更好。分句的旋律引起两组音乐家在两乐句间的停顿过后450~600 毫秒产生大脑活动的积极变化，这种影响对中国音乐比对西方音乐更为明显。神经反应在较早的时间窗口（停顿后 100毫秒和 450 毫秒）受到参与者的文化背景和音乐风格的调节。比起听文化上熟悉的音乐，德国音乐家在听文化上不熟悉的音乐（中国音乐）时，两段刺激引发的波幅差异更大，然而中国音乐家表现出的差异程度小一些（见图 2.3），可能是因为中国音乐家也熟悉西方音乐，尽管熟悉程度低于中国音乐。文化上熟悉和不熟

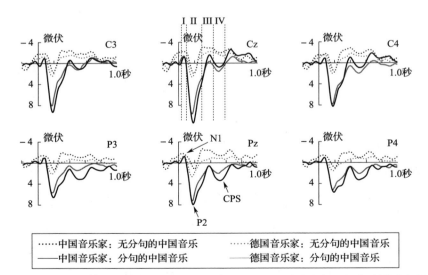

图 2.3　中国音乐家和德国音乐家音乐记录的 ERP 图示。头皮中央和顶叶区域的电极记录着在听中国音乐时，分句旋律和无分句旋律所引起的波幅差异在德国音乐家身上表现得比中国音乐家更明显

悉的音乐产生的早期神经过程似乎是由刺激特征（即早期时间窗口的自下而上的过程）和文化知识（即后期时间窗口的自上而下的过程）共同驱动的。

另一项研究要求美国的被试听一段西方民间音乐或一段北印度古典音乐的旋律，并记录了 ERP 成分（Demorest & Osterhout, 2012）。每段旋律先以原始形式呈现，再以一种包含外调音符的偏离形式呈现。与之前的研究类似，假设人们聆听一段音乐，往往会利用听到的内容来预测接下来会发生什么，而这种预测或期待取决于这个人之前对音乐的文化体验，因此文化上熟悉的音乐便会比不熟悉的音乐带来更强烈的预测和期待。为了验证这一假设，实验要求美国被试对西方旋律和北印度旋律的一致性做出判断，这些旋律或者以原始形式呈现，或者有一个目标音符发生了改变。所有被试都报告说印度的旋律总体上不那么协调，而他们在印度旋律条件下对偏差并不是很敏感。这其实并不奇怪，因为美国被试对印度音乐没有多少经验。目标音符的大脑活动特征是顶叶区域的长潜伏期积极活动，在研究中记为 P600，它与之前研究中观察到的 P300 相似。此外，被试听西方旋律比听北印度旋律时产生的 P600 波幅要大。这一发现能够证明如下观点，即聆听文化上熟悉的音乐时，人们绝不是被动地接收信息。相反，人们会对接下来应该听到的音乐进行预测。如果听到文化上不熟悉的音乐，就可能无法产生合适的期待。对于文化上熟悉的音乐和不熟悉的音乐，脑部环境的差异导致人们对熟悉音乐中的音符变化更具有敏感性。

有证据表明文化熟悉度也会影响大脑中参与处理失调音调的

区域。Matsunaga 等人（2012）以日本的非音乐家和业余音乐家为研究对象，使用脑磁图（MEG）测量他们的大脑对包含音调偏差的西方旋律和日本旋律的反应。MEG 是一种功能性神经成像技术，它可以记录大脑响应各种任务刺激时产生的磁场。与 EEG 信号类似，来自同步神经元群的 MEG 信号具有良好的时间分辨率（可达毫秒级），并可用于估计大脑内神经活动的起源。一项有关对音调偏差的神经处理的 MEG 研究发现，西方人对西方音乐中音调偏差和弦的反应会导致双半球下额外侧皮层的活动增加（Maess et al., 2001）。因此，Matsunaga 等人进一步探讨了相同的大脑区域（如下额外侧皮层）是否参与了音调偏差的处理，而不考虑个人对音乐的文化体验。被试都是土生土长的日本人，没有接受过正规音乐教育，但都接触过西方音乐和传统日本音乐。MEG 记录下被试听到西方旋律和日本旋律时大脑的活动，音乐旋律的结尾可能包含一个偏差音符，也可能没有，参与者需要按一个按钮来回应这种偏差旋律。虽然参与者能够非常准确地识别西方旋律和日本旋律的音调偏差，但 MEG 数据显示，这两种旋律的音调偏差所激活的大脑区域的位置略有差异。听西方音乐和日本音乐时，基于 MEG 数据的源估计确定了在一段旋律的最终音调开始后 150 毫秒左右的大脑活动位于右额下回和左前运动皮质内。然而，对标准化 Talairach 空间中大脑区域坐标的分析表明，与日本音乐相比，西方音乐更偏向于激活右额下回内侧及左前运动皮质上缘。因此，与识别这两种音乐的音调偏差相关的神经活动很可能在额叶和前运动皮质中没有完全重叠。

fMRI 具有较高的空间分辨率，能够检测出处理文化上熟悉和不熟悉的音乐时的不同大脑区域。为了研究大脑感知处理本土音乐和非本土音乐乐句边界的神经基础，Nan 等人（2008）要求参与实验的德国音乐家对西方音乐（本土）和中国音乐（非本土）的选段，以及这些选段的修改版本进行分类，并用 fMRI 扫描记录下 BOLD 反应。研究者对音乐选段做了处理，删除了乐句间的边界标记停顿（记为"无分句"选段）。对参与者的听觉刺激通过特制的 MR 兼容耳机以双耳方式呈现，这有助于降低扫描仪噪声的影响。基于先前的 fMRI 研究结果，Nan 等就乐句边界处理的神经相关性和音乐文化熟悉度的影响做出了几项预测。例如，由于后颞上皮质在识别音色等音乐特征时表现出激活（Menon et al., 2002），因此预测该大脑区域也可能参与乐句边界的处理。此外，有证据表明额下回的盖部与语言/音乐语法中顺序规则的处理（Friederici, 2002; Maess et al., 2001）和运动节奏（Schubotz & von Cramon, 2001）有关，因此可以认为在感知分句旋律时这个大脑区域应该被激活。对于哪片大脑区域能够显现文化熟悉度对处理分句旋律产生影响这一问题，后压部皮层和邻近的顶叶皮层被预测可以区分文化上熟悉和不熟悉的音乐，因为这个区域会被熟悉的刺激物，如声音和面孔（Shah et al., 2001）激活，在基于熟悉度的判断任务中也有反应（Iidaka et al., 2006）。另外，因为旋律的语义记忆与内侧额叶和眶额叶的激活有关（Platel et al., 2003），所以与不熟悉的音乐相比，文化上熟悉的音乐可能会诱发更多与音乐相关的记忆，从而激活这个大脑区域。

行为测量显示，西方旋律比中国旋律表现出更好的数据（更高的识别率），文化上熟悉和不熟悉的音乐激活了不同的大脑区域。首先，与分句旋律相比，听无分句旋律激活了双侧颞叶后上皮质，这种效应在听西方音乐和中国音乐的条件下都出现于颞叶上皮质前部，但在西方音乐条件下其位置在左半球更后方一些，这表明在听无分句的中西方旋律时，识别乐句边界的难度增加，因此颞上皮质的亚区域明显参与其中。其次，分句旋律比无分句旋律更能使额叶和顶叶区域的激活增加，但这些激活在中西方旋律之间没有显著差异。这个结果反映了在听文化上熟悉和不熟悉的音乐时，大脑投入的注意力和工作记忆过程相似。第三，直接比较听中西旋律的过程，发现了右半球后岛叶，以及额中回和角回的激活，这可能反映出听陌生音乐时识别乐句边界对注意系统提出了更高的要求。听西方音乐同时与运动皮层的激活有关，包括额上回和后中央前回，也就是左半球初级运动皮层的口部区域和右半球手部和口部区域的中央前回。这个结果表明，在听文化上熟悉的音乐时（如德国音乐家听西方音乐），音乐中的某些抽象规则或惯例可能足以激活运动皮层，跟随音乐敲击或摆动来实现感知到输出的整合。

最近一项 fMRI 研究采用了精巧的设计来揭示大脑对文化上熟悉和不熟悉的音乐进行编码和检索的脑部活动（Demorest et al., 2010）。先前的研究已经证实左右外侧额叶皮层分别在语言和音乐信息的编码和检索中发挥作用。脑成像研究表明，左下额叶在语义刺激的编码和检索中发挥的作用是一致的（Bookheimer, 2002）。然而，脑损伤研究表明，左侧前额叶的损伤破坏了对语言信息的回忆能力，而右额叶损伤则削弱了对音乐信息的回忆能力（Samson & Zatorre, 1992）。因此，语言和音乐的编码和检索似乎是在左右额叶皮质中彼此分离的。这使我们可以假设，调节文化上熟悉和不熟悉音乐的部位应该位于大脑右半球。为了验证这一预测，Demorest 等人（2010）对美国和土耳其的成年人进行了实验，要求参与者听一些来自他们自己文化和陌生文化的全新音乐示例，之后要求他们识别出从这些音乐示例中截取的简短片段，研究者对这两个过程都进行了 fMRI 扫描。实验设计允许研究者分离出与音乐编码和音乐检索相关的神经活动。美国和土耳其的被试在记住本国文化的音乐方面都明显更加成功。此外，参与者在右角回、楔前叶后部和右额叶中部，延伸至下额叶皮质的部位表现出更强的神经活动，以响应文化上不熟悉的音乐。同样，回忆文化上熟悉和不熟悉的音乐都会导致扣带回和右舌回区域的激活。然而，比起回忆文化上熟悉的音乐，被试回忆文化上不熟悉的音乐时，这些大脑区域的激活程度更高。这些结果表明，文化对音乐感知和记忆表现的影响既体现在行为层面，又体现在神经层面。响应文化上不熟悉音乐的神经活动增加，表明认知负荷在听音乐和回忆音乐时都增大了。此外，文化熟悉度对大脑活动的调节作用在右半球最为明显。这些发现与文化熟悉度影响音乐分句处理的研究结果是一致的（Nan et al., 2008）。

通过比较大脑对文化上熟悉和不熟悉音乐的反应，研究人员已经证明，音乐的文化熟悉度在多个阶段影响着音乐处理，包括注意、记忆更新，甚至运动准备。因此，对特定音乐片段的熟悉程度可调节覆盖额叶、顶叶和颞叶皮质的大型神经网络的神经活动，这并不奇怪。然而，这些研究也表明对音乐的文化熟悉度可能导致和预期相反的大脑调节活动。

品牌

自古以来，在许多社会中，人们使用名字或术语来展示他们的产品或标记他们的作品。大约 2000 年前，古罗马的玻璃工人就开始为他们的产品打上自己的品牌。到了现代社会，品牌更是极其重要，建立品牌不仅是为了销售特定的商品，而且对于企业的生存和延续至关重要。一家企业的品牌可以持续发光发热，哪怕它更换了员工，甚至更换了产品。因此，品牌的本质是一个文化象征符号，是一家企业独特的身份，它反映的是消费者和制造商对这家企业及其产品共有的概念和认识。特定品牌下的产品可以象征着特定的消费者群体，能够反映出这类消费者的价值观、社会地位和社会身份。人们往往对一些品牌有偏好，在相差无几的商品中选购时总是会选择特定的品牌。鉴于品牌对人类的经济决策影响巨大，我们有必要研究一下熟悉的品牌和不熟悉的品牌在大脑中如何表征，以及文化上熟悉的品牌将如何影响奖励体验和经济决策背后的大脑活动。

一项 fMRI 研究提出了这样一个问题：汽车的文化信息是否可以调节与奖励相关的大脑活动（Erk et al., 2002）。汽车是为方便运输而设计发明的，然而不同类型的汽车却被赋予了不同的社会意义或社会价值，因此汽车可以标志着拥有者的社会地位、权力和财富。比如，大多数文化都认为跑车是由社会地位较高的富人所拥有的。当看到具有高社会意义的汽车时，这种不同文化间共有的观念会导致对奖励系统的调节，奖励系统由多个皮质结构（如眶皮质和前扣带皮质）和皮质下结构（如腹侧被盖区和纹状体）组成（Haber & Knutson, 2010; Kringelbach, 2005）。为了验证这一假设，Erk 等人（2002）在德国做了一项实验，实验向成年男性展示跑车、豪华轿车和普通小汽车的照片，并要求被试根据喜好程度给汽车打分，在参与者观看照片的同时对其头部进行扫描。从行为上看，参与者认为跑车比豪华轿车和小型车更有吸引力。此外，由腹侧纹状体、眶额皮质和前扣带回组成的奖赏回路在被试观看跑车时确实要更加活跃，而且活跃度与被试对跑车的行为偏好呈正相关。虽然这项研究没有直接比较跑车引起的脑部活跃度与其他奖励刺激物（如食物）引起的脑部活跃度的关系，但实际上，观看跑车激活的大脑区域与食物等奖励刺激（Volkow et al., 2002）激活的大脑区域相似，与美丽的面孔（Aharon et al., 2001）和金钱奖励（O'Doherty et al., 2001）激活的区域也相似。这些观察结果很有意思。跑车是历史较短的文化对象，不像食物和性等自然奖励刺激，已在漫长的演化过程中与奖励系统捆绑在了一起。研究结果表明，在文化上熟悉且具有较高价值和意义的物品能够激活"旧的"奖励系统，而对这些物品的文化熟悉度是使奖励系统作出回应的关键。也就是说，对这些物品没有文化知识的人在看到这些对他们没有意义的物品时，大脑就不会激活奖励系统。

McClure 与同事们（2004）探索过这样的问题：品牌是否以及如何影响人们对两种饮料的偏好决策，另外在品尝这些饮料时，品牌是否能够调节大脑反应。可口可乐和百事可乐是两种化学成分几乎相同的饮料。然而，消费者通常对其中一种表现出强烈的主观偏好，尽管他们对两种饮料都很熟悉。因此，可口可乐和百事可乐非常适用于测试一个熟悉的品牌如何通过控制自下而上的感官感觉和身体活动来影响偏好及偏好背后的神经关联。研究人员针对四组被试设计了一个精巧的实验。实验前，被试需要告知研究人员他们对可口可乐和百事可乐的口味偏好，然后接受一个强制选择的口味测试。在这个测试中，前两组被试需要在两个没有标记品牌的杯子中进行选择，一杯装有百事可乐，另一杯装有可口可乐。另外两组被试也要做出偏好决定，他们面前的两个杯子装的是相同的饮料（百事可乐或可口可乐），其中一杯标明了饮料品牌，另一杯则没有标签，被试被告知的是没有标签的杯子中有可能是百事可乐，也有可能是可口可乐。口味测试收集了被试自己告知的偏好，并进行了两次，一次是在 fMRI 扫描仪之下进行的，一次没有使用扫描仪。在扫描仪下进行时，首先向被试展示百事可乐或可口可乐饮料罐的图片，目的是从视觉上提供品牌信息，之后才提供饮料。

McClure 等人发现，1 组和 2 组的被试虽然在两种未贴标签的饮料中做出选择，但他们的选择与提前报告的偏好并没有差异。然而，3 组和 4 组被试在对贴标签的和未贴标签的饮料做出选择时，却对贴标签的饮料表现出强烈的偏好。这一结果说明，品牌信息比感官体验更能影响被试对可乐的偏好。以行为偏好作为回归变量的线性回归分析显示，可口可乐和百事可乐仅在大脑腹内侧前额叶皮质激发了差异反应，也就是说，对可口可乐的偏好越强，腹内侧前额叶皮质的活动就越强烈。因此，腹内侧前额叶皮质为根据感官感受选择偏好的饮料提供了神经基础。第 3 组参与者在两种情况下对可口可乐做出选择。一种是明确展示可口可乐的图片后，提供可口可乐；另一种情况是没有给予相关提示而提供可口可乐。这里主要对比的是当被试提前知道是可口可乐，以及他们不知道是哪种可乐时大脑对杯中饮料的反应。在这一对比中，显著的差异活动出现在大脑的几个区域，包括双侧海马、海马旁、中脑、背外侧前额叶皮质、丘脑和左侧视觉皮质。第 4 组被试与第 3 组执行了同样的任务，唯一的区别是饮料的品牌改为百事可乐。然而 fMRI 数据并没有在第 4 组中呈现出相似的显著激活，这说明品牌的影响似乎是可口可乐所特有的。前面的研究结果可用于解释第 3 组中出现的品牌信息的影响。首先，研究者已证明背外侧前额叶皮质对于在偏见行为中使用情感信息必不可少（Davison & Irwin, 1999; Watanabe, 1996）。其次，海马体参与处理情感信息时，也在获取和回忆陈述性记忆中发挥着作用（Eichenbaum, 2000; Markowitsch et al., 2003）。因此，McClure等人提出了一个双系统模型，其中文化信息通过前额叶皮质的背外侧区域让被试做出偏好决策，而海马体参与回忆相关信息。这个神经模型能够帮助我们理解对文化上熟悉的品牌的吸引和排斥是如何通过调节大脑活动来影响饮食偏好的。

大脑不仅会对熟悉产品的图像，也会对品牌的标志建立神经表征。这方面的依据来自 Schaefer 等人，他们向德国籍被试展示熟悉的德国和欧洲汽车制造商的标志，同时展示欧洲以外的汽车制造商的标志（Schaefer et al., 2006；Schaefer & Rotte, 2007）。研究人员告诉被试，他们将看到熟悉和不熟悉的汽车制造商的标志，并且需要想象一下驾驶着所见品牌的汽车的感觉。如果看到的标志并不认识，那么可以想象一下驾驶普通汽车的感觉。问卷调查显示，被试对本国品牌的标志明显更加熟悉。研究者使用 fMRI 来检测大脑对品牌标志的反应，观察结果如下。熟悉的品牌标识比不熟悉的品牌标识更强烈地激活了内侧前额叶皮质的背侧区域。激活的区域同时还包括右侧海马体、后扣带叶和顶叶区域。Schaefer 等人进一步将不熟悉的汽车品牌与跑车、豪华车品牌进行比较，分析结果显示内侧前额叶皮质的激活更强。这个结果很明显与前面提到的研究结果不同，前面提到观看跑车与其他类别的汽车图片激活的是与奖励相关的大脑区域，如腹侧纹状体和眼窝额叶皮质（Erk et al., 2002）。因为众所周知，内侧前额叶皮质会参与反思等自我相关的任务（Johnson et al., 2002; Kelley et al., 2002; Ma & Han, 2010; Ma et al., 2014; Zhu et al., 2007；更多讨论也请参见本书第 4 章），Schaefer 等人将内侧前额叶的激活解释为被试在想象自己驾驶熟悉的汽车时，产生了自我相关的想法。激活了海马体这一观察结果与 McClure 等人的研究结果一致（2004），可能是海马体与后扣带回和顶叶一起作用，来回忆与文化上熟悉的品牌相关的信息。后扣带皮质和延伸到后扣带回的楔前叶已被证明在情景记忆检索中起着关键作用（Wagner et al., 2005）。因此，文化上熟悉的品牌标志对人类行为的影响似乎依赖于对相关信息的检索和对自身相关信息的进一步评估。这些神经认知过程可以补充由腹侧纹状体和眶额皮质调节的奖励感受，以便做出恰当的经济决策并获得良好的感觉。

越来越多的大脑成像结果表明，有几个过程对品牌感知起着关键作用，尤其是情感（例如与品牌有关的奖励感）、社会相关性（品牌相关的文化知识）和自我相关性。这些过程对品牌感知和经济决策的影响是否相同？某个过程是否超越其他过程从而诱导人们对特定品牌和相关产品产生偏好？这些问题无法在前文的研究中找到答案，因为前文研究的主要调节因素是品牌熟悉度和品牌价值。Santos 和同事们（2012）通过仔细挑选 237 个彩色品牌商标来回答这些问题，他们把这些商标按照四个维度分类，分别是"消极的""冷漠的""积极的"和"未知的"，然后使用 fMRI 对一些被试进行脑部扫描。扫描过程中，每个类别的商标随机出现，要求被试将每个商标归入这四类中。以不具有情感内容的词语作为基线条件，被试被要求不出声地读每个词。这个设计能够检查与熟悉度和情感有关的品牌感知背后的神经过程。由于研究使用了少量的"未知的"商标，几乎没有商标被归为"消极的"，因此 fMRI 数据主要用于对"积极的"和"冷漠的"商标进行比较。

"积极的"商标与基线和"冷漠的"商标与基线的联合分析显示出脑部激活的区域相当广泛。激活区域包括眶额叶皮质、前岛叶和前扣带回。海马和海马旁回以及皮质下结构，如壳核、尾状核和伏隔核，也被"积极"和"冷漠"的商标激活。这个网络覆盖了与奖励、记忆、情感过程和认知控制相关的大脑区域，并与之前的研究中观察到的区域有重叠。然而，"积极的"商标与"冷漠的"商标之间的直接比较却显示了腹内侧额叶皮质和腹侧副扣带回区域的激活。反向对比显示外侧前额叶皮质被激活，表明大脑对"冷漠的"商标的反应活动更为剧烈。被试看到"积极的"商标时，因为可能更喜欢"积极的"商标对应的产品，而非"冷漠的"商标对应的产品，因此腹内侧额叶的活动可以再次由自我相关性来解释。看到"积极的"商标可能会产生更强的奖励，并诱发腹内侧前额叶皮质的活动；然而看到"冷漠的"商标时，被试在奖励相关的大脑区域并没有表现出任何激活。这可能是由于对"冷漠的"商标的感知增加了横向前额叶活动，这已被证明在情绪调节中起关键作用（Ochsner & Gross, 2005）。因此，情绪、社会相关性和自我相关性的神经过程是否参与对商标的感知，在某种程度上取决于参与者对商标的熟悉程度、对商标的情绪感受以及他们调节情绪的动机。

在儿童发育过程中，文化上熟悉的标志是从何时开始诱发大脑反应的呢？找到这个问题的答案就能够理解儿童对广告商品的喜爱，接触过产品广告的儿童比没有接触过广告的儿童更喜欢广告宣传的商品，并试图让父母购买（Coon & Tucker, 2002）。比如让3~5岁的儿童品尝两组完全相同的食品和饮料，区别仅是一组有麦当劳包装，另一组没有品牌包装，儿童明显偏好有麦当劳品牌标志的一组的味道（Robinson et al., 2007）。为了仔细研究青少年的大脑活动对食品商标的反应特征，Bruce等研究者（2014）向10~14岁的儿童展示食品商标和非食品商标，并对他们的大脑进行fMRI扫描。这些商标是由一组独立于实验的儿童评估挑选的，使得食品商标和非食品商标与文化熟悉度、效价和强度相匹配。将颜色构成和亮度与实验用商标一致的模糊图像作为控制感知处理的基线条件。在fMRI扫描过程中，儿童需要观看食品商标和非食品商标的图像，以及显示时间2.5秒、间隔时间0.5

秒的模糊图像。数据分析显示，与模糊图像相比，在观看食品商标时，左侧眶额叶皮质、双侧额下回、左侧颞叶皮质和双侧视觉皮质被激活。非食品商标和模糊图像的对比显示，左侧内侧前额叶皮质、左侧额下回、右侧丘脑和双侧梭状体皮质的活动增加。对食品商标和非食品商标的直接比较可以看出，右侧枕叶皮质和延伸到后扣带皮层的右侧中央旁小叶的活动增加。与非食品商标相比，食品商标还激活了左侧顶叶和左侧舌回。这项研究一个有趣的发现是，枕叶皮层也被食品商标和非食品商标激活，这可能是因为这些标志相对于模糊图像更能吸引注意力，因此大脑分配了更多的注意力来参与这个过程。这一说法依据的事实是：自上而下的视觉注意强烈地调节视觉皮层的神经活动（Ungerleider，2000），引导这种注意的大脑区域（如左顶叶皮层；Han et al.，2004）被食品商标激活得更强烈。与成人实验结果相似，食品商标可能会触发大脑对动机价值进行评估，需要认知控制参与，因此涉及眶额叶皮层和外侧额叶皮层（McClure et al.，2004）。然而，食品商标并没有在尾状核和伏隔核等皮层下奖赏区域引起显著的激活，这表明 10~14 岁的儿童可能还没有用到这些区域。这些观察结果给我们带来了一些启示，我们可以推测，文化上熟悉的标志可能会以不同的发展轨迹来调节皮层和皮层下的情感系统。在儿童期和青春期，涉及食物动机、奖励处理、制定决策和自我控制的大脑区域会发生改变（Bruce et al.，2011）。Bruce 等人（2014）的研究结果表明，文化上熟悉的良好标志与大脑中的注意力和动机系统的激活之间存在着早期的联系。

　　针对品牌的脑成像研究结果表明，尽管品牌在人类发展过程中的历史并不长，但大脑的多个系统会对文化上熟悉的产品符号做出反应。文化上熟悉的品牌标志可以增强注意力处理、诱发记忆检索、激活奖励系统，并做出偏好决策。这一切的前提是拥有同一文化身份的社会成员具有共同的信念、价值观，对标志含义的理解也相同。

宗教知识

宗教信仰者和非宗教信仰者在观念和行为规范上有所不同，观念和行为规范是文化的核心部分。比如，基督徒与非宗教人士不同，基督徒信仰上帝，通过仪式敬拜上帝，阅读宗教典籍，按照基督教的教义行事。毫无疑问，基督徒的文化经验使他们更加熟悉与基督教有关的文件和人物，因此会导致他们对文化上熟悉的信息产生独特的神经认知过程。一些脑成像研究通过比较基督徒和非宗教信徒的大脑活动记录，证实了上述观点。

一项 PET 成像研究要求被试默读或者背诵不同文本，与此同时测量他们大脑的局部血流，这些被试都是德国人，其中有基督徒也有非宗教信徒（Azari et al., 2001）。实验使用的文本包括《圣经》的《诗篇》第 23 章，著名的德国童谣，以及电话卡的使用说明，这些文本在长度和韵脚上都是匹配的。PET 图像对比了不同参与者在阅读背诵《诗篇》，与阅读背诵童谣（或电话卡说明）时的大脑成像情况。对比结果显示，与无信仰被试相比，宗教信仰被试的右背外侧前额叶皮质和背内侧额叶皮质的激活程度明显更强。反过来，与宗教信仰被试相比，无信仰被试在阅读和背诵童谣时明显表现出左杏仁核激活。研究者认为，阅读或背诵熟悉的宗教文件涉及特定的认知过程，如内侧前额叶皮质的记忆检索过程和思维监测过程，而不是边缘系统中的情绪反应过程。

　　下面的研究揭示了其他区分宗教信仰者和非信仰者的神经认知过程。Ge 等人（2009）测试了一个能够区分基督徒和非宗教信徒的神经认知模型，这个模型是对耶稣（基督教领袖）进行人格特质判断。认知心理学家提出了两种不同的个体特质判断模型（Klein et al., 1992; Klein & Loftus, 1993; Klein et al., 2002, 2008）。模型告诉我们，自我特质判断是通过语义记忆（semantic memory）中的特征数据库来实现的，这些数据库根据众多与自身特质相关的行为经验抽象概括而来。虽然大脑可能检索到特质不一致的事件，会阻碍自我特质总结，但自我特质判断可以不依靠情景记忆（episodic memory）存储的行为依据。与自我特质判断不同，当没有足够的经验来形成对他人的特质总结时，对他人的特质判断则需要从情景记忆中检索行为依据。因此，相对于自我特质判断，对他人的特质判断可能需要增强情景记忆检索，从而为进一步评价提供信息。然而，如果一个人的经验数量足以形成一个特质总结，那么对他人的特质判断可以通过获取语义记忆中的特质知识来实现。基于这些特质判断的认知模型，Ge 等人假设基督教的信仰和行为有助于形成基督徒对宗教领袖（耶稣）的特质总结，因此在基督徒对耶稣进行特质判断时，情景记忆检索的参与程度最小，而在非信徒中则不然。

　　研究者设计了两个实验来验证这个假设。在第一个实验中，

Ge 等人设计了一种方法来记录被试的行为表现，这种方法由两个连续任务组成，要求被试对特质形容词作出反应（Klein et al., 1992）。第一项任务要求被试给一个特质形容词下定义（下定义任务），或回忆某个人曾经做出过某件事，能够证明其具有这种特质（回忆任务）。第二项任务要求被试判断一个特质形容词是否可以描述一个特定的人（特质判断任务）。实验的基本原理是，如果对一个人的特质判断涉及情景记忆检索，那么激活相关情景记忆的"回忆任务"要比"定义任务"更能促进大脑对"特质判断任务"的反应。如果基督徒对耶稣进行了特质总结，并在特质判断中没有涉及情景记忆检索，那么第一步"回忆任务"就不应该促进第二步"特质判断任务"的反应。相反，对于非宗教信仰者来说，第一步"回忆任务"应该促进第二步"特质判断任务"的反应，因为这些被试之前没有构建对耶稣的特质总结，因此要依靠情景记忆检索来进行特质判断。为了验证这些假设，定义标准化促进效应为反应时在"特质判断任务"中的收益百分比，即"定义任务"的反应时减去"回忆任务"的反应时，再除以"定义任务"的反应时。研究发现，非宗教信仰者对耶稣的特质判断比自我特质判断的反应时收益百分比更大；相反，基督徒对耶稣的特质判断和自我特质判断的反应时收益百分比没有差别。这些行为差异表明，对非宗教信仰者来说，"回忆任务"在对耶稣的特质判断中比自我特质判断更大程度地改善了行为表现。而对于基督徒来说，"回忆任务"也促进了特质判断的行为表现，但这种促进作用在对耶稣的特质判断和自我判断之间没有显著差异。这一结果表明，基督徒的语义记忆中具有构建好的关于自我和耶稣的总结特征数据库，这就是为什么"回忆任务"在对自我和对耶稣的特质判断中同样地促进了行为表现。

Ge 等人的第二个实验是一项 fMRI 实验，进一步支持了上述结论。Ge 等人（2009）用 fMRI 记录了基督徒和非宗教信仰者分别对自我、政府领导人和耶稣进行特质判断时的大脑反应。因为后顶叶皮层和楔前叶参与从情景记忆检索信息这一过程（Cavanna & Trimble 2006; Wagner et al., 2005），且特质判断中情景记忆检索过程的增强与内侧前额叶皮层和后扣带皮层 / 楔前叶之间功能连接的增加有关（Lou et al., 2004），所以 Ge 等人验证了他们的假设：相对于很少从情景记忆中提取行为依据的自我判断任务来说，对他人（包括政府领袖和宗教领袖）的特质判断会导致非宗教信仰者的内侧前额叶皮层和后扣带皮层 / 楔前叶之间的功能连接增强，以便于支持情景记忆检索。然而，基督徒被试的内侧前额叶皮层和后扣带皮层 / 楔前叶之间功能连接的增加可以在对政府领袖的特征判断中观察到，而在对耶稣的特征判断中却观察不到，因为这些被试已提前构建了对耶稣的特征总结。实际情况确实如此，fMRI 数据分析显示，相较于自我特质判断，非宗教信仰者对政府领袖和宗教领袖的特质判断都导致了内侧前额叶皮层和后扣带皮层 / 楔前叶之间的功能连接增强。然而，对于基督徒被试来说，内侧前额叶皮层和后扣带皮层 / 楔前叶之间的功能连接在对政府领袖和自我的特质判断中表现不同，而在对耶稣和自我的特质判断中表现相同（见图 2.4）。这些脑成像研究进一步表明，当基督徒对耶稣进行特质判断时，基督教的信仰和行为可以导致特定的神经认知过程（如增加语义特征总结的使用，却减

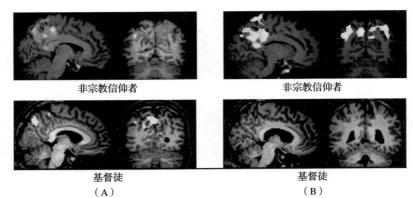

图 2.4　在对政府领导人（A）和耶稣（B）（与自我）的特质判断中，内侧前额叶皮层和后扣带回皮层／楔前叶之间的功能连接增强。对耶稣进行特质判断与自我特质判断时，基督徒和非宗教信仰者在内侧前额叶皮层和后扣带回皮层／楔前叶之间的功能连接上存在差异

摘自 Jianqiao Ge, Xiaosi Gu, Meng Ji, and Shihui Han, Neurocognitive processes of the religious leader in Christians, *Human Brain Mapping*, 30 (12), pp. 4012–4024, DOI: 10.1002/hbm.20825, Copyright © 2009 Wiley-Liss, Inc.

少行为事件的记忆检索）。

　　一份针对 11 个与宗教信仰有关的 fMRI 研究的综述显示，沿大脑中线结构，包括内侧前额叶皮质和后扣带回皮质，神经活动存在着共同的调节过程（Seitz & Angel, 2012）。对熟悉的宗教言论或人物做出反应的大脑激活模式对于理解宗教对人类行为的影响具有重要意义。例如，《诗篇》和基督教领袖在基督徒大脑中独特的神经表征能够提供自动判断是非的神经基础，也能够在社会互动中指导后续行为。熟悉的宗教信息产生的特定神经认知过程使信仰者很容易适应由宗教信仰、价值观和行为规范主导人类行为的社会文化环境。

　　总之，脑成像研究结果表明，长期的文化经历可能导致人类大脑形成了特定的神经机制，这些机制在多个维度上处理熟悉的文化信息。这些深藏在熟悉的文化刺激物之下的神经机制可能来自文化学习过程中赋予刺激物的价值观或信念，而非刺激物的低水平特征（如可口可乐的味道或音乐的调性），并为文化上熟悉的信息提供了一套默认的神经处理模式。对文化上熟悉信息的神经表征涉及各种社会行为，无论是享受音乐还是做出经济决策。通过激活文化特定的认知策略或神经策略，对文化上熟悉的信息的独特神经编码使人们在自己的文化背景下快速地理解社会信息的意义，并产生符合文化要求的行为。这套独特的神经机制促进了同一文化群体之内的相互交流，群体内的成员通过类似的神经基质，对文化上熟悉的刺激物有着相同的理解。这有助于文化内部成员轻松地理解彼此的思想、分享彼此的感受。这些文化神经科学研究对跨文化交流的一个启示是，来自不同文化的人必须首先克服他们各自独特的思维和感受，这种思维和感受源于大脑对一组刺激物的即时的、自动的反应，这些刺激物对一个人来说在文化上熟悉，但对另一个人来说在文化上并不熟悉。请记住处理文化上熟悉的信息和不熟悉的信息时大脑有不同的神经策略和认知策略，因此在大多数情况下，能够考虑到与自己文化背景不同的观点，就是跨文化交流的良好开端。

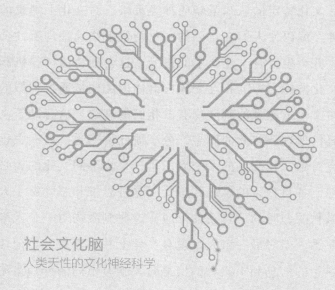

社会文化脑
人类天性的文化神经科学

社会化文脑
人类天性的文化神经科学

第 3 章

非社会性神经过程中的文化差异

认知的神经关联：文化相通性与文化特异性

　　大脑是如何产生复杂心理活动的？这个问题一直激励和挑战着心理学家和神经科学家。在认知神经科学研究的早期阶段，北美和欧洲的研究人员通过整合脑成像技术，如 EEG/ERP 和 fMRI 等，调查各种认知过程的神经机制，如感知、注意、记忆、语言和运动控制。越来越多的研究成果揭示了西方被试认知的神经关联物。这些研究确定了在多个认知过程中，大脑的特定区域在特定时间窗口被激活。但由于针对来自其他文化的个体的认知神经科学研究相对较少，当时尚不清楚西方被试的脑成像结果是否同样适用于其他文化个体，而这一点关乎人类认知行为的神经过程是具有文化相通性还是文化特异性。

　　不同学者从演化的角度来研究这个问题，引发了对环境和大脑功能组织之间关系的不同推测。一方面，世界各地的人类在生存、繁衍和发展上面临着同样的挑战。人类必须发现环境中的威胁、与对手对抗，以争夺资源，生产足够的食物来避免饥饿，并找到合适的配偶来繁殖后代。不同文化中相似的生活目标和要求可能导致人类进化出相似的认知库和神经认知过程，以调节各种行为。另一方面，世界各地不同的物理和社会环境迫使人们发展出不同的社会结构，创造不同的方法来实现各自的目标，甚至从不同的角度感知和理解环境。因此，环境，尤其是社会环境，很可能塑造了认知策略和潜在的神经过程，并导致人类大脑功能组织的文化特异性。

事实上，对脑成像研究结果的跨文化比较揭示了认知过程的文化相通性和特异性的神经关联。虽然这些研究主要集中于脑成像研究快速发展的东亚社会（如中国、日本和韩国）和西方社会（如北美和欧洲），但大脑活动的跨文化比较涵盖了感知、注意、记忆、语言等多个基本认知过程。此外，认知过程的神经关联研究中基于文化差异的各类成果似乎可以在某个特定的框架中得到诠释。最近一种理解人类认知文化差异的新方法（Nisbett et al., 2001; Nisbett, 2003; Nisbett & Masuda, 2003）提出，西方文化鼓励分析性的认知风格，其特征是集中关注某一突出对象，并对其属性进行分析；此对象被分配到不同的类别中，以便找到控制其行为的抽象 / 逻辑规则。然而，中国古代和其他东亚文化主张具有整体论色彩的认知风格，其特征是分散关注突出对象所在的领域，并分析该领域中对象和事件之间的关系。Nisbett 及其同事（2001, pp. 291–292）提出了一个理论框架，以解释社会文化环境与认知之间的关系：

1. 社会组织会将注意引向特定领域某些方面而非其他方面。
2. 不同的关注点会影响本体论信念（形而上学），即关于世界的本质和因果关系的信念。
3. 形而上学指导着内隐认识论，即哪些知识重要，以及如何获得这些知识的信念。

4. 认识论决定了对哪些认知过程的发展和应用会有偏好。

5. 社会组织和社会实践会直接影响形而上学假设的合理性，如应将因果关系视为存在于领域中，还是对象中。

6. 社会组织和社会实践会直接影响辩证的，或逻辑的认知过程的发展和应用。

研究者应用以上框架来理解东亚与西方人的认知差异，发现社会环境和实践使东亚文化背景（例如，中国、日本和韩国）的个体相信，物体（或人）与情境信息之间的关系对于解释和预测物体（或社会事件）的因果变化十分重要，这些信念产生独特的认知发展过程，塑造了整体论的认知策略。相比之下，社会环境和实践使西方文化背景（北美和欧洲）的个体相信，作为关注对象的物体（或个人）的属性对于理解和预测对象（或群体）的因果变化，以及分析性认知策略的塑造至关重要。知觉、注意、记忆和决策等多个过程是整体论和分析性认知策略的共同基础，越来越多的行为研究揭示了认知风格的文化多样性，也提出了许多问题。西方和东亚文化中认知过程的共同神经基础是什么？在整体论与分析性处理风格的文化差异背后，是否存在特定的神经机制？行为学的发现激励研究人员通过比较来自西方和东亚文化的脑成像结果来解决这些问题。本章通过总结与多种认知任务相关的跨文化脑成像研究成果，帮助读者系统性地理解东亚与西方的文化差异及相应基本认知过程的神经关联物。

视觉感知与注意

　　来自不同文化的人对这个世界的看法完全一样吗？一直以来，大多数心理学家对人类知觉的研究都基于一个基本假设，即对于健康的成年人，无论他们所处的生态和文化环境如何，知觉所涉及的基本过程是相同的。然而，早期视知觉研究基于某些当代哲学和社会科学概念发展而来，并对人类知觉是否受到文化因素的影响抱有浓厚兴趣。例如，某种假设认为，人们习得的视觉推理习惯虽不尽相同，但大都具有生态效度，基于此，Segall 等人（1966）从非欧洲地区和美国的 14 个大样本中收集穆勒 – 莱耶错觉任务的数据，测试了不同文化背景的个体产生的几何错觉有无不同。穆勒 – 莱耶错觉指的是，面对两条长度相同但箭头指向相反的线段时，被试通常认为箭头指向内部的线段更长。有趣的是，Segall 等人发现欧美样本因错觉而做出的误判明显多于非西方样本。结论表明，我们的感知经验在很大程度上由知觉推理的习惯决定，而推理的习惯又因社会而异。

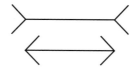

图 3.1 产生穆勒 – 莱耶错觉的视觉刺激图示。尽管两条线段的实际长度相等，但下方线段看起来比上方线段更短

许多行为研究同样证实了视知觉和注意方面的文化差异。例如，在一个棒框仪实验中，Ji 等人（2000）让中国和美国被试低头看悬挂木棍的长盒子，箱体和杆体的方向可以独立改变。当被要求忽略框架，旋转杆体至重力方向时，中国被试比美国被试更易受盒子位置的影响，而美国被试比中国被试更偏向于根据自己的意愿摆放杆体位置。Masuda 和 Nisbett（2001）要求日本被试和美国被试观看包含焦点对象（鱼）和情境对象（小动物、植物和岩石）的水下场景短视频。当被要求报告视频中看到的内容时，美国被试往往比日本被试更频繁地报告焦点对象。相比之下，日本被试报告情境信息的频率几乎是美国人的两倍。Kitayama 和同事们（2003）开发了一种框线测试，来检验在视知觉过程中合并或忽略情境信息的能力。在框线测试中，先向被试展示以一个画有一条垂直线的正方形框架。然后，向他们展示一个新的、大小不同的正方形框架，并要求他们画一条与第一条线绝对长度相同的线（绝对任务），或与周围框架比例相同的线（相对任务）。有趣的是，研究发现日本被试在相对任务中的表现更好，而美国被试在绝对任务中的表现更好。此外，在美国学习的日本学生和在日本学习的美国学生都倾向于表现出与所在文化相同的认知特征，这反映了文化经历对他们的影响。行为研究的发现非常有趣，因为它们强调了社会环境和个人经验对塑造人类知觉经验的重要性。此外，这些发现还提出了一些具有挑战性的问题，如知觉和注意的文化多样性是否由不同的神经基质调节。解决这个问题可以帮助我们理解文化变量影响知觉和注意的神经基础，并提供广泛视角，研究人类大脑的功能组织对社会文化环境和经验的敏感程度。

Lewis 及其同事（2008）率先使用 EEG/ERP 技术，通过大脑活动对焦点对象和情境信息的反应来探索文化差异。他们采用了改进的 oddball 范式，即典型的三重刺激新异性 P3 设计。研究者在实验中会展示三种类型的刺激：大概率非目标刺激（或标准刺激，在 76% 的试次中呈现数字"8"），小概率目标刺激（即 oddball 刺激，在 12% 的试次中呈现数字"6"）和小概率非目标刺激（在 12% 的试次中呈现三字母单词如"DOG"、三辅音字母串如"TCQ"或三个数字如"305"）。要求被试在 oddball 刺激出现时按下按钮做出反应，同时记录他们的脑电。小概率非目标刺激与标准刺激不同，但都不需要行为反应。早期研究表明，此范式中的神经反应特点是，目标刺激出现后约 300~400 毫秒，顶叶区的头皮电极记录到高幅值正波，称为"目标 P3"；小概率非目标刺激引起的最高幅值出现在同一时间窗口，但由额叶区头皮电极记录，称为"新异 P3"。目标 P3 的振幅与刺激概率和任务相关性呈正相关，被认为反映了处理罕见的有意义目标事件时的注意资源（Johhonson, 1988; Herrmann & Knight, 2001）。然而，新异 P3 的振幅对即时刺激环境的偏差很敏感（Debner et al., 2005），并已被作为注意的指标，以衡量刺激环境的偏差（Ranganath & Rainer, 2003）。

Nisbett 等（2001）的研究预测，东亚人对背景信息更敏感，而西方人对焦点对象更敏感。为验证这一假设，Lewis 等分析了东亚裔美国人（如华裔、韩裔、日裔）和欧裔美国人因小概率目标刺激和小概率非目标刺激导致的目标 P3 和新异 P3 振幅，并

通过比较得到了两个有趣的结果。首先，小概率目标引起的目标
P3 最高幅值出现在顶叶区域，指示对目标事件的注意，此时欧
裔美国人呈现出更高的 P3 幅值。其次，非目标事件引起的新异
P3，其最高幅值出现在额叶区域，指示对背景信息的注意，此时
东亚裔美国人表现出相对较高的 P3 幅值。由于东亚裔和欧裔美
国人成长于文化背景迥异的家庭，因此 ERP 结果表明处理焦点
目标和背景信息的大脑活动存在文化群体差异。然而，观察结果
并未表明哪些文化价值可能导致两种文化群体 P3 幅值的差异。
为了搞清楚这一点，Lewis 等使用 Triandis（1995）的个人主义与
集体主义态度量表，来衡量被试相互依存型的自我构念——一种
将自我视为与他人紧密联系与重合的文化特质。他们进行了中介
分析，来评估自变量经由中介变量是否能够影响因变量，并发现
不同文化群体新异 P3 的幅值差异由自诉的相互依存性自我构念
所调节，这表明在视知觉和注意机制底层的神经活动具有潜在的
文化价值与群体差异。

　　通过在研究中使用不同类型的视觉刺激，研究者建立了大脑
在处理客体与环境关系时呈现的与既定文化差异有关的神经活动
模型。Lao 等（2013）研究了 Navon（1977）的视觉刺激整体、
局部加工实验背后大脑活动的文化差异，这些视觉刺激是由局部
形状（或字母）组成的整体形状（或字母）（见图 3.2）。前期
ERP 研究（如 Han et al., 1997; 1999）发现，通过给中国被试呈
现 Navon 型整体 / 局部视觉刺激，发现枕叶外侧区域早期正波调
节在刺激开始后约 100 毫秒达到峰值（即 P1），以及长潜伏期
的 P3 信号。此外，识别整体和局部目标的相对响应速度随 P3 振

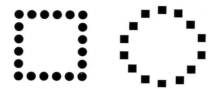

图 3.2　分层的刺激：整体形状（方或圆）由局部形状构成。

幅和峰值潜伏期而变化。Lao 等以 150~300 毫秒为刺激时间间隔，向西方白种人与东亚人交替呈现两种 Navon 型视觉刺激。前者（调节刺激）与后者（目标刺激）可能在整体与局部形状上完全相同、部分相同或完全不同。EEG 数据分析主要针对刺激重复或重复抑制后神经活动强度的降低。因此，从后续目标刺激的 ERP 中减去调节刺激的相应值，以创建基于 Navon 型刺激的整体或局部水平上对信息敏感性的神经标记。有趣的是，相对于局部一致性试验，东亚人枕叶外侧区域 60~110 毫秒的神经活动对整体一致性刺激表现出更大的重复抑制。相对于局部一致性试验，西方白种人对整体一致性刺激表现出更大的重复抑制，但这种抑制却发生在中心顶叶区域约 270 毫秒。在中央头皮区域一个较晚的时间窗口（310 毫秒），白种人对局部神经活动的重复抑制也比对整体一致性试验的重复抑制更大。这些 ERP 结果提供了电生理证据，证明相对于西方文化的个体，东亚文化背景的被试在枕叶皮层对整体信息更早地进行了神经处理，而西方白种人在视知觉过程中对整体 / 情境信息的神经反应出现较晚。

　　因此，不同文化在处理全局 / 局部信息与焦点对象 / 情境信息时所产生的 ERP 差异模式，为其独特的认知策略提供了神经科学基础，即东亚人对情境信息更敏感，更关注整个领域；而欧裔美国人则更倾向于关注焦点对象，其视知觉过程更独立于情境。ERP 的时间过程和空间分布对文化效应敏感，提示了视觉皮层和额顶叶皮层参与视知觉和注意的神经活动可能由文化经验塑造而成。然而，ERP 空间分辨率有限，因此研究人员无法明确识别两个文化群体对应视知觉活动的不同大脑区域。因此，Hedden 等（2008）借鉴了 Kitayama 等（2003）开发的框线测试，对在美国的东亚人和有西欧血统的美国人进行 fMRI 扫描。研究者向被试展示一个画有垂直线的方框作为刺激，被试需要判断每个刺激的框线组合是否为之前组合的成比例缩放（相对任务），或者无论方框大小如何，当前线段是否与之前的线段长度相等（绝对任务）。任务难度有两种条件；两种规则（相对匹配和绝对匹配）下的匹配反应相同（一致条件）或相反（不一致条件）。研究者分别对比相对任务和绝对任务中不一致和一致条件下的神经活动，检验能够表明关注情境或对象的大脑活动。鉴于东亚人和美国人分别在相对和绝对任务中表现更好（Kitayama et al., 2003），fMRI 结果将有助于解决两个问题。首先，东亚和西方文化背景的人在执行任务时，如果需要考虑或忽略情境信息，那他们使用的神经网络是否相同？第二，由于任务难度增加，人们在文化非偏好任务中的大脑激活，是否比文化偏好任务中更为强烈？Hedden 等发现，对于这两种文化群体，与文化偏好判断相比，文化非偏好判断导致额叶、中央前叶和顶叶区域的激活强度增加。这些大脑区域构成了一个神经网络，负责视觉皮层的持续注意控制和自上而下地调节早期感觉 / 知觉加工（Nobre et al., 1997; Hopfinger et al., 2000; Han et al., 2004）。文化非偏好任务由于任务难度更大，因此比文化偏好任务涉及更强的自上而下的注意控制，这似乎具有文化相通性。然而，研究者通过直接比较各文化群体的绝对任务和相对任务，揭示了大脑活动在任务调节中的相反模式。与绝对任务相比，美国人在相对任务中额顶叶网络的激活更强烈，而东亚人则表现相反，即在绝对任务中的额顶叶网络激活程度高于相对任务（见图3.3）。此外，两个群体的反应均表明，其自我报告与美国文化的联系越大（即把自我视为自主和有界的实体，并强调自我的独立性和独特性），则绝对任务的大脑激活越少。研究结果表明，任务需求与个人文化背景差异越大，对持续注意力控制的需求就越高。在一个文化群体中普遍存在的想法和实践，能以一种相对自动化的方式支持符合文化偏好的任务，因此，这些任务中控制注意所需的神经资源较少。

　　Goh 等（2013）在一个简单的视觉空间判断任务中，再次验证了额顶叶网络活动的东亚／西方文化差异。研究者在这项研究中，对执行两种不同任务的东亚人和西方人进行 fMRI 扫描。在坐标任务中，先向被试展示一条参考垂直线，并让他们务必记住该线的长度。之后，一个点显示在横条的上方或下方，被试必须在每个刺激出现时，通过按两个按钮来判断该点到横条的距离是否比参考线的长度更长。控制任务要求被试在两个点之间出现水平条时交替按下两个按钮，以控制运动反应。相对于控制任务，坐标任务需要更多地注意点和线之间的情境关系。Goh 等研究发现在坐标任务中，西方人的行为反应比东亚人慢。与东亚人相比，任务难度越大，西方人额叶和顶叶皮层的神经参与度越高。与东

（A）规则一致

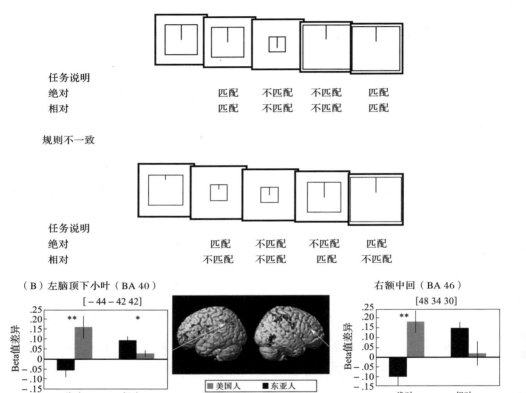

图 3.3 （A）在相对和绝对任务中使用的刺激物的示意图。被试必须判断一个方框内的垂直线的长度是否与之前显示的线的长度匹配，而不管方框的大小如何（一个与环境无关的 / 绝对的判断任务），或者判断每一个刺激形成的框线组合是否是之前组合的等比例缩放（一个依赖环境的 / 相对的判断任务）

（B）功能性磁共振成像结果示意图。美国人和东亚人的额顶叶激活与判断任务相关。在与环境无关的（绝对）判断中，东亚人的额顶叶活动高于美国人，而在依赖环境的（相对）判断任务中情况则恰恰相反

摘自 Trey Hedden, Sarah Ketay. Arthur Aron, Hazel Rose Markus, and John D.E. Gabrieli, *Psychological Science*, 19(1) pp. 12–17, DOI: 10. 1111 / j. 1467–9280. 2008. 02038. x Copyright © 2008, © SAGE Publications. Adapted with permission from SAGE Publications, Inc.

亚人相比，西方人枕中回的活动也更强，这可能反映了视觉皮层自上而下进行注意活动的调节。这些 fMRI 的发现提供了证据，表明尽管不同文化有相同的认知过程，但额顶注意网络在视觉感知过程中参与了文化非偏好任务，这与 Hedden 等（2008）的发现相似。此外，文化偏好或非偏好任务中的注意调节使得文化经验也会影响枕叶皮层的视知觉加工。文化对感知和注意的影响也表现在来自同一文化环境的个体身上，因为额顶叶注意网络的活动取决于个人对文化价值观的认可程度。

除了视觉场景，研究者在脑成像研究中还使用物体图像进一步探索了西方和东亚文化背景的个体对焦点对象和背景的不同神经反应模式。早期脑成像研究已经揭示了处理对象和场景的神经基质各不相同。海马旁皮质和枕叶外侧复合体的活动因不同类别的自然场景而异（Walther et al., 2009）并显示了其对背景环境重复的适应（Goh et al., 2004）。颞叶中皮层的活动对物体的属性知识很敏感（Martin et al., 1996），枕下层和颞叶皮层（如梭状区域）的活动显示出对物体重复的适应（Goh et al., 2004）。这些早期脑成像研究结果使研究人员能够测试西方文化和东亚文化是否分别增加了处理对象和场景信息的大脑区域的活动敏感性。Gutchess 和同事（2006）要求东亚和美国被试观看三类图片：（1）一个白色背景下呈现的目标对象（如大象），（2）一个没有可识别目标对象的背景场景，（3）一个有意义背景下呈现的独特目标对象。每张图片呈现 4 秒，然后呈现一个静止的 X 形 0~12 秒。在 4 秒演示后的间隔内，要求被试通过按键评价他们观看图片时的愉快程度。fMRI 结果显示，相对于东亚人而言，美国人激活了更多涉及对象处理的区域，包括双侧颞中回、左侧顶上 / 角回和右颞上页 / 边缘上回。Jenkins 等（2010）通过使用 fMRI 适应范式，操控视觉场景的一致性，进一步研究了情境处理中的文化差异。他们让年轻的中国和美国被试被动观看一组新奇或重复的场景，这些场景中的焦点对象要么与背景一致（例如，树林里的一只鹿），要么与背景不一致（例如，沙漠中的电视）。对象和背景在"新奇场景"试次中均不同，但在"重复场景"试次中保持不变。由于海马旁区和枕叶外侧皮层分别参与了背景处理（Epstein & Kanwisher, 1998）和对象处理（Grill-Spector et al., 2001），Jenkins 等（2010）预测重复场景下这两个脑区的 BOLD 信号适应程度更高。此外，他们还预测，如果中国人对情境信息比美国人更敏感，那么出于关注和阐述情境关系的文化偏向性，中国被试将对不一致的场景表现出更强的适应能力。的确，研究发现，与新奇场景相比，在观看重复场景时，海马旁区和枕叶外侧皮层的 BOLD 信号均显著降低，表明这些脑区参与了物体和场景的处理。此外，与美国被试相比，中国被试左右枕外侧复合体对不一致场景的适应能力明显高于对一致场景的适应能力。这一发现证明，与美国被试相比，中国被试的大脑区域活动对不一致情境更敏感。

文化对于视知觉引发的大脑活动的影响是否因年龄而异？老年人在感知和注意力方面的大脑活动是否比年轻人表现出更大的文化差异？人们的直观预测是，东亚和西方老年人由于拥有更丰富的文化经验，他们的大脑活动在调节对象和情境处理方面比年轻人差异更大。为了验证这一假设，Goh 等（2007）采用与 Goh

等（2004）类似的新奇和重复场景感知试验，扫描了四组被试，即年长东亚人、年长西方人、年轻东亚人和年轻西方人。他们发现，相较于年轻人，老年人在感知场景时的大脑活动表现出更大的组间差异。具体来说，东亚老年人在枕叶外侧区域（即对象区）的适应反应明显低于西方老年人。换言之，东亚人的枕外侧活动对物体重复呈现的敏感性低于西方人，老年人的文化群体差异比年轻人更显著。在一个有对象偏好的文化中，丰富的经验可能会导致老年人比年轻人更强的大脑活动调节。

在知觉过程中，大脑活动的文化群体差异是如何产生的？这个问题无法简单地通过对东亚和西方人大脑活动模式的观察来解释清楚。如果文化经验在产生大脑活动的群体差异方面发挥了关键作用，那应该可以预测，无论种族如何，来自东亚和西方社会的个体应该表现出与上述个体相似的群体差异（例如，亚洲人与高加索人）。可惜的是，目前尚未有对分别来自东亚和西方社会的同种族人群的脑成像研究。然而，Kitayama 等（2003）报告称，在框线测试中，虽然美国本土被试在绝对任务中更准确，但在日本停留达到 4 个月的美国人表现与日本本土人相似，即在相对任务中更准确。显然，本国文化会对在本国生活的其他文化背景者造成影响。Lewis 等（2008）发现，文化群体大脑活动的差异（即新异 P3 振幅）是由一种文化特质（相互依存性）调节的，这进一步支持来自不同社会的不同文化价值观会导致文化群体在知觉神经基础方面的差异。

外部环境是否导致了不同文化背景者知觉背后的大脑活动的差异？为了分析不同文化的知觉环境，Miyamoto 等（2006 年）

研究了随机拍摄的日本和美国大、中、小型城市的场景照片。之后，他们要求被试回答以下问题：每个物体的边界模糊度如何？大约有多少个不同的物体？场景中某些部分是否不可见？这个场景的混乱性或组织性如何？同时，他们使用了一个计算机程序，通过扫描图像和绘制物体的边界来计算图像中物体的数量。主观和客观的测量都表明，日本场景比美国场景更模糊、包含更多的元素。Miyamoto 等还发现，若首先呈现日本场景而非美国场景，则日本和美国被试更多地将注意力转移到情境信息上。因此，很可能因文化而异的关注模式至少部分地由每种文化的感知环境导致。外部环境、文化价值和个人经验共同导致了知觉和注意的大脑活动的文化群体差异。未来研究的一个有趣的问题是，在感知和注意方面，文化信念 / 价值或外部环境是否主导了具有文化特定性的认知风格的发展。

记忆

记忆是信息被编码、存储和检索的一系列过程。来自外界的信息必须首先进行处理或注册，之后需要整合这些编码信息，以便在将来需要行为决策时回忆起来。Grön 等（2003）率先研究了空间记忆编码过程中大脑活动的文化群体差异。实验中中国和德国白人被试观看一个绿色矩形图案，图案出现在有白色网格线的 3×3 黑色矩阵中，同时研究者对被试进行扫描。被试必须在学习模块中记住绿色矩形的位置，并随即完成回忆任务。在回忆任务中，被试可以看到一个空的有白网格线的 3×3 黑色矩阵，他们需要通过按键盘上相应的按钮来填充矩阵，以重现学习过程中看到的矩形图案。尽管中国和德国被试的行为表现在回忆任务中相似，但相对于控制任务（看红色圆圈），编码绿色矩形的空间信息导致了两个文化群体在五个学习模块中不同的大脑激活模式。具体来说，较之德国被试，中国被试在前两个学习模块中的额叶和顶叶皮层表现出更强的激活，这些皮层包括用于空间特征分析的背侧流（或空间通路）（Ungerleider & Haxby, 1994）。而较之中国被试，德国被试的枕下／舌回／梭状回和海马体的激活增加，这些区域构成对物体特征进行分析的腹侧流（或内容通路）。背侧和腹侧系统在两个文化群体中的不同参与方式，在随后的两个学习模块中表现出相反的模式。中国被试表现出更多的枕下／舌／梭状回的参与，而德国被试更倾向于激活额叶和顶叶皮层。这些发现说明在信息编码过程中，空间和内容相关神经系统在特定文化中存在动态变化。由此看来，中国被试采用的策略是首先对空间信息进行编码，随后在学习过程中聚焦刺激物的视觉属性；而德国被试对空间信息和物体特征的处理则表现出相反的时间顺序。有趣的是，研究结果表明，不同文化群体虽神经加工程序各异，但其结果却可以引发记忆提取过程中相似的行为表现。这就引出了一个更宽泛的问题，即在复杂的认知任务中，行为表现和相关的大脑活动之间的关系。文化经验的不同，促使人类大脑在应对相同认知任务时，发展出不同的神经策略。

归因判断

发现事物、事件和人类行为之间的因果关系，对人类知识的产生起着重要的作用。当来自不同文化的人类，试图去理解支配物体互动的物理规律时，其动机是类似的。因此，对受普遍规律支配的物理事件的观察，可能会发现类似的因果归因的认知过程。然而，对物理事件和人类行为做出因果判断，却受到文化经验的极大影响。社会心理学研究表明，当对社会行为进行因果关系判断时，东亚人对环境约束更敏感，而欧裔美国人更关注个人的内在特质（Choi et al., 1999；Morris & Peng, 1994）。同样，物理事件的因果归因也随文化而异。在解释物理事件的原因（如物体的运动变化）时，美国人更有可能归因于物理事件的特质性因素（如重量或形状），而中国被试更有可能用情境因素来解释相同的事件（如重力和摩擦）（Peng & Knowles, 2003）。由不同因果归因风格体现的文化差异，符合西方文化鼓励分析性认知过程的风格和东亚文化培养整体性认知方式的假设（Nisbett et al., 2001），激发更多学者探索人类大脑在因果归因方面文化相通性和文化特异性的神经基质。

为实现这一目标，Han 和同事（2011）比较了不同文化群体对物理事件进行因果判断的神经关联物。在实验 1 中，研究者在中国被试观看描述物理事件的视频剪辑时，使用 fMRI 对其进行扫描，从而识别出参与物理事件因果归因的大脑区域。每个视频开始的前 2 秒，显示 5 个静止的球，其中四个不同颜色的球（灰色、红色、绿色和棕色）被组合在一起，而另一个蓝色球分置一

边（见图 3.4）。屏幕中央出现一个句子，表明了蓝色球的运动
方向或速度即将发生改变的可能原因。例如，一个物理事件开始
时，蓝色球在显示器中心停留 2 秒，或者它以恒定的速度从左到
右（或从右到左）水平移动 2 秒，而组合球同时向蓝色球移动。
当蓝色球的前缘位于屏幕中心时，会与灰色球发生碰撞，之后立
即改变速度，向相同或相反方向继续移动 2 秒，最终蓝色球与组
合球都将停止运动。被试需要在观看视频后判断：（1）蓝色球
运动变化的原因或（2）蓝色球最终的运动方向。在因果判断任
务中，被试需要判断对可能引起目标物体运动变化的原因的陈述
是否恰当。所列原因或强调特质性因素（例如，"蓝色球重"或
"蓝色球移动迅速"），或强调情境因素（例如，"灰色球重"

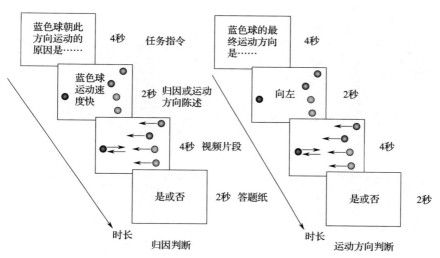

图 3.4　归因与运动方向判断任务所用刺激图示

摘自 *Neuropsychologia,* 49 (1), Shihui Han, Lihua Mao, Jungang Qin, Angela D. Friederici,
and Jianqiao Ge, Functional roles and cultural modulations of the medial prefrontal and parietal
activity associated with causal attribution, pp. 83–91, DOI: 10.1016/ j. neuropsychologia.
2010.11.003, Copyright © 2010 Elsevier Ltd., with permission from Elsevier.

或"空气阻力大")。在运动判断任务中，被试需判断对蓝色球最终运动方向的陈述（"在视频结束时蓝色球向右移动"或"在视频结束时蓝色球向左移动"）是否正确。在观看视频后，被试通过使用右手食指或中指按下"是"或"不是"按钮中的一个，从而做出回答。

通过将特质/情境归因判断与运动方向判断相对比，Han等人发现，相对于运动方向判断，情境和特质归因判断激活了由内侧前额叶皮层、双侧额叶皮质、左顶叶皮层、左颞叶皮层和右小脑组成的神经回路（见图3.5）。通过进一步验证发现，在因果判断中，无论情境信息的复杂性如何（即无论只出现灰色球和蓝色球，还是灰色球与其他颜色球组合出现），内侧前额叶的

中国被试 美国被试

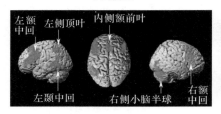 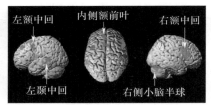

情境因素归因判断 情境因素归因判断

 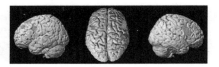

特质性因素归因判断 特质性因素归因判断

图 3.5 中国被试与美国被试在归因与运动方向判断任务中的大脑激活图

摘自 *Neuropsychologia,* 49 (1), Shihui Han, Lihua Mao, Jungang Qin, Angela D. Friederici, and Jianqiao Ge, Functional roles and cultural modulations of the medial prefrontal and parietal activity associated with causal attribution, pp. 83–91, DOI:10.1016/ j.neuropsychologia. 2010.11.003, Copyright © 2010 Elsevier Ltd., with permission from Elsevier.

激活情况类似；而左顶叶活动在灰色球单独出现时，比起组合出现时显著减少。这些结果表明，内侧前额叶在推断物理事件的原因时起关键作用，而左顶叶皮层在归因判断中负责对情境信息进行编码，从而证明两者的功能作用是分离的。

为阐明文化差异与归因相关神经活动的关联，在第二个实验中，Han 和同事分别扫描了中国和欧裔美国被试，并重点关注与物理事件归因相关的内侧前额叶和左顶叶活动。如果因果关系的推理过程是一种与因果归因相关的独特的人类特征（Penn & Povinelli, 2007），则与物理事件原因推断相关的内侧前额叶必将得到激活，并且美国和中国被试的激活情况类似。然而，由于中国人比美国人更倾向于将物理事件归因于情境因素（Peng & Knowles, 2003），因此在归因判断中，对情境信息敏感的左顶叶活动应该比美国人更强。研究者进一步假设，相对于美国被试，中国被试会表现出更多与情境处理相关的神经活动，特别是当他们进行特质性因素的归因判断时，因为在这一过程中考虑情境信息可能是东亚文化特有的。的确，研究发现，不论被试是否关注了情境信息，在两个文化群体中，用于归因判断的内侧前额叶活动在美国被试和中国被试中相似，而同样用于归因判断的左顶叶则在中国被试中激活更为显著（见图 3.5）。因此，研究结果证明，内侧前额叶在因果归因中具有文化相通性，而左顶叶则可能由于在归因时参与了情境信息加工，因此其活动模式具有文化差异性。

左顶叶活动对文化差异敏感这一发现很有趣，因为中国被试在归因判断中，无论是否被要求关注情境信息（即无论是特质性因素还是情境因素归因判断），左顶叶皮层都被激活，而美国被试在两种类型的因果判断中，此大脑区域均未显示激活。在本研究中，中国和美国被试在因果归因的情境处理中似乎呈现出了神经策略的两种极端。中国人比美国人更有可能将相同事件归因于情境因素这一发现，在两个文化群体对物理事件进行因果归因时，左顶叶皮层的参与差异为此提供了神经学证据（Peng & Knowles，2003）。那么来自其他文化的个体是否可能会在左顶叶皮层表现出灵活的神经策略，这样当因果归因专注于情境可能性，而非目标物体的特质性因素时，就将激活此大脑区域？跨文化行为研究比较了北美、西欧和东亚地区被试的心理和行为特征（如对情景信息和自我概念的注意偏向，Kitayama et al.，2009），将德国人定位在美国人和东亚人之间。由此看来，人们可能会认为，德国文化被试可能会在情境归因而非特质性因素归因中采用灵活的神经策略来调用左顶叶皮层。为了验证这一假设，Han 等（2015）使用与 Han 等（2011）相同的实验刺激和设计，在因果判断和运动方向判断实验中对一组德国被试进行了扫描。他们的确发现，与运动方向判断相比，德国被试在情境因果判断中的左顶叶皮层活动有所增加。然而，当德国被试对物理事件进行特质性因素归因判断时，未观察到同一大脑区域的激活。因此，在因果关系判断过程中，处理情境信息的左顶叶活动似乎对个体的文化经验高度敏感。综上所述，以上脑成像研究揭示了因果归因中具有文化相通性和文化特异性的神经活动，并提供了东亚/西方被试在因果归因中具有文化偏好的神经学解释。另外，这些发现也提出了有趣的问题，即文化对与社会事件归因相关的大脑活动有何影响？人们可能会期望，在对社会事件进行因果判断时，相关神经活动存在类似的文化差异；然而，这一假设应在未来的研究中进行检验。

数学

数学技能是人类最基本的认知能力之一，在人类社会的日常生活中起着关键的作用。因此，人们可能认为数学运算过程在不同文化中涉及类似的神经过程。的确，脑成像研究观测了与数学运算相关的神经活动，并发现在完成简单的数学任务（如减法）时，美国人（Prado et al., 2011）和中国人（Zhou et al., 2007）的顶叶内沟均被激活，因此这一区域应该与数量表征相关。在乘法与减法运算中，美国人（Prado et al., 2011）和韩国人（Lee, 2000）的楔前叶（上顶叶皮层的内侧区域）也被激活。然而，这些发现未能解释在解决数学问题时不同文化的差异性表现。如，一项针对比利时佛兰德语者、加拿大英语者与加拿大汉语者的研究发现，加拿大汉语者在解决复杂加法时，比其他两组速度更快（Imbo & LeFevre, 2009）。

数学运算中存在文化群体差异的原因多样。语言、阅读经验和教育（如可能已经学习过不同的策略）都可能对数学运算表现产生不同的影响。还有一种可能，即来自不同文化的人在数学运算过程中激活了不同的神经策略。研究者已经通过记录来自美国、英国、加拿大和澳大利亚的汉语和英语使用者的 BOLD 信号验证了这一假设（Tang et al., 2006）。在实验中，被试需要对数字刺激的空间方向进行判断（数字任务），判断三位阿拉伯数字中个位数是否等于前两位之和，判断三位阿拉伯数字中个位数是否大于其他两位中的较大者，以及对非数字刺激的空间方向进行判断（控制任务）。在这两个文化群体中，数字任务均激活了一个由双侧枕叶和顶叶皮层组成的神经回路。然而，对汉语和英语使用者的比较显示，两个文化群体在完成以上任务时各大脑区域表现出不同的活动模式。在与数字运算相关的三个任务中，英语使用者比汉语使用者的包括布洛卡区和威尔尼克区在内的外侧裂周区活动更为显著，这些区域已被证明分别参与语言产出和理解。而比起英语使用者，汉语使用者在左前运动联合区更为活跃。进一步功能连接分析表明，在比较任务中，汉语而非英语使用者的视觉皮层和补充运动区域之间存在强关联，在比较任务中，英语而非汉语使用者的视觉皮层和顶叶内皮层之间存在强关联。这些结果表明，英语母语者可能在左外侧裂周区皮层中调用语言加工进行心算，而汉语母语者可能在很大程度上依赖于视觉运动关联网络来完成相同任务。类似的神经加工过程背后可能存在两种截然不同的神经策略。支持数字数量比较的顶叶皮层，在两个文化群体进行数学运算时均被激活。

通常，汉语和英语使用者所学的数学运算策略不同。例如，北美成年人在解决个位数乘法问题时（如 9×8），其所学方式是同时使用记忆检索和计算策略（Lefevre et al., 1996）。然而，在中国接受教育的成年人在小学时要背诵个位数乘法表，在解决个位数乘法时完全依靠记忆检索（Cambell & Xue, 2001）。心算任务所用策略的不同，可能会导致表现模式的巨大差异。例如，尽管涉及相对较大数字的个位数乘法问题比涉及更小数字的问题需要更长时间解决（且更容易出错），这种"问题大小效应"在北美被试中（相较中国被试）更显著（Cambell & Xue, 2001）。Prado 等（2013）考察了在中国或美国接受教育的成年人进行个位数乘法时，与问题大小效应的文化差异相关的神经机制。在被试进行不同难度的乘法运算时，对其进行 fMRI 扫描。在较小数字乘法运算中，两乘数小于或等于 5（如 3×4）；在较大数字乘法运算中，两乘数大于 5（如 6×7）。每个问题出现了两次，一次显示正确答案，另一次显示错误答案。被试需要对每个问题做出正误判断。与较小数字乘法运算相比，两组被试均在判断较大数字乘法运算时反应更慢。然而，比起美国被试，中国被试总体反应更快，问题大小效应也更小。研究者在观察到群体行为表现差异的同时，还观测到与问题大小效应相关的大脑激活差异。

与较小数字乘法运算相比，中国和美国被试在进行较大数字乘法运算时，均有左侧顶叶内沟、双侧额下回、左侧额中回和前扣带回的活动增加。然而，与美国被试相比，中国被试的双侧颞上回、左侧中央前回/中央后回和楔前叶对问题大小效应的神经反应更为显著。与中国被试相比，美国被试的右侧顶叶内沟和前扣带区域对问题大小效应的神经反应更为显著。同时，右侧顶叶内沟和前扣带区域对问题大小效应的神经反应正向预测了反应时间上的问题大小效应。

问题大小效应的不同模式（神经和行为），可以根据先前的大脑成像结果来解释。颞中上皮层与乘法事实检索受损有关（Lampl et al., 1994），并与乘法问题及其答案的语义关联存储有关（Prado et al., 2011）。左侧颞上皮层参与语音编码（Friederici, 2012），且左右颞上皮层在字母到语音的映射中都发挥重要作用（Hickok & Poeppel, 2007）。这些事实让我们推测，乘法问题大小效应对于中国被试可能是一种言语检索效应，他们在早期教育中可能将乘法事实作为韵律公式记忆。与中国人不同，美国人在较大数字乘法运算中可能会更大程度地使用计算程序。因此，在数学运算过程中观察到的问题大小效应，可以与在简单计算任务中使用的各种神经策略相联系。中国人选择记忆个位数乘法口诀，这并不一定与他们的语言有关。中国和美国均采用口头背诵教学方法和乘法表以提高数学技能，但这些方法在中国得到更早、更广泛的使用，这可能与中国教育使用乘法表的悠久历史有关（Zhang & Zhou, 2003）。中国儿童比美国儿童花更多的时间练习乘法运算，这一事实也反映了文化价值观的差异，如中国文化强调使用相同程序来提高学生技能，而美国文化则鼓励通过个人的探索来学习。来自任何其他文化的个人在数学教育中都可以采用同样的策略，而使用口头背诵的教学方法和乘法表可能会在个位数乘法过程中诱导颞叶皮层的参与。

语义关系

行为学和脑成像研究均表明，东亚/西方被试在感知/注意方面存在差异，并伴随着相关神经基质的不同。似乎在西方文化中，个体对中心客体和目标物体的认知和神经加工能力更强，而东亚文化的个体更有可能促进对情境信息以及物体间关系的认知和神经加工。东亚和西方文化独特的处理风格，是否超越了知觉 / 注意加工？东亚 / 西方被试在处理更抽象信息的过程中（如语义意义和关系），无论信息是通过感知刺激还是通过语言传递，其认知风格的差异是否仍然存在？两项脑成像研究通过使用完全不同的刺激和范式，回答了这些问题。

Goto 和同事（2010）记录了亚裔美国人和欧洲裔美国人观看具有背景的物体图片时的脑电图。研究者对对象和背景之间的语义关系进行调控。例如，一张图片可能是海滩上的螃蟹，另一张则可能是停车场上的螃蟹。对象和背景在前一个条件下语义一致，但在后一个条件下语义不一致。若亚裔美国人更倾向于注意情境以及对象 / 背景关系，而欧裔美国人更倾向于注意目标对象，那么比起欧裔美国人，亚裔美国人应对对象和背景语义不一致的条件更敏感。Goto 等人测量了一种名为 N400 的特定 ERP 成分，以估测大脑对于对象和背景语义不一致性的敏感性。N400 是一种负电位，最初在大脑活动应对同一句子中某词与前面单词语义不一致时被观测到（Kutas & Hillyard, 1980）。比起阅读"我喜欢咖啡加奶油和糖"，当阅读诸如"我喜欢咖啡加奶油和袜子"的句子时，最后一个词激发了 N400 电位。N400 在刺激开始后的 300~600 毫秒间达到峰值，在顶叶区的振幅最大。N400 振幅对刺激之间的语义不一致性很敏感，无论语义项目是通过视觉还是听觉模式传递。N400 被认为是一种语义期望的指标，因其大小与语义相关性相反（Kutas & Hillyard, 1980）。一项脑磁图研究显示，N400 反映了从后颞叶皮层到前颞叶皮层和额叶皮层对语义异常的句子结尾做出反应的动态活动（Lau et al., 2008）。

Goto 等人（2010）预测，如果亚裔美国人将注意力分散到整个情境，处理其环境中事件间关系的程度大于欧裔美国人，那么比起欧裔美国人，亚裔美国人对语义不一致的对象和背景应该产生更大的 N400 振幅。研究确实发现，亚裔美国人应对对象和背景不一致刺激的负向电位更强，且应对不一致刺激的大脑活动最大振幅在约 400 毫秒时显示于中央 / 顶叶区域。令人惊讶的是，欧裔美国人对语义不一致和一致的刺激的反应均未表现出振幅差异，表明其忽视背景信息。为评估 N400 振幅差异与文化价值之间的关系，Goto 等使用 Singelis（1994）独立和依存型自我构念量表测量被试的文化特质。数据表明，欧裔美国人比亚裔美国人更独立。此外还发现，N400 的不一致性效应振幅与独立型自我构念得分呈负相关。以上研究结果与东亚文化表现出更显著的整体认知加工风格的假设相一致。亚裔美国人对对象和背景间语义关系的加工程度大于欧裔美国人。在个体水平，N400 不一致性效应与参与者的文化特质（即独立性）相关。这为文化经验和语义关系的神经标记间的联系提供了进一步支持。

研究者通过使用三词分类任务，进一步测试了文化对语义关系的神经加工产生的影响（Gutchess et al., 2010）。在东亚和美国被试对三个单词（如熊猫、猴子和香蕉）交替进行类别或主题策略分类时对其进行 fMRI 扫描。在每个试验中，当这三个单词同时出现时，被试必须选择两个类别相关词（如类别匹配任务中的熊猫和猴子），或者功能关系词（例如关系匹配任务中的香蕉和猴子）。在控制任务中，被试需要选出两个相同的单词（如花、纸和纸）。如第 1 章所述，Chiu（1972）发现，中国儿童倾向于根据功能关系对对象进行分类，而美国儿童则倾向于根据类别分组。这些使用特定语义策略的不同趋势，无法通过语言差异来解释，因为双语参与者（例如，中国香港人和新加坡华裔在人生早期学习英语，并频繁使用中英双语进行日常交流）显示出类似的物体分类倾向，无论对象是以汉语或英语命名（Ji et al.，2004）。为测试与注意控制相关的额顶叶网络在被试执行文化非偏好分类任务时是否更为活跃，Gutchess 等（2010）通过在三词分类任务中将类别匹配和关系匹配任务汇集在一起，与控制任务进行对比，首次确定了相关神经回路，揭示了额下、顶叶上和颞下皮质，以及岛叶和小脑的激活增加。在分类匹配任务中对两个文化群体进行直接比较时，发现比起美国人，东亚人的额顶叶网络，包括额叶中上皮层、顶叶下皮层和角回激活更显著。出乎意料的是，在关系匹配任务中，东亚被试同一额顶叶网络比起美国被试也表现出了更强的激活。有趣的是，或许由于本研究使用语义刺激的缘故，大脑激活所表现出的文化差异在右脑比左脑更显著。相对于东亚被试，美国被试在类别匹配任务中扣带皮层和偏侧的中额叶皮层更加活跃，而在关系匹配任务中仅右侧脑岛更为活跃。因为额叶 – 顶叶网络在注意控制中起关键作用，主要表现在文化非偏好知觉任务中（Hedden et al.，2008），而额中回与在语义任务中需要更广泛搜索词汇或分类知识的任务有关（Kotz et al.，2002），Gutchess 等推测，东亚人在类别和关系匹配任务中必须参与执行控制加工，而美国人对信息语义内容的冲突反应强烈。对于这两个文化群体，右侧岛叶活动在文化非偏好分类任务中均被激活（即东亚人在类别匹配任务中，美国人在关系匹配任务中），这可能反映了在面对文化非偏好任务时情感处理的增加。

决策

决策是日常生活的重要组成部分，它决定了我们的行为。例如，当一种新产品面市时，有些人可能会立即购买，而另一些人则宁愿等一段时间（当价格可能下降到一定程度时）。同样，有些人可能喜欢立即得到小奖励，而另一些人更愿意等待更大的奖励。文化经验如何影响决策和潜在的神经机制？对接受即时奖励的偏好意味着更少考虑未来的可能性；而放弃当前奖励但接受未来奖励的决定，必须整体考虑当前和未来。如果这一假设正确，那人们可能会认为，具有整体认知风格的东亚人更偏好大却遥远的奖励，而具有分析性认知风格的西方人更倾向于小但即时的奖励。为了测试与即时或延时结果相关的决策中存在的潜在文化差异，Kim等（2012）扫描了参与决策任务的美国和韩国被试。该任务要求被试在即时小奖励（延迟 t_1 奖励 r_1）和延时大奖励（延迟 t_2 奖励 r_2）之间做出一系列选择。在选择显示在屏幕上后，被试通过按两个按钮中的一个来表明其偏好。在做出选择后，系统会给予反馈，以表明该响应已成功记录。行为数据被认为符合折扣值函数 $V(r, t) = r / (1+kt)$，其中 r 为延迟 t 时可获得的奖励金额，V 为奖励的主观价值。V 通过折扣率 k 依赖于时间，因此 k 越高，对即时结果的偏好越强。被试的决定可能受两种神经机制影响。

若大脑奖励系统对当前奖励产生的活动显著，可能会选择即时奖励，而大脑控制系统活动显著则可能引导个人放眼长远，强调未来，从而选择延时大奖励。行为测量结果显示，与韩国人相比，美国人在行为上更容易接受即时奖励。通过对比涉及即时奖励（今天）的选择和其他选择，Kim 等人确定了大脑面对延时奖励时，腹侧纹状体和腹内侧前额叶皮层会被激活。并且，延迟折扣越大（或对即时小奖励的偏好越强），这些大脑区域的活动越显著。然而，在所有跨期选择中，后顶叶皮层和外侧前额叶皮层被同样激活。最有趣的是，跨文化比较证实，与韩国人相比，应对奖励延迟时美国人的腹侧纹状体反应更强（见图 3.6），而与执行控制相关的外侧前额叶活动并未显示文化群体的显著差异。基于行

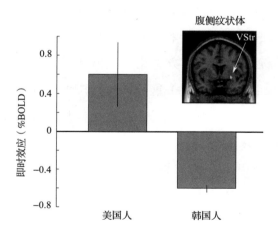

图 3.6　与只涉及延迟奖励的选择相比，当涉及即时奖励的选择时，美国被试比韩国被试在与奖励加工相关的腹侧纹状体的大脑活动更显著
VStr=ventral striatum 腹侧纹状体

摘自 Bokyung Kim, Young Shin Sung, and Samuel M.McClure, *Philosophical Transactions of the Royal Society B*: *Biological Sciences*, 367 (1589), pp.650–656, Figures 3b and4, DOI: 10.1098/rstb.2011.0292, Copyright @ 2012 The Royal Society.

为和大脑成像结果的文化差异表明，与美国人相比，韩国人对即时奖励的反应不太敏感，这是由于与奖励相关的神经结构的活动减少，而非执行控制的活动增强。这些发现阐明了东方与西方人群在与时间相关的财务偏好差异背后潜在的神经机制。

文化与神经认知风格

越来越多的研究通过比较来自东亚和西方文化的个体的大脑活动发现，许多基本认知加工的神经基质存在文化群体差异。研究结果表明，感知、注意、记忆、因果归因、数学运算、语义关系和决策背后的神经过程均存在文化差异。文化经验对于包括额叶、顶叶、颞叶、脑岛叶和小脑在内的多个大脑结构影响显著。这些发现能否与东亚/西方文化在整体性和分析性加工风格上的差异（Nisbett et al., 2001）这一现象匹配？东亚/西方文化影响神经认知加工，其基本原则是否独立于信息处理领域，或与任务的不同认知需求无关？

通过检视以上研究成果，我们可以根据 Nisbett 等的观点，将这些发现整合到一个连贯的解释中。如果东亚文化倡导关注情境信息的认知风格，如对象和背景之间的联系，或不同目标之间的关系处理，则此种认知风格可以统一应用于不同的认知任务，同时可以与参与任务的特定神经基质相关联，从而共同产生一种东亚文化的特定神经认知风格，并应用于各种具有文化偏好性的心理过程和行为。这包括在感知过程中对背景变化的神经敏感性

增强（Jenkins et al., 2010）；在物体和情境信息的整合过程中，
额叶 – 顶叶皮层的活动减少（Hedden et al., 2008）；在记忆过程
中，对物体之间空间关系的编码反应中，背侧视觉通路的活动增
强（Grön et al., 2003）；以及在物理事件的因果归因过程中，顶
叶皮层的活动增强（Han et al., 2011）。无论是对整体形状重复
敏感的视觉皮层活动（Lao et al., 2013），还是在个位数乘法过
程中应对问题大小效应的颞叶皮层活动（Prado et al., 2011），
均反映了中国人在感知和数学运算过程中将多因素整合为统一整
体的偏好。相反，来自西方文化的人对分析性认知风格的偏好，
则导致不同的神经认知风格，如应对显著性对象的大脑活动增加
（Lewis et al., 2008）；应对与情境分离的物体时额顶叶皮层活
动减少（Hedden et al., 2008）；应对物体特征检索记忆时腹侧视
觉通路活动增加（Grön et al., 2003）；因果归因中的顶叶活动减
少（Han et al., 2011）；在数学运算中应对问题大小效应时顶叶
内和前扣带活动增强（Prado et al., 2011）。人类的思维特征可以
是"一种独立于情境的处理风格——跨情境进行聚合和整合，并
忽略个人思想、感受和反应中的情境差异"，或者"一种情境相
关的处理风格——关注特定的社会情境"（Kuhnen & Oyserman,
2002, p. 492）。心理学家为西方和东亚在整体 / 分析性认知风
格上的文化差异提供了行为证据，而文化神经科学的发现则揭示
了在涉及不同任务和行为的多个神经系统中，情境独立或情境依
存的认知策略的神经基础。认知和神经加工方式的多样性挑战了
经典的心理学和哲学观点，即人类认知的基本过程在文化上是相
通的。

　　一般来说，在同一个社会长大的人生活在同样的环境中，说同样的语言，对世界有相似的信仰，按照相同的社会规则行事，并受相同的社会制度管理。共同的社会文化经历有助于该社会中的个体形成相似的心理过程（或认知风格），发展相关的神经基质，而不同的社会文化经历则导致迥然不同的认知风格。认知风格的相似性，特别是其相关神经基质的相似性，使同一社会群体的成员很容易快速理解彼此，达成一致，并有效做出决定。这些又进一步为社会合作和互动提供了心理和神经基础。然而，来自同一社会的个体在不同文化价值观的选择和文化适应的程度上也可能有所不同，从而导致同一社会的个体神经认知风格的异质性。是什么因素导致了同一社会中个体文化适应的差异？第 7 章将讨论文化和基因之间的相互作用对同一文化群体神经认知风格的个体差异的潜在贡献。

社会文化脑

人类天性的文化神经科学

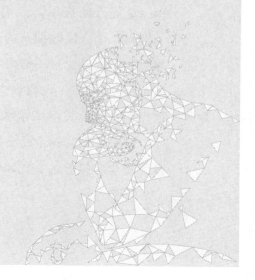

第 4 章

自我神经认知处理中的文化差异

文化和自我概念

一个小孩在很小的时候就能在镜子中认出自己的脸，并在镜子中的形象引导下做出自我导向的行为（例如梳头）。之后，在与家人和同学的互动中，一个人就能理解自己的社会角色，并开始反思自己的人格特征、行为和生活目标。类似的经验会让人产生自我概念——"我是谁"的抽象观念，有助于发展与自己有关的特定认知和神经过程，这些过程包括社会认知的关键组成部分，能塑造与他人社会互动的基本框架。自 William James（1950）以来，心理学家开始探索自我概念的性质和构成，试图将其分解为不同的维度，例如个人的身体属性、心理特征和社会角色。Carl Rogers 等人还提出，人们不仅要形成一个"实际自我"的概念（即对一个人实际拥有的属性的信念），而且还要形成一个"理想自我"的概念——努力在未来达到的自我模式（Higgins, 1987; Rogers, 1961）。自我概念与心理健康有着密切关联，扭曲或是消极的自我模式容易导致心理障碍，如抑郁症（Beck, 1976）。

长期以来，各个社会的哲学家都认可自我概念的本质。不过自我概念有显著的文化印记，也承载不同的含义。西方文化背景下的古代哲学家认为自我是理应存在的，是不可或缺的一部分。Aristotle（384BC—322BC）认为：整个自我，无论是灵魂还是身体，都毋庸置疑，是上天赋予人类的东西，认识自我是人类全部智慧的开端。其他西方哲学家倾向于追求自我或自我认同的不变量，这些不变量不受时间和社会环境限制，始终保持一致。例如，Locke（1731）认为自我是一种意识或记忆的延续，为个人跨越时空的身份打下基础。Baars（1997）断言，自我概念或自我认同提供了一个框架，能在许多不同的生活情境下基本保持稳定。西方思想也强调自我意识或自我觉知等心理活动是自我的基本特征之一。西方传统学者认为自我是一种思维实体，正如 Descartes 所述，"我思故我在……但我是什么？一种会思考的实体"（Descartes, 1912, p.89）。西方当代学者也强调一种自我概念的观点，即突出自己的独特性，令自己与众不同。Seigel 在《自我的观念》一书中给出了以下定义："常说的'自我'是指任何一个人的特殊存在，无论你我与他人有什么不同"（Seigel, 2005, p.3）。这种自我概念强调个体在社会生活中的独立性，能够自由行动并对自己的行为负责（Searle, 2004）。显然，发展于西方文化中的自我概念很强调人的个性，正如 Solomon（1990, p.178）指出的那样："在这个自我陶醉的个人主义社会中，关于自我实现和自我认同的文章和言论如此之多，然而，关于人们彼此关系的本质，至少在自我意识的哲学深度的相同层面上，却少得可怜，这是个需要认真思考的问题。"

东亚文化的古代哲学家们也相信自我的存在，但他们对自我概念的本质持不同的看法。中国哲学家曾子（505BC-435BC）要求学生每日三省自身（这里的"三"泛指"多"），强调认识自我的重要性。不过曾子并没有要求学生考虑自己与他人的不同之处，而是要求他们反思自己对同伴的忠诚以及在朋友中的声誉。曾子的教学强调与亲近的人相关的自我反思。众所周知，相较于个人或自我，中国哲学家对群体的关注更多，从而对人性有整体性的见解，而且即使明确地讨论自我的概念，他们也倾向于强调自我与他人之间的关系。正如中国近代学者胡适（1929/2006，p.107）指出，中国传统认为人无法独存；一切行动都是人与人之间的互动。一些中国哲学家甚至认为，自我与他人之间没有差别，人和宇宙之间也没有差别（Fung, 1948/2007, p.124）。中国佛教对自我采取了极端的看法，将人的不觉悟归因于心中自我概念的存在，并要求人们学习他们对宇宙心智（或纯意识）的原始认同，以超度、摆脱永恒的生死轮回（Fung, 1948/2007, pp.400-402）。最近，有现代中国哲学家一直试图将自我概念形式化，作为自我有意识思考的能力和能够超越自身的普遍联系的结（Zhang, 2005）。在这种自我模型中，自我的存在完全依赖于与他人的联系，"自我"只有在与他人互动时才有意义。根据这种"关系型自我"的概念，人们能够在自我中看到他人，反之亦然。

在哲学中体现的自我概念的文化差异可以概括为：西方文化中的自我是一种单一且主观的给定，而东亚文化中的自我是一个依赖于社会背景和社会关系的实体。那么，关于自我概念的哲学思想在人类认知中是如何体现的？人类认知与自我、与自我和他人之关联的关系是怎样的？是否存在跨社会文化环境普遍存在的自我特定的认知过程？另一个有趣的问题是，自我概念的文化差异会对人类的认知／情感和行为造成何种影响？因为自我概念促进了对来自环境的信息的差异采样和处理（Triandis, 1989）；在人类动机、认知、情感和社会认同中起着不可或缺的作用（Sedikides & Spencer, 2007）；并发挥一种"整合黏合剂"的作用，能将部分融入感知的整体，将记忆与来源结合，并将注意力与决策联系起来（Sui & Humphreys, 2015）。

当代心理学家已经提出了几个理论框架来捕捉不同文化中自我概念的本质区别。例如，Triandis 及其同事（Triands et al., 1988; Triands, 1989）提出，个人主义（如西方）文化优先考虑个人目标而不是集体目标，而集体主义（如东亚）文化则不区分个人和集体目标，甚至会让个人目标从属于集体目标。Nisbett（2003）表示，在西方文化中，自我作为一个有界限的、不可渗透的自由体，可以从一个群体转移到另一个群体，从一个环境到另一个环境，而没有显著改变。然而，东亚文化中的自我是相互联系的、流动的、有条件的，只能在与他人的关系中理解。

Markus 和 Kitayama（1991）提出了关于自我概念文化差异的最有影响的理论框架之一，其框架背后的基本思想是，西方文化强调自我认同，导致独立的自我观，这类自我构念者倾向于以自我为中心，关注自我多于关注他人（包括亲密的人）。相比之下，东亚文化强调基本社会联系，倾向于一种相互依存的自我观（相互依存的自我结构），通常对其他重要的人的相关信息很敏感，

对亲密的人的关注与对自身的关注一样多。Markus 和 Kitayama
提出的西方和东亚文化中的自我认知模式如图 4.1 所示。早期
版本的自我模式只包括大圆圈中的部分（Markus & Kitayama,
1991）。西方独立的自我观，如图中的中心圆圈所示，其特征在于:
内在属性（X），如欲望、偏好、属性或能力，只能属于自我。
这种内在自我的表征在记忆中是最详尽的，也是在自我思考时最
容易获得的，并且在调节行为方面最为重要。中心圆和周围的圆
有相交，暗示着自我与他人的关系。不过在自我与他人（甚至是
亲密的他人）之间有着明确而坚实的界限。有了独立的自我，与
他人的互动会产生一种自我与他人分离、不同或独立的感觉，个
人的行为是由自己的特质、动机和目标驱动的。对于东亚的相互
依存的自我观念来说，重要的自我表征（X）是指那些与亲密和
重要的人的关系和共享，正如图中由虚线组成的中心圆和周围圆
的重叠所示。相互依存的自我构念模型也将自我概念结构的潜在

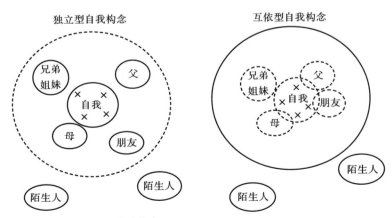

图 4.1 西方与东亚文化的自我构念

变化与特定社会背景的性质联系起来，驱动那些具有相互依赖的自我构念的人的行为的不是不变的个人属性，而是在特定背景下对自我与特定他人关系的认识。对于相互依存的自我，与他人的互动会产生一种与他人相连、相关或相互依赖的自我感觉。在后来的自我结构理论中，他们（Markus & Kitayama, 2010）进一步讨论了独立 / 相互依存的自我结构对建立内群体和外群体成员之间的社会关系的影响。他们推测，对于独立的自我来说，自我和亲密的他人之间清晰而牢固的界限使得他们很难形成对内群体的认同感，因此，具有独立自我结构的人可以相对容易地在内群体和外群体之间移动。但自我和亲密的他人之间的关系会产生强烈的内群体认同感（由自我和亲密的人组成）和明显的内群体与外群体的区别。这就导致那些具有相互依存自我构念的人难以跨越内群体和外群体之间的边界。

　　自我概念文化差异的理论框架预测了跨文化感知、记忆和自我反思过程中与自我概念相关的其他心理过程的变化。我们可以进一步设想，与自我相关的心理过程的神经机制在不同的社会文化环境中会有所不同。此外，自我构念的变化也可能改变其他认知和情感过程的神经基础。这些问题已经在文化神经科学研究中得到了广泛调查。本章将重点讨论与自我面部识别和自我反思有关的神经认知过程的文化差异：这两个领域在建构自我认同方面起着关键作用，并且在文化神经科学研究中得到了相对广泛的调查。第 6 章将进一步介绍关于自我构念的临时转变如何调节参与认知和情感的神经认知过程的脑成像发现，并在文化信仰和人脑功能组织之间的因果关系的背景下进行探讨。

自我面部神经认知处理的文化差异

自我面部识别

并不是只有人类才能在镜子中观察和认识自己。Gallup（1970）首次测试了非人类灵长目的自我认识能力。他把一组黑猩猩置于镜子前，十天后进行麻醉，再用无味的染料在其眉上作出标记，该种标记只有通过镜面才能观察到。Gallup 发现，在照镜子时，相对于没有进行过曝光的猩猩，曝光组中的猩猩都会直接摸向自己眉上的标记。随后的测试中发现一些别的动物，例如亚洲象（Plotnik et al., 2006）、海豚（Reiss & Marino, 2001）和恒河猴（Chang et al., 2015）也能够在于镜子前曝光一段时间后表现出这种自主的行为。人类婴儿在出生后的第二年拥有在镜中识别自己面貌的能力（Amsterdam, 1972; Asendorpf et al., 1996），并且这种能力伴随着诸如尴尬和羞耻等社交情绪而产生（Lewis, 201）。成为共识的是，只要通过了该镜子实验，就表明对自我的外表有了认识（Suddendorf & Butler, 2013），这也成了一种自我认识程度的指标（Keenan et al., 2000）。

心理学家们试图使用各种范例来说明自我识别的独特过程。例如视觉搜索任务——Tong 和 Nakayama（1999）发现，美国大学生在一众诱导选项中搜寻自己脸部时，比对陌生脸部的反应更快。无论在视觉搜索任务中使用直立还是倒置图像，都体现出搜索自我形象的优势。在美国被试对面部同一性的判断中，对自己面孔的反应也明显快于对熟悉面孔的反应（Keenan et al., 1999）。同样，东亚文化群体也表现出自我优势。当中国大学生看到自己或朋友的面部图像，并忽视面部特征对方向进行区分，他们对自我面部的反应都比熟悉面孔的反应更快（Ma & Han 2009, 2010; Sui et al., 2006）。这些发现表明，人对自己的面部识别的优势是强大的，并且在不同的文化中都显而易见。

研究人员们提出了多种感知和认知机制来解释对自我面孔的行为反应优势。Tong 和 Nakayama（1999）经观察得出：相较于陌生面部，人们对自我面部的搜索时间更短，这可能反映了充分学习人脸后的效果。不过，仅仅基于感知熟悉度的自我优势会与以下事实相矛盾：人们看到朋友、同事的脸的时间比在镜子里看到自己的脸的时间要多得多。此外，在识别倒置人脸（Keenan et al., 1999）或与身份无关的面部特征（例如面部方向）（Sui et al., 2006）时，无法通过这种感知熟悉度来解释为何对自我面部的识别更快。Ma 和 Han（2010）提出自我面部识别的内隐积极联想（IPA）理论，以解释对自我面部的行为反应的优势。他们的设想是，观看自己的面部会激活自我概念中的积极属性，这反过来会促进行为反应。该理论是基于两个研究方向提出的。第一，人类有一种基本愿望——对自己感觉良好（James, 1950），而且大多数成年人对自我持有积极的心态（Greenwald, 1980）。第二，成人对积极意义的刺激反应比消极意义的快，例如积极与消极色彩的词（Stenberg et al., 1998）以及"好人"与"坏人"的名字（Cunningham et al., 2003）。为检验这些假设，Ma 和 Han（2010）让参与者进行自我概念威胁启动程序，在该程序中，被试需要判断一些负面特征形容词是否可以用来描述自己。之后被试需要对自己的面部或朋友的面部图片做出方向判断。其中基本原理是，如果内隐积极联想是自我面部优势中的关键因素，那么这种联想受到减弱或破坏，自我面部优势就应该减少。起初显示，在典型内隐联想测试（IAT）（Greenwald et al., 1998）中，被试对积极词汇配对自我面部的反应比消极词汇的反应快，而且自我概念威胁明显减缓了测试效应的启动。此外，自我概念威胁本来是为了减少内隐积极联想，但却大大减缓了对自我面部的反应，还导致对熟悉面孔的反应比自我面孔快。研究结果验证了社会认知机制（即对自我的隐性积极态度）是对自我面部的行为反应优势的成分之一。

通过记录健康成年人对自我面部和熟悉 / 不熟悉面部的事件相关电位（ERPs），已有自我面部识别的神经机制研究。面孔刺激通常会在刺激发生后 170 毫秒左右在外侧枕颞脑区引发负性活动（N170; Bentin et al., 1996），有研究者认为面部结构编码（Eimer, 2000）和面部识别（Heisz et al., 2006）也涉及该过程。Sui 等人（2006）首先记录了中国成年人的事件相关电位，同时向他们展示了自己、熟悉的人和陌生人的面部图片。图中的性别和年龄都是匹配的，带有中性表情。每个面部图像有五张是头部向左的（45 度到 90 度），另外五张头部向右。在不同区组中，被试需要按下按钮来识别自己的脸、熟悉的脸或陌生的脸的头部方向，忽略其他面部。Sui 等人尚未证明面部识别会对早期面部特异性电位成分（如 N170）进行调节，无论面孔刺激是受到关注的（即需要回应）还是被忽略的（即不需要回应）。然而，与熟悉的面孔相比，自我面部在刺激开始后的较长时间窗口（220~700毫秒）内引起了额叶 / 中央大脑区域的积极活动增加。相对于熟悉的面孔而言，自我面部反应的电位（ERP）振幅存在长时延正移，这在其他研究中也得到了证实，如对面部方向（Guan et al.,2014）、定量变化（Geng et al., 2012）及各面部外观（Kotlewska& Nowicka, 2015）的反应。但这些研究尚未证明自我面部能够调节早期面部特异性电位成分，可能是因为研究中的活动与面孔识别无关。Keyes 及其同事（2010）向被试展示了一系列自己、朋友和陌生人的面孔刺激，并进行了简短的曝光。此过程需要被试观察一系列图像，当检测到偶然出现的重复图像时按下空格键。该活动只针对面部识别，不包括面部的整体特征（例如方向）。研究发现，相对于朋友 / 陌生人的面部，自己的面部增加了后脑区域的 N170 振幅，也扩大了顶点正电位（VPP）的振幅——一个在刺激发出后 170 毫秒左右达到峰值的正向电位，其最大振幅在额叶 / 中央脑区。到 280 毫秒之后，对朋友和陌生人面孔的大脑活动的差异才出现，朋友面孔的情况下电位振幅往正向转移。研究结果表明自我面部识别的特点是：在早期面部结构编码阶段和后期改进的认知评价阶段都有增强的神经活动。

　　一些 fMRI 研究已经发现了涉及自我面部特定认知过程的精确脑区。一个早期的典型设计是比较对自我面部和对照面部的反应的 BOLD 信号，以定位自我面部的处理过程。例如，观看自我面部与陌生人面部明显激活了右额叶皮层、右枕颞交界处和左侧梭状回（Sugiura et al., 2005）。感知自我面部与熟悉的名人面部（Sugiura et al., 2005）或感知自我面部与个人熟悉的面部（Platek et al., 2006; Scheepers et al., 2013; Sugiura et al., 2005）也会激活右额叶、顶叶以及左颞中回。Uddin 等人（2005）通过不同像素比例的自我面部和熟悉的面部创建了变形图像，发现不管是个人图像还是他人图像，像素比例越高，越能激活右额叶和顶叶皮质。对于每个人来说，自我面部都有特定的感知特征，观看自我面部时会唤起自我认同感。研究人员无法通过对比自我面部和他人面部来分析不同的自我面部识别认知过程。为了进一步阐明大脑各区域在处理自我面部感知特征和独立于面部感知特征的自我认同中的作用，Ma 和 Han（2012）记录了对自我面部（Morph 100%）和性别匹配的朋友面部（Morph 0%）之间的连续快速变形的 BOLD 反应。他们比较了对 Morph 100% 和 Morph 60% 的BOLD 反应，两种反应都属于自我识别，但物理特性不同。此对比发现了左侧梭状面孔区对自我面部物理特性的敏感神经活动——该区域已被确定为面部识别的区域，位于梭状回外侧的颞叶（Kanwisher et al., 1997）。在另一实验中，研究人员对比了识别为自己和朋友的 Morph 50%，结果在右侧梭状面孔区发现了与自我身份相关的神经调节。该对比实验也显现出内侧前额叶皮层和后扣带回的激活。重点在于，当比较每个被试对自己和朋友面部的大脑活动时，并没有观察到这些激活。研究表明：在梭状面孔区和内侧前额叶皮层的活动中存在自我面孔的特异性调节，左、右侧梭状面孔区在处理自我面部的感知特征和个人认同方面具有各自的独特功能。左侧梭状面孔区参与了自我面部的物理属性编码，与面部身份识别无关。而右侧梭状面孔区和内侧前额叶皮层参了自我面部的身份识别编码，与物理属性无关。内侧前额叶皮层还涉及独立于感知特征处理的个人认同，该皮层也调节对个性特征的自我反思（见本章下一小节）。因此，自我面部的知觉特征和识别是在不同的神经子系统中编码的。

自我面部识别中的文化差异

正如本章前文提到的，哲学和心理学文献都表明，自我概念是一种文化现象。东亚文化提倡相互依存的自我构念，而西方文化则倾向于鼓励独立的自我构念（Markus & Kitayama, 1991; 2010）。如果组成自我概念的不同维度，如外貌、人格特质和社会角色，在西方和东亚文化中是不同的，那么，我们可以预想到，参与自我面部识别的神经认知过程，即自我概念的身体维度的一个关键组成部分，在西方和东亚文化中的个体中也会有所不同。从 Markus 和 Kitayama 关于自我概念的文化差异的认知模型中产生了两个预测。一方面，鉴于西方文化鼓励人们以自我为中心，关注自我多于关注他人，我们可以预估，在西方文化中，自我面部识别比识别他人面部的能力应该更为突出且甚于东亚文化。另一方面，由于东亚文化中的自我概念对其他重要的人的信息很敏感，使得自我面部识别的优势在东亚文化中比在西方文化中更容易受到社会环境的影响。

有意思的是，当西方文化的研究者专注于自我面部识别的独特神经认知过程时，东亚文化的研究者则对自我面部识别与其对社会背景和文化经验的影响的敏感性之间的关系进行了研究。为了检验第一个预测，即自我面部识别的优势在西方文化中比在东亚文化中更突出，Sui 等人（2009）对英国赫尔的英国大学生和中国北京的中国大学生之间与自我面部识别相关的行为表现进行了比较。他们发现，与熟悉的面孔相比，两种文化群体在判断自我面孔时反应都要更快。然而，与中国被试相比，英国被试在反应时间上的自我面部优势更为显著（见图 4.2）。根据 IPA 的自我面部优势理论，可能是因为被试赋予自我的价值比赋予朋友的价值更积极，而这种隐含的积极联系在英国人中比在中国人中更强。与中国人相比，英国人与自我的隐含的积极关联更强，导致他们对自我的感知符号（如自己面部的图像）的反应更快。

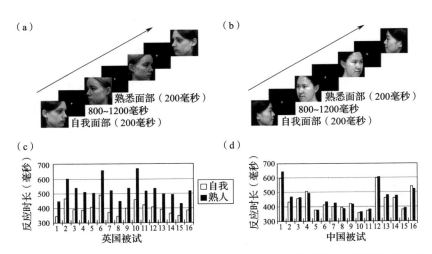

图 4.2　(a) 和 (b) 是英国和中国被试的刺激程序。参与者需要判断左 / 右面显示自己 / 熟人的脸，确定目标面孔（自我面部或熟人面部）后用食指按键。(c) 和 (d) 是英国和中国样本中每个被试对自我面部和熟人面部的反应时间

摘自 Jie Sui, Chang Hong Liu, and Shihei Han, *Social Neuroscience,* 4(5) pp. 402−411, DOI: org/10.1080/17470910802674825. Copyright © 2009 Routledge http://www.informaworld.com.

第二个预测是，在东亚文化中，自我面部识别的优势比西方文化更容易受到社会环境的影响，这一点 Han 及其同事使用两个范式进行了测试（Liew et al., 2011; Ma & Han, 2009, 2010）。在一项研究中，Ma 和 Han（2010）要求美国和中国学生在经过自我概念威胁诱导（一个时长 3 分钟的程序，要求被试判断一些负面特征形容词是否能够描述自我）和控制诱导程序后，判断出自己或朋友的面部图片的方位。研究发现，两个文化群体的人对自我面部的反应都比对朋友面部的反应快，而且美国和中国被试的自我面部的优势在自我概念威胁诱导下都会减少。不过，在中国人中，自我概念威胁激发对自我面部与朋友面部的行为反应的影响比美国人大，这表明中国人的自我面部识别对实验室中控制的社会影响更敏感。

在其他一些研究中，使用了更真实的社会刺激进一步验证自我面部识别的文化差异（Liew et al., 2011; Ma & Han, 2009）。Ma 和 Han（2009）要求一组中国研究生判断自我面部、导师的面部和另一位教员面部的方向（朝左或朝右）。他们发现，虽然被试对自己的脸的反应比对另一个教员的脸的反应快，但对自己的脸的反应时间明显比对导师的脸的反应时间慢。相对于另一位教员的面部，导师面部的存在明显地在更大程度上减缓了对自我面部的反应。这种影响不能简单地解释成个人对社会等级的敏感度，因为导师和另一位教员在社会等级中是相等的，而且都比研究生的等级高。这些结果表明，中国人的自我面部识别对重要的人的存在高度敏感。此外，Ma 和 Han（2009）量化了被试对导师消极态度的担忧和对自我面部的反应时间之间的关系。结果显示，对自我面部和导师面部的不同反应与个人对来自导师的负面评价的担忧相关。因此，对于中国研究生来说，来自导师的负面评价对积极的自我观点构成了更高的威胁，并破坏了自我面部的积极知觉表征。Liew 等人（2011）使用类似的范式测试了一组欧美大学生。他们假设，与具有相互依赖的自我构念的中国被试相比，对于具有独立自我构念的美国被试来说，重要的人在场的影响应该更小。研究发现与设想相符，美国研究生即使在导师的面孔面前也保持了对自我面部的识别优势，说明该群体的自我面孔识别受重要的人的影响要小得多。有趣的是，为他们的导师赋予更高的社会地位时，被试的自我面部识别优势减少了。看来，与中国文化不同的是，在强调独立的文化（即美国文化）中，对自我的态度受他人的影响要小得多，但可能与感知到的他人的社会支配地位有关。这些发现都表明，与美国文化相比，中国人对自我的认识和对自我的积极看法对社会反馈和重要的人更为敏感。

通过记录英国人和中国人对自己的脸和熟悉的脸的事件相关电位，Sui 等人研究了自我面部识别的文化差异的神经关联物（Sui et al.，2009）。在面部识别过程中，有几个电位已被确定与特定的过程相关。例如，在刺激开始后的 200~350 毫秒，前中枢电极上的负性活动（anterior N2）对刺激的知觉显著性很敏感（Folstein & Van Petten，2008），可区分中性和情绪性的面部表情（Kubota & Ito，2007; Sheng & Han，2012）。Sui 等人（2009）预测，与东亚相互依存的自我构念相比，如果西方独立的自我构念让被试对自己的脸比对别人的脸更敏感，那么在西方文化的个体中，对自我面部的神经编码会有增强。在此设想基础上，他们记录了这两个文化群体的自我面部和朋友的面部引起的事件相关电位。

他们对中国北京的中国大学生和英国赫尔的英国大学生进行了一项对自己的脸和朋友的脸进行方位判断的测试。结果发现，额中部区域的负电位活动（anterior N2）在 280~340 毫秒之间达到峰值，对面部识别敏感，并在英国和中国的被试中表现出不同的模式。具体来说，与熟悉的面孔相比，英国被试对自己面部的额中部区域负电位活动（N2）反应振幅更大，而中国被试对自己面部的额中部区域负电位活动（N2）反应振幅更小（见图 4.3）。

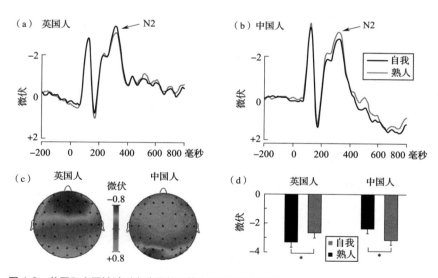

图 4.3　英国和中国被试对自我面部和熟人面部的神经反应
（a）在英国被试中，相对于熟人面部，自我面部的 N2 振幅较大。
（b）但对中国被试来说，自我面部的 N2 振幅比熟悉面部的小。
（c）英国人和中国人的面部 N2 差异的电压图。全部电极都计算了自我面部和熟人面部之间的差异波。
（d）英国人和中国人在 Fz 处的 N2 平均振幅。

摘自 Jie Sui, Chang Hong Liu, and Shihei Han, *Social Neuroscience*, 4(5), pp. 402–411, DOI: org/10.1080/17470910802674825, Copyright © 2009 Routledge http://www.informaworld.com.

在所有被试中，额中部区域负电位活动（N2）的振幅预测了行为反应中的自我面部优势。当这些刺激需要行为反应时，相对于熟悉的面孔，自我面孔的反应时间长延时正向事件相关电位成分（即 P300）的振幅就会扩大。然而，这种影响在两个文化群体之间并没有显著差异。因此，从反应结果和电位结果中可以看出，在参与自我面部识别的特定时间窗中，神经认知过程存在文化差异。鼓励独立自我构念的西方文化群体会将更多的社会显著性或积极价值赋予自我面部，而不是其他熟悉的人的面部，并增强对自我面部的神经编码。相反，来自东亚文化、鼓励相互依存的自我构念的群体可能为熟悉的人的面部赋予更大的社会显著性。

必须承认的是，对自我面孔的行为和大脑反应的文化差异的观察表明自我构念和自我面部识别之间可能存在关系，但尚未证明其中的因果关系。在本书第 6 章中将探讨一个自我构念的启动范式，该范式涉及由研究者在实验室中测试独立 / 相互依存的自我构念的临时转移引起的自我面部的行为和神经反应的变化，从而进一步阐释自我构念和自我面部识别之间的因果关系。

自我反思过程中神经认知处理的文化差异

自我反思

自我反思指的是人类思维对构成该思维的实体进行的思考。这个实体，或者说自我，由多种属性组成。一个健康的成年人可以从容地描述自我概念的三个方面，即自己的外貌、个性特征以及与他人的社会关系（James, 1950）。记忆系统能够编码并储存与自我有关的信息，检索出来后可以在社交中指导行为。对自我的独特认知处理最初是在一项行为研究中进行的，该研究开发了一项自我参照任务，以评估自我相关信息的编码和检索的优先级（Rogers et al., 1977）。在该任务中，参与者需要首先判断一些个人特质形容词是否可以描述自己。Rogers 等人最初使用对音素属性和语义意义的判断作为控制项目，在之后的研究中，这些项目换成了对熟悉的人（例如名人）的特征判断。在这个编码阶段结束时，被试需要尽可能多地回忆起这些词。一些研究报告了类似的结果，健康的成年人对于描述自我的形容词记忆较强，对于描述他人的形容词记忆较弱（Klein et al., 1989）。这种现象就称作自我参照效应，比起与他人相关的信息，对自我相关的信息会进行更广泛和详细的处理。

Kelley 等人（2002）通过结合 fMRI 和自我参照效应，探索了自我反省的神经相关因素。与之前的反应行为研究一样，在成像扫描过程中，被试需要判断能否使用一些特征词来形容自我或他人（例如名人）。研究通过对自我判断与其他判断的对比，揭示了编码自我相关信息的特定大脑活动。许多成像研究都得到了一个强有力的发现，即在西方文化（见 D'Argembeau et al., 2007; Kelley et al., 2002; Mitchell et al., 2005）和东亚文化（见 Ma & Han, 2011; Wang et al., 2012; Zhu et al., 2007）的个体中，相比于对名人做判断，在对自我做判断时，腹内侧前额皮层（mPFC）的 BOLD 信号明显增加（见图 4.4）。这种信号增加不能直接归因于不同的感知、语义处理或是运动反应，因为这些在

（a）　　　　　（b）

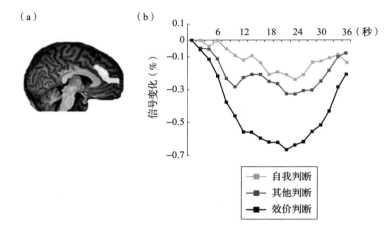

图 4.4　关于自我反思的大脑激活图示

(a) 自我与名人特征的判断对比激活了内侧前额叶皮层。

(b) 不同判断任务中的 BOLD 信号。

自我判断和他人判断中是互相匹配的。Macrae 及其同事（2004）通过对美国被试的记忆测试，检验了特征判断期间的 mPFC 激活的作用。测试发现，与那些被遗忘的特征形容词相比，被记住的形容词在 mPFC 引起的激活更强烈。Ma 和 Han（2011）还发现，在自我参照中，特征形容词引起的 mPFC 活动越强，就越能识别这些词在之后记忆测试中的分数。这些发现验证了上文的设想，mPFC 的确影响了自我相关信息或刺激物的自我相关性（Han & Northoff, 2009; Northoff et al., 2006）。

EEG/ERP 研究还发现了高时间分辨率的自我参照任务的神经活动。例如，Mu 和 Han（2010，2013）记录了中国成年人在对自我和名人进行特征判断时的脑电图，随后进行了记忆测试，要求被试在脑电图记录过程中识别那些描述特征的形容词。虽然被试对描述自我形容词的辨识度比对描述名人的形容词的辨识度高，但与自我参照处理相关的 EEG 活动在时间锁定和相位锁定上都与刺激有关，刺激开始时，右额区在长时间窗口（200~1000 毫秒）内的阳性反应增强，这种阳性反应由自我判断和他人判断的对比引起。此外，相对于其他参照性特征，自我参照性特征在 700~800 毫秒时诱发了额叶区 θ 波段活动的事件相关同步，在 400~600 毫秒时诱发了中央区的 α 波段活动。EEG/ERP 的结果与 fMRI 的结果一致，进一步揭示了在人格特征编码过程中，自我参照发生于处理过程的初期。

自我反思中的文化差异

根据 Markus 和 Kitayama（1991）的研究，对自我相关信息的处理会因个人文化经历而有所不同。比如西方文化中提倡的以自我为中心处理方式中，与自我相关的信息的编码和检索可能会比与他人相关的要强，而东亚文化会激发人们对其他亲密的人信息的关注，与对自己的关注一样多。文化特定的自我构念认知模型是如何调节人脑的？普遍的预期是来自西方和东亚文化的个体可能会在一定程度上利用不同的神经基质作为自我反思的基础。具体来说，人们可能会产生这样的疑问：根据 Markus 和 Kitayama 的认知模型，是否有一种共享的神经基质会参与对自我和其他亲密的人的反思，并且这类基质只存在于东亚文化，而西方文化中没有？如果东亚人非常关心他人对自我的看法，那么他们在自我反思过程中是否会涉及推断他人意见的神经基质？西方群体自我关注的神经活动会比东亚群体的多吗？

Zhu 和同事（2007）进行了评估与自我和亲密的人相关的特征编码中的文化差异的首次跨文化 fMRI 研究。一项早期的自我参照任务行为研究发现，健康的中国成年人对与自己和亲密的人（如自己的母亲）相关的特征形容词的记忆同样良好（Zhu & Zhang, 2002）。该实验显示，对于中国成年人来说，在判断人格特征时，腹内侧前额皮层中会有自我和亲密的人（如母亲）的重叠神经表征，而西方群体中不存在该现象。为验证假设，Zhu 等人（2007）在自我参照任务中检测扫描了两个文化群体——中国人和使用英语的西方人。被试需要对呈现出来的特征形容词进行判断，即能否使用这些词汇来描述自我或描述名人。因此，自我与他人的判断对比激活了参与自我反思的脑区。此外，被试还需要判断一个特征形容词能否描述自己的母亲，该活动有助于研究人员评估腹内侧前额皮层重叠神经表征是否为中国群体所特有，而西方群体则没有。行为测量显示，相比于判断名人的形容词，中国人和西方人都更容易记住判断自我的词。数据显示了几个有趣的发现。首先，相对于名人的特质判断（中国前总理朱镕基和美国前总统比尔·克林顿），对自我特征的判断在两个文化群体中都显著激活了腹内侧前额皮层。所以，无论文化背景如何，腹内侧前额皮层都会影响刺激的自我相关性编码。此外，对自己母亲的特征判断也激活了腹内侧前额皮层，不过这一效应只在中国群体中显著（见图4.5）。这一发现表明，中国群体在自我反思和对亲密的人反思中都有腹内侧前额皮层参与，但在西方群体中

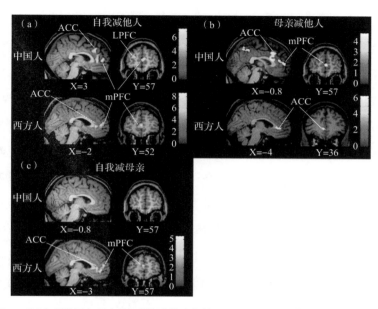

图 4.5 mPFC 的激活在母亲特征判断中的文化差异

(a) 中国人和西方人对自我与名人的判断都激活了 mPFC。

(b) 母亲相对名人的判断只激活了中国人的 mPFC。

(c) 自我相对母亲的判断只激活了西方人的 mPFC，但没有激活中国人的 mPFC。

mPFC，内侧前额叶皮层

ACC，前扣带皮层

Lateral prefrontal cortex, 外侧前额叶

摘自 *NeuroImage*.34(3), Ying Zhu, Li Zhang, Jin Fan, and Shihui Han, Neural basis of cultural influence on self-representation, pp.1310–16, DOI:10.1016/j.neuroimage. 2006.08.047 Copyright © 2006 Elsevier Inc., with permission from Elsevier.

该皮层只参与了自我反思。更重要的是，在对对自我和母亲的判断进行对比时，西方群体在该皮层有更强的激活效果，但中国群体没有任何激活表现。这一结果进一步验证了：中国群体的腹内侧前额皮层中存在着自我和母亲的重叠神经表征，而西方群体则没有。

这种重叠神经表征并不限于自我和母亲。最近一项针对中国夫妇的 fMRI 研究表明，配偶和孩子的特征判断也激活了在自我特征判断中观察到的重叠神经表征（Han et al., 2016）。不过这种表征的重叠程度可能取决于个人与亲密者的互动经验。Wang 等人（2012）对中国被试进行测试，将名人的特征判断作为基线，扫描了他们对自我、母亲、父亲和最好的朋友的特征判断，以检测皮层活动是否会以类似的方式参与到对不同亲密关系者的神经表征中。首先通过对比自我判断和名人判断，定位参与自我判断的皮层活动，然后在对母亲、父亲和最好的朋友的判断的条件下，提取大脑区域的 BOLD 信号，进行相互比较。结果发现，母亲判断期间的皮层活动最为激烈，大于父亲和好友判断期间的活动。父亲和好友判断期间的活动没有显著差异。此研究结果强调：腹内侧前额皮层活动可编码他人与自我的社会相关性。最近一项针对双文化背景下亚裔美国人的 fMRI 研究报告显示，在自我和母亲特征判断中，皮层的背侧区域在参与母亲特征判断时更活跃（Huff et al., 2013）。与母亲相关的皮层活动也比与父亲或最好的朋友相关的活动更强烈，这也符合在发展过程中，一个人和母亲具有更强的行为联系（Geary, 2000）的结论，并且可能为个体与母亲的特殊关系提供了神经基础。

为评估西方 / 东亚文化是否会调节自我反思背后的 mPFC 活动，Ma 等人（2014a）对 30 名中国大学生和 30 名丹麦大学生进行了 fMRI 扫描，这两个文化群体在特质上分别以相互依存和独立为主（Li et al., 2006; Thomsen et al., 2007）。为检查皮层活动中与对自我概念不同维度的反思有关的文化差异，被试需要在成像扫描过程中对自己和名人的社会角色（例如学生或顾客）、人格特征（例如聪明或贪婪）以及身体特征（例如黑头发和高个子）做出判断。他们对两个设想进行了验证。第一，在丹麦群体中，浓厚的独立意识会受到较强的皮层活动调节。第二，如果东亚群体会高度参照社会关系来构建自我认同，看重他人的期望和想法，那么自我反思过程可能会涉及处理他人想法和信念的大脑区域。第二个假说测试的兴趣区域位于颞叶后部和顶叶下部的交界处——颞顶结（TPJ）。已有研究证明 TPJ 在处理别人的想法（例如信仰）时会被激活（Saxe & Kanwisher, 2003）。所以根据预测，与丹麦人相比，中国被试在自我反思期间会有更强的 TPJ 活动，尤其在反思社会属性期间。行为测试也证实了两个文化群体之间确凿的文化取向差异。与丹麦群体相比，中国群体对使用 Singelis（1994）自我构念量表测量相互依赖性的认可程度更高。脑成像结果显示，这两个文化群体的 mPFC 和 TPJ 活动模式不同。

第一，相对于他人判断，自我判断激活了两个文化群体的精神、身体、社会属性三个维度的 mPFC 活动。丹麦群体的皮层活动明显比中国群体的强烈，而且无论参与者是否对社会角色、人格特征或外貌进行了判断，皮层活动的文化群体差异都很明显。

第二，在分析 TPJ 活动时，研究者们发现了一个相反的情况——当判断自我社会属性时，中国群体左右脑活动都比丹麦群体的更强烈。此外，在中国群体的皮层和双侧 TPJ 之中，与自我社会属性判断有关的功能连接明显强于丹麦群体。

第三，对被试的回归分析证实了右 TPJ 和 mPFC 的活动与自我判断社会属性之间存在明显的负相关。最后，Ma 等人研究了

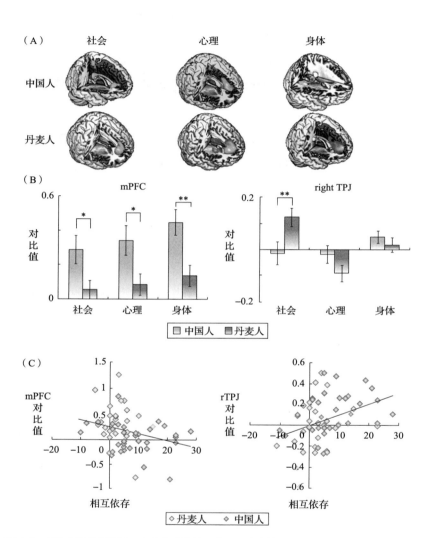

图4.6 (A) 全脑分析显示：在自我反思过程中，丹麦人的 mPFC 活动大于中国人；中国被试在反思自己的社会角色时，TPJ 的活动更强。(B) 两个文化群体的 mPFC 和 TPJ 的对比值。(C) 与自我反思有关的相互依存和 mPFC/TPJ 活动之间的相关性。

摘自 Yina Ma, Dan Bang, Chenbo Wang, Micah Allen, Chris Frith, Andreas Roepstorff, and shihui Han, Sociocultural patterning of neural activity during self-reflection, *Social Cognitive and Affective Neuroscience*, 9(1), pp.73－80, Figures 2a and b, 1a and b, and 4b and c, DO1:10.1093/scan/nss103, Copyright© 2014, Oxford University Press.

相互依存的价值观能否调节 mPFC 和 TPJ 活动的文化差异。层次
回归分析证实，个体的相互依存得分与 mPFC 活动呈负相关，但
与自我社会属性判断相关的双边 TPJ 活动呈正相关。此外，文化
归属模型（即中国人与丹麦人）和相互依存得分数对 TPJ 活动的
回归分析显示，相互依存的措施显著地调节了文化归属和 TPJ 活
动之间的关系，这些活动涉及对自己社会角色的反思。

这些脑成像发现极具意义。首先，中国群体中相互依存的自
我构念可能会导致自我和亲密的人神经表征重叠。相反，西方文
化中的独立自我构念会导致 mPFC 中存在自我和他人（甚至是亲
近的人，例如自己的母亲）的分离神经表征。其次，特定的文化
价值（例如，相互依存）能够调节自我反思时的大脑活动（即
TPJ 活动），这表明在该活动过程中，群体水平差异可以部分地
用相互依存的个体差异来解释。第三，东亚 / 西方文化导致皮层
和 TPJ 的大脑活动模式不同，会产生不同的自我反思策略。考虑
到个体反思自我时会从他人角度出发，皮层和 TPJ 在社会脑网络
中的影响可以通过这些脑区的相互联系而转移。第四，在自我反
思身心属性的过程中，TPJ 没有被激活，这表明自我反思视角取
决于自我构念和文化经验两个方面。人格特征和身体属性比社
会角色更难以改变（参见 Hong et al., 2001），在不同的社会背
景下更稳定，不受他人想法影响。最后，虽然这些脑成像结果显
示自我反思大脑活动存在文化差异，但即使同一文化群体的成员
大脑活动也会有明显不同，这反映了对某种文化价值（如相互依
存）的认可程度。这表明除文化经历的影响外，个人经历在塑造
自我表征的神经基质方面也起着重要作用，反过来也会影响人们

的社交行为。综上，文化神经科学的发现，尤其是 mPFC 和 TPJ 编码自我和他人属性的活动模式，为 Markus 和 Kitayama（1991；2010）的西方 / 东亚自我构念模型提供了潜在的神经基质。

宗教信仰和自我反思的神经关联性

自我观念的差异不仅存在于东亚和西方文化之间，在同一社会的亚群体之间也存在明显差异。例如，宗教信仰——一种显著影响个人行为的主观文化（Chiu & Hong，2013）——不同信仰的人在如何思考自我方面有巨大差异。基督教主张否定自我或超越自我，以强调人类的偶然性和对上帝的依赖性（Burns，2003；Lin，2005）。"我们各人必需向神说明自己的事"（罗马书 14：12），强调从上帝视角审视自身。佛教的一个极端主张是自我并不存在（Albahari, 2006; Ishigami-Iagolnitzer, 1997）。根据佛教的观点，自我是一种虚幻信念，不具备相应的现实意义（Ching, 1984），佛教徒需要修行，摆脱关于"自我"或"属于自身的"意识。长期生活于佛教教义下可能会深刻影响自我的神经认知过程。比方说，当一个人进行反思时，强调上帝视角就会导致自身的见解变成上帝的评判。对于信奉"无我"的佛教徒来说，思考自我是毫无意义的，并且他们在自我反思时也不会激活 mPFC。此外，自我反思本身就可能与佛教徒的"无我"信仰冲突，在这种情况下，自我反思活动可能需要冲突监测并激活相关的大脑区域。

Han 及其同事（2008，2010）在两项研究中检验了这些设想。

第一项研究在判断自己和名人的人格特征时扫描了两组群体：自我认同的非宗教被试和基督教被试（Han et al. 2008）。为了获取独立的心理测量数据来分析两组被试自我特征判断的情况，扫描之后，每个被试需要评价下列因素对自我或他人的个性判断的影响：自身行为；朋友的评价；自己与他人的关系；耶稣的评价。该测试采用 7 分制，范围从 0（无影响）到 6（影响非常大）。报告显示，非宗教被试认为自己的行为是影响判断的最重要因素，而对于基督教徒而言，耶稣的评价最为重要。fMRI 数据着重分析的是，基督教是否会削弱 mPFC 的自我编码过程，却进入推断他人意见的大脑区域。已有证据表明 mPFC 的背侧区域会影响对他人的评估，如信仰或意图（Gallagher et al., 2000; Han et al., 2005）。因此有这样一种预测：相对于非宗教被试，基督教被试在自我反思过程中会更多地调用背内侧前额皮层，但腹内侧前额皮层的使用较少。事实的确如此，fMRI 数据表明：与非宗教被试的情况不同，基督教被试在自我反思时表现出背内侧前额皮层的活动增加，但腹内侧前额皮层的活动减少。

Han 等人（2010）进一步扫描了中国佛教徒群体，以检测自我反思能否激活冲突监测的神经基质，例如前扣带回皮层（Botvinick et al., 2004）。同样，在扫描过程中，被试需要对自己和名人进行特征判断。结果发现，对自我和名人判断的比较并未在腹内侧前额皮层产生更多的激活。相反，自我判断显著激活了背内侧前额皮层的前扣带皮层，以及扣带中部和下额/岛叶皮层。大量证据表明，前扣带回和中扣带回皮质以及下额/岛叶皮层会影响冲突监测和负面情绪，例如身体疼痛和对他人痛苦的同情（Fan et al., 2011; Shackman et al., 2011）。因此，佛教徒的fMRI 结果可以解释为：由于"无我"的教义，腹内侧前额皮层刺激的自我相关性编码减少，但由于活动需求与被试的信念相矛盾，冲突监测和负面情绪增强。大脑成像结果显示：宗教对成年人自我反思的神经基质有显著的调节作用，所以默认的神经基质能贴合特定宗教教义的思想和行为。

特定文化的自我概念和行为的神经根源

跨文化行为研究结果表明自我概念文化差异模型主要建立在明确的自我报告之上，而这些自我报告很可能受社会期望和社会规范的强烈影响。本章总结的文化神经科学已经证实，自我概念的文化差异在人脑中有深度的神经生理学根源。脑成像的研究结果丰富了我们对不同文化经历和宗教信仰/实践的个体在自我反思中所涉及的神经认知策略的理解。西方/东亚文化会调节皮层参与自我反思的程度，以编码刺激的自我相关性，而基督教和佛教可能会削弱或消除腹内侧皮层对自我和他人的差异性处理。西方/东亚文化通过调节参与社会属性自我反思的 TPJ 活动来影响个体是否从他人角度出发，而基督教教义通过调用背侧前额皮层区域来明确推断个体（如耶稣）心理状态的重要性，而佛教徒似乎调用扣带皮层来监测"无我"教义和自我反思活动需求之间的冲突。

如果自我反思的神经基质存在一种长期认知模式，那么相关神经基质的文化差异将有助于我们理解不同社会中的各色行为。例如，在西方个人主义文化中，当自我面临他人（甚至是母亲等家庭成员）的虚假陈述时，mPFC 活动会增强，提供一种默认的自我概念模式，强调将自我利益和个人目标放在首位。同时，自我和他人的神经表征也支持自主的概念，鼓励个人做自己的选择，对自己行为负责。在 mPFC 中，自我和家庭的共同神经表征为东亚文化的观点提供了神经基础——将自我和家庭成员视为同一单位。自我和家庭成员的重叠神经编码能突出家庭的目标，引起个人对家庭义务责任的关注，协调家庭关系以实现共同目标。在自我反思过程中，TPJ 的自动参与也是一种具有文化特异性的长期大脑活动模式，可能会增加东亚文化中个体对社会信息的敏感性（见 Ma & Han, 2009; Wu & Keysar, 2007）。这些具有文化特异性的大脑活动默认模型为东亚哲学思想提供了潜在的神经基础，这些思想主张自我与他人之间以及社会群体之间的"和谐"。

独立和共享的神经表征的另一含义是：在西方文化中，这种人类基本动机能够保护个人自我利益，但在东亚群体中可能有很大的不同。在自我和他人的不同神经编码的基础上，独立自我的观念可能会受到更强烈的自我利益激励，而相互依存自我的观念可能没有这种程度的激励。Kitayama 和 Park（2014）通过记录错误相关负波（ERN）——一种与错误反应有关的 ERP 成分（Falkenstein et al., 1991; Gehring et al., 1990）来测试这个想法。被试需要在一系列快速的高难度刺激中尽快对目标做出反应，以诱发 ERN。在此活动中，考虑到实际响应后的持续刺激处理以及响应不匹配的因素，通常在错误反应后的 100 毫秒内观察到相关数据。EEG 和 fMRI 研究都将 ERN 定位于前扣带皮层（Carter et al., 1988; Gehring et al., 2000）。Kitayama 和 Park（2014）要求欧美人和亚洲人（中国人和韩国人）在屏幕中央闪烁 100 毫秒的五个字母（如 HHHHH，HHSHH）中识别一个中心字母。研究人员事先告知被试，他们的反应将被监测，比他们的反应时间中位数快的正确反应将转换成积分，积分可用于自己和同性好友交换礼物。这样一来，参与者就更有动力赚取积分。动机的神经指标是 ERN，比起为朋友赚取积分，以自我为中心的动机可能会与 ERN 幅度有更大关联。研究发现，对于欧美人来说，自我条件下的 ERN 明显大于朋友条件下的 ERN，这表示为自己带来利益的动机比为朋友带来利益的动机要强。然而，对于亚洲人来说，ERN 在自我和朋友的条件下没有区别，为自己和朋友带来利益的动机相似。虽然报告显示亚洲人的相互依存的自我构念得分高于欧洲人，但在所有参与者中，相互依存的自我结构得分与以自我为中心的 ERN 指标（即对错误反应的 ERP 减去对正确反应的 ERP）呈负相关。结果进一步表明，ERP 幅度的文化群体差异是由相互依存的自我建构分数调节的，这意味着在为自己或朋友谋取利益的动机方面，重叠的自我与他人表征或相互依存的构念可能具有文化群体差异。

对自我概念和以自我为中心的动机的不同神经基础的发现促进了我们对独立和相互依存的自我构念的神经根源以及社会行为的文化差异的理解。独立和相互依存的自我构念下的行为也会受其他认知和情感过程的影响。正如第 6 章所述，通过自我构念引诱独立 / 相互依存的暂时性转变，可以对感知、注意、情感和相关行为过程中的神经认知过程产生重大影响。因此，独立／相互依存的自我构念能够提供一个文化框架，限制多重认知和情感过程的行为和大脑活动（Han & Humphreys, 2016）。最后，目前文化神经科学研究集中在东亚／西方文化对自我的神经认知过程的影响，对其他文化中自我概念的神经基质知之甚少。如果自我概念和神经基质在指导人类行为方面起着关键作用，那么在其他文化（如阿拉伯和非洲）中探索这些问题也是亟需的。基于前人的实证，开发新的框架来理解这些文化中自我概念的神经基础也是至关重要的。

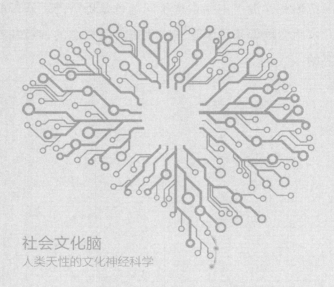

社会文化脑
人类天性的文化神经科学

社文
会化

人类天性的文化神经科学

社会文化脑

第 5 章

他人神经认知处理
中的文化差异

文化背景下的社会互动

　　人类生活的核心是社会互动，个体在社会互动中相互沟通、协调，并采取有意义的行动来达到特定的社会目标。婴儿从出生起就能够立即对他人做出反应，与他人的互动对于发展认知能力和潜在的神经基质极其重要。社会互动发生在特定社会文化环境中的二者或多者之间，它构成了社会关系的基础。社会互动的结果可能是好的，也可能是坏的。它可以让成功合作的双方互惠互利，也可能给产生冲突的个人或社会团体带来不愉快的后果。尤为重要的是，有效的社会互动需要参与者在性别、种族、社会经济地位等方面的社会身份信息。一些信息可以从参与者的脸上感知到，比如个人身份，以及参与者是朋友还是陌生人，是伙伴还是对手。感知他人的社会身份和个人身份对于决定是否与他们互动以及如何与他们互动至关重要。同样，有效的社会互动也依赖对他人心理状态的理解。我们需要了解他人的信仰和意图，这有助于理解他人为何会以特定的方式行事，并预测他们未来的行动。此外，我们还需要理解他人的感受，在某些情况下，需要分享他们的情绪状态，并可能采取一些行动。通过利用这些社会信息，我们能够评估和预测社会互动的结果，并能够判断自己的行为是否恰当。他人的情绪状态可以很容易地由面部表情判断，然而他人的意图或信念，如果没有明确表达，就必须从他们的动作和行为中推断出来。

人类大脑已经进化出了不同的神经认知系统，以适应社会信息处理的需求。例如，已经发现由多个大脑区域组成的复杂神经回路能够从面孔中提取信息（Haxby et al., 2000）。在腹侧颞叶后部有一个大脑区域，在观看面孔时比观看物体或场景时更容易被激活，这被称为梭状面孔区（Sergent et al., 1992；Kanwisher et al., 1997）。梭状回的损伤会导致一种叫做"人面失认症"的综合征，这种病的患者识别他人面部特征（如区分朋友与陌生人）的能力受损，尽管其他视觉能力（如识别物体）能够保持完整。其他神经结构，比如杏仁核——一种位于大脑颞叶内侧的皮质下结构——在识别面部表情中起着关键作用。杏仁核损伤的患者难以识别如恐惧、愤怒、快乐等面部表情，而这些表情很容易被健康对照组区分（Adolphs et al., 1994）。第 2 章曾提到，额叶和顶叶皮质的镜像神经元系统大大有助于在动作感知过程中理解他人的意图。对他人精神状态的推断也涉及背内侧前额叶皮质、颞顶交界处（位于顶叶和颞叶皮质角落处的大脑区域）和颞极（颞叶最前部；Frith & Frith, 2003）。人类还开发了特定的神经基质，如前扣带回和前岛叶，用以理解和分享（或共情）他人的情绪状态（Fan et al., 2011）。这些区域被认为与亲社会行为有关。在处理我们同类个体的信息（例如身份、意图和情感状态）时涉及的多个神经系统，为我们处理日常复杂社会互动的能力提供了神经基础。

社会互动在人类社会中无处不在，但却具有崭新的文化印记，比如我在第 1 章中提到的例子。最先进的交流技术增进了有不同地理和文化背景的人们之间大规模且快速的社会互动。因此，社会互动中的文化差异变得尤为突出，尤其是当来自不同文化的个体开始进行互动合作或商业交易时，文化差异就显得更为突出。社会信息的处理很大程度上取决于个体与谁互动，以及这种互动在什么文化背景中发生。例如，人们对社会地位高或低的人的态度和交流方式在西方社会和东亚社会可能差别很大（Triandis & Gelfand, 1998）。文化背景也影响着通信技术的使用。例如在使用社交网络时，韩国大学生更重视从现有的社会关系中获得社会支持，而美国学生则相对更重视寻求娱乐（Kim et al., 2011）。

从进化的角度来看，大脑进化以应对社会互动的复杂性，比如新皮质的体积随着平均社会群体规模的增加而增大（Dunbar & Shultz, 2007），这表明更复杂和更大规模的社会互动需要灵长类动物的大脑具有更多神经资源。人类已经进化出了特定的大脑活动模式来调节社会认知——对与自我和他人相关的复杂信息的处理（例如感知、编码、存储和检索）。最近的脑成像研究已经积累了大量数据，揭示了社会认知背后的不同神经系统的功能（Lieberman, 2007）。神经可塑性允许神经机制在青春期继续发展，以适应社会认知的语境依赖本质（Blakemore, 2008）。文化通过建立社会价值观和规范，通过为社会事件分配涵义，来为社会互动提供一个框架。鉴于世界各地社会文化的多样性，人类大脑已经发展出多种神经机制以特定文化印记调节社会互动。本章总结和分析了与处理他人多方面信息有关的跨文化脑成像研究，这也是社会互动的主要目标。

面部

　　面部提供了一个人大量的信息。面部识别是一种能力，它使我们能够识别伴侣（伙伴）、朋友或陌生人，能够区分社会群体中的亲属和非亲属成员，能够在群体冲突中区分同伴和对手。面部识别的能力显然对人类的繁衍生息至关重要。有许多技术已经被用于研究大脑是如何处理面孔的。特别是大脑成像研究揭示了一个由多个大脑区域组成的分布式神经网络，专门用于处理不同的面部特征（Haxby & Gobbini, 2011）。该神经网络包括枕叶面孔区、梭状面孔区和后颞上沟，它们对面部图像的反应比对物体和房屋图像的反应更加强烈。相对于中性表情，情绪性的面部表情（如恐惧或悲伤）会在梭状面孔区和后颞上沟区域引起更强烈的反应。这两个脑部区域对具有相同身份、反复呈现的面孔的反应也会减少，这表明梭状面孔区和后颞上沟都有助于对面部表情和面部身份的编码。顶叶内沟表现出对眼睛注视的特殊反应，这为社交互动提供了有用信息。感知个人熟悉的面孔还涉及大脑颞顶交界处、后扣带回和内侧前额叶皮质的调节活动。

　　面孔处理和面部表情处理的文化差异主要表现在面孔感知的神经认知策略和对文化上熟悉和不熟悉的面孔 / 表情的不同神经认知过程。一种研究人员用于推断面部神经认知过程的技术是在面部感知过程中追踪眼球运动。通过记录眼睛注视的序列（如轨迹和持续时间），可以检验具有不同文化经历的人在面部感知过程中是否采取相同的神经认知策略，这些序列描述了显性视觉注意的定向方式以及面部哪些部位被关注。Caldara 和同事用一系列研究比较了西方人和东亚人在感知面孔时的眼动模式。在一项研究中，Blais 等人（2008）向西方白人被试和东亚被试展示了真实面孔大小的 56 张白种人和 56 张亚洲人的中性面孔图像，并要求他们学习、识别和按种族对这些面孔进行分类。在学习过程中，每个面孔随机出现在电脑屏幕的四个位置之一，持续 5 秒，并停留在屏幕上，直到被试在识别过程中做出反应。在面部识别任务的学习和识别阶段，以及随后的按种族分类面孔阶段，使用分辨率为 1 弧分的眼动追踪系统监测优势眼的运动。先前的研究表明，西方人在面部学习和识别过程中，主要注视眼睛和嘴巴，因而眼球运动表现出一种三角形的"扫描路径"。这一发现带来以下假设，即三角形扫描路径代表了面部感知过程中一种文化上普遍有效的眼球运动策略（Groner et al., 1984; Henderson et al., 2005）。然而 Blais 等人（2008）发现在面部学习和识别任务中，眼球运动轨迹存在显著的文化差异。西方白人观察者始终注视眼睛区域，部分注视嘴巴，而东亚观察者更多地注视面部中央区域（即鼻子，见图 5.1）。无论被试观察的是同种族的面孔还是其他种族的面孔，不同文化群体在注视轨迹上的差异都是明显的，这表明存在与感知面孔的社会身份无关的特定文化面孔处理策略。Blais 等人（2008）还测试了被试如何识别学习过的面孔，发现相比于其他种族的面孔，西方和东亚的被试都对与自己相同种族的面孔表现出更好的识别能力，这再现了人脸识别过程中被称为"其他种族效应"的著名现象（Malpass & Kravitz, 1969）。

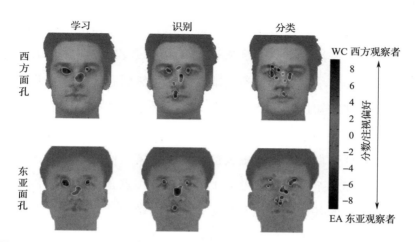

图 5.1　西方白人观察者和东亚观察者的注视偏好。在面孔学习、面孔识别和按种族分类的过程中，将西方白人和东亚人注视分布的 Z 分数相减，文化群体在注视偏好方面的差异就能凸显出来

摘自 Caroline Blais, Rachael E. Jack, Christoph Scheepers, Daniel Fiset, and Roberto Caldara, Culture Shapes How We Look at Faces, *PLoS ONE*, 3(8), e3022, DOI:10.1371/journal. pone.0003022, © 2008 Blais et al.

Blais 等人（2008）的研究结果很有趣，因为它表明，来自不同文化的人在面部感知过程中可能会采用不同的感知策略，如扫描路径所反映的那样，通过关注眼睛或鼻子来识别面部，而这似乎并不影响识别同种族面孔体现出的优势。

　　进一步研究表明，7 至 12 岁儿童在面部感知过程中眼动轨迹的文化差异十分明显（Kelly et al., 2011）。在训练环节，研究者向被试展示了四张真实大小的脸，使他们熟悉刺激物，然后在学习环节对他们进行监控，要求孩子们学习一系列人脸图像，在后面的识别阶段会用这些图像进行测试。在学习阶段，每张脸呈现 5 秒，直到被试在识别阶段按键反应。与成年人一样，西方儿童的眼球运动模式也是一个覆盖眼睛和嘴巴的三角形扫描路径，但东亚儿童关注的重点却是鼻子周围的区域，这表明文化力量可能确实从儿童早期就开始塑造眼球运动。然而，这些发现并不意味着在面部感知过程中就不存在文化上普遍的眼球运动模式。一项关于面部识别中第一注视位置的研究发现，东亚成年人和西方成年人在感知白种人和亚洲人的面部时，第一注视点都落在眼睛和鼻子之间一个没有特征的点上。第一注视点是获取面部识别的大部分信息的基础，因此不受文化经验的影响。

如第 3 章所述，东亚文化培养了一种促进全局信息和语境信息处理的整体认知策略，而西方文化培养了一种加速局部信息和突出对象处理的分析认知策略。那么在东亚人和西方人身上观察到的不同眼动轨迹模式是否影响着全局和局部面孔信息的处理呢？Miellet 等（2013）通过开发一种被称为"扩大焦点"的凝视技术来研究这个问题。在学习阶段向东亚成年人和西方白人成年人呈现不同面孔来学习面部身份。30 秒停顿过后，向他们呈现一系列面孔（一半是新的，一半是旧的），被试必须判断每个面孔是否在学习阶段出现过。在这个阶段，每个面孔都被一个以参与者注视位置为中心的高斯孔径覆盖，这样，对应面部身份的面部信息只在高斯孔径内可见。每次新的注视，高斯孔径都被设定为 2 度，并随着时间推移动态地扩大（每 25 毫秒 1 度）。如果"扩大焦点"的假设是正确的，观察者将保持注视一个给定的位置，直到他们从该位置获得足够的中央凹和中央凹外信息来完成任务。注视分布图再现了前面的观察结果，展示了东亚人的中心偏好和西方人的眼口偏好。更有意思的是，Miellet 等人在每个文化群体的频域（如高频段和低频段）重建了面部刺激的视觉信息。这些数据表明，西方被试使用局部高空间频率信息采样，覆盖了有效人脸识别的所有重要特征（眼睛和嘴巴），而东亚被试则通过使用相同面部特征的全局低空间频率信息，也取得了类似的结果。行为研究和脑成像研究都表明，在视觉感知过程中，全局信息或语境信息是通过低空间频率通道传递的，局部信息或详细信息是通过高空间频率通道传递的（Han et al., 2003; Hughes et al., 1996; Jiang & Han, 2005; Shulman et al., 1986）。因此，Miellet 等人的研究结果表明，在人脸感知过程中，对整体处理或分析处理的偏好也区分了东亚人和西方人分别利用全局信息和局部信息进行人脸识别的神经认知策略。

面部表情

面部表情由面部皮肤下的肌肉位置发生改变而形成，人类在社交互动中通过面部表情来传递非语言的社会信息。面部表情用来表达一个人积极或消极的感觉，它可以很快地显现出来，其他人由此能够在社交互动中判断出应该前进还是后退。一般认为在不同的文化中，基本的表情，如幸福、悲伤、愤怒、恐惧、惊讶和厌恶具有类似的肌肉运动（如 Ekman et al., 1987）。然而这并不一定意味着来自不同文化的人会以同样的方式感知和理解这些面部表情。一项针对已发表研究的荟萃分析表明，选择面部表情预测标签的观察者比例在不同文化中差异很大（Nelson & Russell, 2013）。对面部表情的定量分析还显示，西方人用一组不同的面部动作来代表六种基本情绪，而东方人则没有（Jack et al., 2012）。此外，东方人用独特的动态眼部活动来体现情绪强度。这些研究结果提出了两个主要问题，皆关于面部表情神经过程的文化差异，即，是否存在文化上特定的策略来解码面部表情，以及是否存在不同的神经机制来处理文化上熟悉和不熟悉的面部表情？

为解决第一个问题，Jack 等人（2009）记录下西方白人和东亚人在观察同种族或其他种族面孔时的扫描路径，这些被试还需要将看到的面孔分为不同的面部表情类别（即快乐、惊讶、恐惧、厌恶、愤怒、悲伤或中立）。东亚观察者在归类"厌恶"表情时犯了更多的错误，而西方观察者对所有面部表情的分类都很准确。这两个文化群体在表情分类任务中也表现出不同的眼球运动模式。东亚被试持续注视面孔的眼部区域，而西方被试则将注意力均匀分布于面部。东方观察者所采取的策略似乎使他们的注意力更加狭窄，而且很难区分负面情绪（如厌恶、恐惧和惊讶）。

眼动模式也表明，中国人比美国人更容易受到语境面部表情的影响。Stanley 等（2013）记录了被试对目标面孔进行情绪判断时的注视轨迹，实验中四张面孔围绕着目标面孔，其表情与目标面孔的表情或相同或不同。根据东亚整体认知风格和西方分析认知风格的观点，我们有理由认为，相对于中国被试，美国被试受语境信息的影响较小。确实，行为表现表明与中国被试相比，美国被试在包含其他情绪表情的语境中能够更准确地识别情绪。眼动追踪数据显示，美国被试更多地关注目标面孔，将更多目光投注到目标面孔，这表明在面部表情分类时，他们更有可能将目标面孔与周边面孔分开。通过记录处于其他面孔中心位置的目标面孔的 ERP，研究者研究了文化差异对面部表情处理的神经调节机制（Russell et al., 2015）。目标面孔和周边面孔展现出相同的情绪（例如，所有表情都是快乐或悲伤）或不同的情绪（例如，一个快乐表情的目标面孔被多个悲伤面孔环绕）。日本被试和欧洲及加拿大被试需要对中心目标面孔的情绪强度进行评分，并忽略周围的面孔。数据分析集中在两个 ERP 成分上：N400 和晚正复合体（LPC）。当感知到的对象显示在语义不一致的背景上时，N400 可以被激发出来（Goto et al., 2010），而且一般认为它对背景信息很敏感。LPC 是顶叶皮质上的一种正向活动，通常在感觉刺激后 500 毫秒左右开始，其振幅对情感不一致刺激的反应大于对一致刺激的反应。如果相对于欧洲和加拿大被试，日本被试对周围面孔的面部表情更为敏感，那么当目标面孔和周围面孔表情不一致时，他们应该比这些面孔表情一致时表现出更大的 N400 和 LPC。Russell 等人（2015）发现情况的确如此。在不一致的条件下，日本被试表现出更大的 N400（350~500 毫秒）振幅和 LPC（500~700 毫秒）振幅，然而欧洲和加拿大被试在两种条件下的 N400 和 LPC 振幅没有差异。这些结果呈现了面部表情处理的潜在神经机制，面部表情在日本人的社交互动中作为背景信息扮演重要的角色。

在一项 fMRI 研究中，东亚文化和西方文化中面部表情处理的不同神经策略得到了进一步研究，该研究侧重在评估面部表情兴奋程度时的神经反应（Park et al., 2015）。正如前文提到的，人们想要的感觉（"理想情感"）在不同文化中存在着明显差异，欧洲裔美国人重视高唤起的积极情绪（如兴奋），而中国人更喜欢低唤起的积极情绪（如平静）（Tsai et al., 2006）。另外，欧洲裔美国人表现出对高唤起和低唤起积极状态的重视程度相似，而中国人表现得更加重视低唤起的积极状态。因此，欧洲裔美国人可能会发现兴奋的面部表情比平静的面部表情更有回报，而中国人可能出现相反的效果。这一观点已被研究证实，研究表明对高唤起和低唤起面部表情的神经反应具有文化差异（Park et al., 2015）。在人类和动物中发现的与奖励相关的神经回路由皮质（如眶额皮质和腹内侧前额叶皮质）和皮质下（如腹侧纹状体、尾状核、杏仁核）结构组成，它们对各种奖励的反应都有所增强（O'Doherty, 2004）。奖励网络的皮质和皮质下部分在调节奖励价值中起着不同的作用。眶额叶和内侧前额叶皮质参与编码感知刺激的奖励价值，它们与杏仁核和腹侧纹状体一起，也会对奖励的预测因素作出反应。Park 和同事（2015）向欧洲裔美国女性和中国女性展示了包括不同表情（兴奋、平静）、不同种族（白人、亚洲人）、不同性别（男性、女性）的面孔，参与者观察并评价这些面孔，同时接受 fMRI 扫描。这种设计旨在比较不同文化群体对高唤起表情和低唤起表情的神经反应。研究发现，与中国人相比，欧洲裔美国人在观察兴奋（相对于平静）的表情时，双侧腹侧纹状体和左尾状核表现出更活跃的活动。不同文化中，中国人对亚洲面孔的平静（相对于兴奋）表情表现出更强烈的内侧前额叶皮质的活动，而欧洲裔美国人对兴奋（相对于平静）表情表现出类似的内侧前额叶活动和更强烈的上额叶活动。观察面孔时，腹侧纹状体活动更强烈则预示着几个月后这个文化群体更喜欢兴奋表情，而非平静表情。这些发现有助于阐明在高唤起和低唤起积极情绪中调节文化偏好的神经策略。似乎欧洲裔美国人观察文化偏好的表情（即兴奋表情）时激活了皮质下奖励系统（如腹侧纹状体），该系统可能与皮质系统（如上额叶活动）协调，预测刺激后即将出现的奖励。然而，中国人可能试图在感知过程中对文化偏好的表情（即平静表情）的价值进行编码。因此，中国人和欧洲裔美国人对表情的文化偏好是由不同的神经基础所调节的。

通过研究对同种族面孔和其他种族面孔的表情的神经反应，我们揭示了文化上熟悉和不熟悉面孔表情处理的神经机制。种族是一组动态的历史衍生和制度化观念，为大多数人类社会所共有，它根据人们感知到的身体和行为特征将人划分为不同的群体（Moya & Markus, 2011）。尽管使用遗传聚类分析的研究发现，自我报告的种族群体成员与种族群体的遗传聚类之间存在相关性（Paschou et al., 2010），但种族本质上是一种社会文化建构，当群体被认为对彼此的世界观或生活方式构成政治、经济或文化的威胁时，它就会出现。大多数人类社会共有的基本观念是，同种族个体和其他种族的个体分别被视为社会的群体内成员和群体外成员。这种文化世界观对于理解同种族面孔和其他种族面孔的面部表情具有特殊的社会政治意义。

例如，与其他种族的恐惧表情相比，同一种族的恐惧表情能够向群体内成员发出风险或威胁的信号，能够向观察者警告危险情况。这可能导致人们对同一种族的恐惧表情比其他种族的恐惧表情更为敏感。Chiao 等人（2008）让日本人和美国白人观看亚洲面孔和白人面孔的中性表情、快乐表情、恐惧表情和愤怒表情。参与者需要将感知到的不同面部表情分为四类，同时接受 fMRI 扫描。fMRI 结果复现了之前的大脑成像发现，与中性表情相比，恐惧表情激活了杏仁核（Whalen et al., 1998），这表明杏仁核作为一种早期预警机制，对适应性起着关键的作用。然而，杏仁核的活动强烈地受到观察者和感知面孔之间的种族关系的影响。日本被试和白人被试面对同种族的恐惧表情时，杏仁核的活动都比面对其他种族的同类表情时更为强烈。在中性表情、快乐表情和愤怒表情中，却没有观察到相同的结果。研究表明，个体在发育过程中，经历和接触恐惧表情会导致杏仁核在成年后对自己文化群体特有的恐惧面部表情做出最佳反应。

同样地，同种族成员被视为群体内成员，他们的痛苦表情表明他们需要社会支持，从而比其他种族的面孔引发更强烈的大脑反应。在一系列研究中，Han 和同事展示了由同种族和其他种族面孔的痛苦表情引起的不同大脑反应（Sheng & Han 2012; Sheng et al., 2014; Sheng et al., 2016）。Sheng 和 Han（2012）记录了中国成年人观看亚洲模特和白人模特的痛苦表情和中性表情时的 ERP，还要求被试对每个模特的种族做出判断（亚洲人或白种人）。这项判断任务让观察者注意感知面孔的特征，即强调观察者和感知的面孔之间的文化群体关系。亚洲人和白种人的面孔都在刺激开始后 128~188 毫秒时在额叶／中央脑区域引起了积极的神经反应（即 P2 成分）。使用低分辨率 EMT 进行源估计（Pascual-Marqui et al., 2002）（EMT 是一种用 EEG 数据计算统计图的线性方法，揭示了潜在源过程的位置），表明 P2 可能来自前扣带皮质。关于痛苦表情和中性表情对 P2 振幅的调节，有几点有趣的发现。首先，与中性表情相比，额叶上的 P2 振幅在响应痛苦表情时增大。其次，因痛苦表情而增大的 P2 振幅是在中国被试观看亚洲面孔，而不是白人面孔时发现的（见图 5.2）。这表明前扣带皮质对文化上熟悉面孔的痛苦表情有更大的神经反应。第三，痛苦表情引起的 P2 振幅增加正向地预测了由痛苦表情引起的自我报告的不适感，表明 P2 时间窗内的额叶活动是观察者和同种族面孔之间的情感联系（例如共情）的神经基础。ERP 结果在下面这个采用相同刺激和流程的 fMRI 研究中得到了进一步证实（Sheng et al., 2014）。研究发现，中国成年人在观看亚洲面孔，而非白人面孔时，痛苦表情比中性表情在前扣带皮质引起更强的激活。ERP 和 fMRI 研究结果一致表明，文化上熟悉和不熟悉的面孔会影响神经系统调节对痛苦表情的反应。对同种族痛苦表情的神经

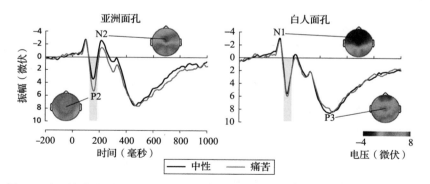

图 5.2　中国被试对亚洲面孔和白人面孔的痛苦表情和中性表情的 ERP

摘自 *Neurolmage*, 61 (4), Feng Sheng and Shihui Han, Manipulations of cognitive strategies and inter group relationships reduce the racial bias in empathic neural responses, pp.786–97, DOI: 10.1016/j.neuroimage.2012.04.028, Copyright © 2012 Elsevier Inc., with permission from Elsevier.

反应增加，显示了种族内部成员的痛苦感受如何促进社会支持。然而，将其他种族的个体视为群体外成员，会削弱大脑对他们痛苦表情的反应。

从个体发展的角度来看，人们通常从婴儿时期就开始识别照料者，比如父母的痛苦表情（大多数情况下父母与孩子是同一种族），直到发展的后期才有机会感知其他种族个体的痛苦表情。因为神经元的功能受到个人经历的深刻影响，接触同一种族和其他种族面部表情又在不同的时期，因此我们可以推测，可能存在不同的神经元群体分别对文化上熟悉和不熟悉的面部表情做出反应。这一假设在一项 ERP 研究中得到了验证，该研究检测了在重复呈现同种族面孔时，痛苦表情对神经活动的抑制作用（Sheng et al., 2016）。重复抑制是指神经系统对重复出现的刺激产生的反应相对衰减（Henson et al., 2004）。人们普遍认为，由两个连续刺激引起的神经活动的重复抑制表明，一个重叠的神经元群体参与了对两个刺激的处理（Grill-Spector et al., 2006）。关于对同种族和其他种族面孔的痛苦表情作出反应的神经元群体，有两种竞争假说。独特群体假说表明，不同的神经元群体分别负责编码自己种族和其他种族个体的痛苦情绪状态，编码自己种族痛苦的神经元群体相对于编码其他种族的神经元群体反应更强烈。重叠群体假说认为处理自己种族和其他种族痛苦表情的是同一个模块，因此重叠的神经元群体既参与编码自身种族，又编码其他种族的痛苦情绪状态。为了验证这些假设，Sheng 等人（2016）记录了中国成年人和欧洲 / 美国白人成年人在观看快速连续出现的适配面孔（痛苦表情或中性表情）和目标面孔（只有痛苦表情）

时的 ERP。如果不同的神经元群体参与了不同种族痛苦表情的编码，那么神经活动对痛苦表情的重复抑制，也就是出现在痛苦表情之后的目标面孔所引起的神经反应降低，应该发生在适配面孔和目标面孔是同一种族时，而非当二者属于不同种族时。Sheng 等人（2016）首先重复了他们之前的研究结果，即与中性表情相比，痛苦表情增强了额中央区域的 P2 振幅，这种效应在同种族面孔条件下比在其他种族面孔条件下更显著。其次，他们还发现，当目标面孔出现之前是痛苦表情而非中性表情时，大脑对带有痛苦表情的目标面孔的 P2 振幅会降低，这表明大脑活动对痛苦表情存在重复抑制。最重要的是，当适配面孔和目标面孔是同一种族时，大脑活动的重复抑制是很明显的。这种效应在中国被试和白人被试中都观察到了。这些研究结果表明，至少在痛苦表情引起的神经处理的某个阶段，人类大脑调用不同的神经元集合来编码文化上熟悉和不熟悉面孔的痛苦表情。

与对恐惧和痛苦表情的神经反应不同，人类大脑活动可能对其他种族的愤怒表情比对同种族的更为敏感，因为种族群体外成员可能涉及群体冲突或攻击，也可能对观察者造成伤害。这个观点是由 Kramer 等（2014）通过对德国被试的 fMRI 扫描验证的，实验要求被试观看一系列展示面孔的短视频，视频中的面孔用直接注视或转移目光来表达愤怒或快乐，面孔包括文化群体内成员（欧洲面孔）和文化群体外成员（亚洲面孔）。Kramer 等人发现，当用转移目光表达愤怒时，被试在面对文化群体内成员时比面对文化群体外成员时杏仁核活动增强，这印证了 Chiao 等人（2008）的研究结果。然而，当用直接注视表达愤怒时，与文化群体内成员相比，文化群体外成员引起的背内侧和背外侧前额叶皮质的反应更强。注视方向也与群体关系相互作用，共同调节对快乐表情的神经反应，但调节方式不同，以直接注视表达快乐时，内侧和外侧前额叶皮质区域神经激活的增强与文化群体内成员有关。这些发现可以通过考虑文化群体内和群体外成员在注视方向和面目表情方面的独特意义来加以解释。被一张愤怒的脸盯着看会让人感到不舒服，甚至感到害怕，因为这是一种威胁信号。这种信号如果来自群体外成员，要比来自群体内成员更具威胁性，因为它暗示着群体冲突，这种冲突可能会比同一社会群体的两个个体之间的冲突带来更严重的后果。相反，一张直视的快乐面孔传递着友好的信息，这个信息若来自群体内成员则比群体外成员更可靠。因此，面对愤怒的群体外成员和快乐的群体内成员都具有新的社交意义（危险或安全），需要个体通过背内侧前额叶皮质来进一步处理目标的心理状态，如意图和愿望。在这两种情况下，个体可能必须借助背外侧前额叶皮质来调节他／她的情绪反应。这两个系统，即背内侧和背外侧前额叶皮质，在与文化上熟悉或不熟悉的人进行社会交往时，共同引导个体对自己的行为做出正确决策。

同理心

同理心（Empathy，也称共情）是指理解和分享他人情感状态的能力，它在恰当的社会互动中起着重要的作用。例如，对他人所受痛苦的同理心可以提供一种调节利他行为的类似心理机制（de Waal, 2008; Batson, 2009）。理解和分享他人的痛苦情绪就会促使一个人去帮助那些需要社会支持的人。然而，人们对文化群体内和群体外成员却表现出不同的同理心模式。在一项针对被告种族和同理心诱导如何影响陪审员决策的研究中，Johnson 等人（2002）要求白人大学生阅读一篇在刑事案件中涉及黑人被告或白人被告的文章。然后，诱导被试对被告产生同理心，并做出判罚。研究发现，被试对白人被告比黑人被告表现出更强的同理心，给予更轻的判罚。Drwecki 等（2011）还发现，白人医学生和护理人员对患者疼痛表现出倾向白人的同理心偏差，这也预测了他们倾向白人的疼痛治疗偏差。

为了探讨文化群体内和群体外成员的疼痛引起的同理心差异的神经基础，Xu 等人（2009）使用 fMRI 对中国被试和欧洲 / 美国的白人被试进行扫描，此时被试观看显示着亚洲模特或白人模特受到疼痛刺激（针刺）和非疼痛刺激（棉签触碰）的视频片段。被试需要判断模特在接受针刺或棉签触碰后是否感到疼痛。在 fMRI 扫描后，被试还要评估视频中模特的疼痛程度，以及被试在观看视频时感到不适的程度。被试明确表示，模特被针刺比被棉签触碰要更加疼痛，观看针刺也比棉签触碰引起的不适感更强，这两个文化群体自我报告的他人疼痛程度和自我不适感在同种族模特和其他种族模特之间没有差异。fMRI 的数据分析表明，观看文化群体内的模特受到疼痛刺激（相比非疼痛刺激）显著激活了前扣带回和下额叶 / 岛叶皮质，这两个文化群体皆是如此。然而，当被试观看文化群体外（相比群体内）的模特时，前扣带回的共情神经反应明显降低（见图 5.3），这种面对群体外成员时共情神经反应降低的现象在两个文化群体中都观察到了。相似地，Mathur 等人（2010）发现，欧洲人和非洲裔美国人在面对文化内群体成员所表达的疼痛时，都显示出内侧前额叶皮质的活动增强。而且增强的内侧前额叶活动还预示着观察者希望如何帮助文化群体内成员减少痛苦。被试依据主观感觉进行外显的自我报告时并没有体现对群体内成员的倾向，可能是因为当前社会的主流文化不鼓励态度和行为上的种族偏见，所以这并不奇怪。

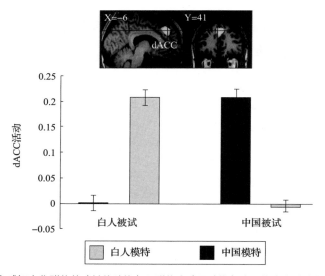

图 5.3　在感知文化群体外（其他种族）和群体内（同种族）成员的疼痛时脑部反应下降。上图显示了背侧前扣带皮层（dACC）的 BOLD 信号。下图显示了面对同种族和其他种族模特的疼痛刺激时大脑反应的 BOLD 信号振幅

摘自 Xiaojing Xu, Xiangyu Zuo, Xiaoying Wang, and Shihui Han, Do You Feel My Pain? Tacial Group Membership Modulates Empathic Neural Responses, *The Journal of Neuroscience*, 29(26), pp. 8525–8529, Figure 1c, d, and f, DOI: 10.1523/JNEUROSCI. 2418-09.2009, © The Society for Neuroscience.

然而，脑成像结果揭示了在理解和分享他人情感时神经过程的内隐性差异，这可能会进一步影响群体间互动过程中的社会行为。

共情神经反应中，对文化群体内的偏袒是不可避免的吗？在现实生活中，能够通过文化经历来改变大脑对同种族和其他种族成员痛苦的反应，从而减少这种偏袒吗？ Zuo 和 Han（2013）通过扫描 20 名在主要人口为白人的西方国家（美国、英国和加拿大）长大的中国成年人，测试了与其他种族交流的真实文化经历是否能够在共情神经反应中减少文化群体内偏袒。被试观看亚洲模特或西方白人模特接受疼痛刺激（针刺）和非疼痛刺激（棉签触碰）的视频片段。可以预测，长期与群体外成员交流的社会文化经历将会通过增加对其他种族成员感知疼痛的共情神经反应来削弱群体内偏袒。的确，研究发现对亚洲模特和西方白人模特施加两种刺激时，疼痛基质（包括前扣带皮质、前岛叶、下额叶皮质和体感皮质）的神经活动对疼痛刺激的反应都明显比对非疼痛刺激的反应更强。另外，对亚洲模特和西方白人模特的共情神经反应也同等强烈，并且彼此之间呈正相关。这些结果揭示了社会文化经历如何通过增强大脑对群体外成员承受痛苦的反应来减少共情神经反应中对文化内群体的偏袒。

在其他文化群体中也观察到了共情过程中不同的神经策略。Cheon 等研究者（2011，2013）要求韩国被试和美国被试在 fMRI 扫描下观看韩国人或美国白人处于痛苦情绪（例如身处自然灾害）或中性情绪（例如参加户外野餐）的场景。相对于美国白人被试，韩国被试自我报告了观看群体内成员比与群体外成员引起更强烈的同理心，并在左侧颞顶交界处（与心理状态推断和视角选择相关的大脑区域）引起了更强烈的脑部活动。此外，关注他人的价值（根据问卷测量计算）与前扣带回皮质和脑岛内神经反应的增强有关，这一点更适用于韩国被试（Cheon et al., 2013）。这些结果表明，集体主义东亚文化中的个体在看到他人承受痛苦时更倾向于从他人角度思考，而这种倾向反过来可能会增强一个人与群体内成员承受痛苦时的情感共享。

文化经历不仅影响对他人痛苦的共情能力。de Grez 及其同事（2012）报告了脑成像依据，表明个人主义和集体主义文化对愤怒的共情神经反应存在差异。他们比较了年龄、性别和教育程度相当的中国成年人和德国成年人，发现中国人认为自己与其他重要成员更加相互依赖。在一项有意识的共情任务中，参与者观看了文化群体内（即同种族）成员的愤怒面孔和中性面孔，并需要有意识地共情每张面孔的情绪状态。fMRI 扫描显示，在中国被试有意共情愤怒面孔时，左侧背外侧前额叶皮质有更强的血流动力学反应。相比之下，德国人在有意共情愤怒面孔时，右侧颞顶交界处、右侧颞下回和颞上回，以及左侧中岛叶表现出更强的血流动力学反应。这些脑成像结果符合集体主义文化比个人主义文化更重视和谐这一观点，因此集体主义文化群体如中国人在看到他人处于愤怒时会调节自己的情绪反应。这种功能可能是由背外侧前额叶皮质调节的，许多脑成像研究已证明该皮质参与着情绪调节（Ochsner & Gross, 2005）。相反，在个人主义文化中，愤怒引起的共情可能会强调在右侧颞下回和颞上回对面部表情的知觉分析，并诱发由脑岛调节的类似情绪反应。综上所述，这些大脑成像结果表明，群体内或群体外社会关系的文化信仰影响着

大脑对他人痛苦表现的共情反应。文化经历也会影响神经系统对
不同类型面部表情做出反应时的视角选择和情绪调节策略。

情绪调节

因为情绪对于引导可能招致严重社会后果的社会互动至关重
要，所以人们如何调节自己的情绪以回应他人具有重要意义。有
趣的是，由于社会互动的目标存在文化差异，不同文化中的情绪
调节策略差异很大。比如，集体主义社会（如中国）强调积极情
绪和社会和平对实现社会的和谐具有重要意义，愤怒不被鼓励，
因为这种情绪显然会导致社会不和谐，甚至冲突。因此，集体主
义文化对情绪调节有很高的要求，使人们不易频繁地表达愤怒情
绪。相反，在一个培养个人主义文化，并强调个人独特性的社会
中，比如美国，控制情绪表达通常被认为是不可取和不健康的，
因此社会鼓励人们显露情绪，而不是控制情绪。集体主义文化对
低唤起情绪（如平静、平和）的文化偏好也需要频繁地调节情绪
反应；而个人主义文化倡导高唤起情绪，鼓励明确地表达情绪
（Tsai et al., 2006），因此在日常生活中较少需要情绪调节。

大量 fMRI 研究表明，情绪调节涉及特定的大脑区域，这些
区域在额叶和顶叶中构成了一个特殊网络（Etkin et al., 2015）。
具体来说，左侧前额叶皮质和内侧前额叶皮质在情绪调节过程中
被激活，无论调节目标是增强还是减弱情绪（Ochsner & Gross,
2005）。在情绪调节过程中，尤其当调节目标是减少消极情绪

时，右侧前额叶皮质和眶额叶皮质也参与其中。这些大脑区域的特定功能使我们可以推测，如果在东亚文化和西方文化中情绪调节的需求不同，那么来自这两种文化的人们可能会在不同程度上使用外侧前额叶皮质。一项对大脑参与社会情感过程（如共情、情感识别、奖励）的文化差异的荟萃分析显示，东亚人的右背外侧额叶皮质的活动更强，而西方人的左脑岛和右颞极的活动更活跃（Han & Ma, 2014）。侧额叶活动中的文化差异提供了一种可能的神经机制，满足东亚文化环境中情绪调节的需求。

Murata 等（2013）通过记录亚裔和欧洲裔美国被试的 ERP，直接测试了大脑活动参与情绪调节过程的文化差异。为了评估亚洲人在文化上习惯于下调情绪处理，而美国人在需要抑制情绪表达时不太可能下调情绪处理这一假设，研究人员将重点放在顶叶晚正电位（LPP）上，这是一种 ERP 成分，顶叶 LPP 的大小与刺激物唤起的主观感受（Cuthbert et al., 2000）和自我报告的情绪强度（Hajcak & Nieuwenhuis, 2006）相关。Murata 等（2013）向亚裔美国人和欧洲裔美国人展示了令人不愉快的残害和威胁图片（人类和动物）以及中性图片（家庭物品和中性面孔），每张图片持续 4 秒。要求被试注意由图片引起的真实情绪反应，或者尽量弱化和隐藏由图片引起的真实情绪反应。如果亚裔美国人确实惯于下调负面情绪，那么当被试试图抑制情绪时，由不愉快的图片和指示的情绪反应引起的 LPP 振幅应该会下降。然而，欧洲裔美国人不应当表现出类似的 LPP 振幅变化，因为他们没有接受过以同样方式调节情绪处理的训练。的确如此，虽然两个文化群体在刺激后约 600 毫秒时均表现出顶叶 LPP，但亚裔美国被试随后在情绪抑制期间表现出的 LPP 振幅比他们由图片引发自然情绪反应时显著降低。正如预期的那样，欧洲裔美国人并没有显示出通过抑制和注意需求来调节 LPP 振幅的证据。任务需求对 LPP 调节的不同模式可能反映了两种文化群体在情绪调节上的差异。与情绪调节经验较少的欧洲裔美国人相比，情绪调节的文化经验使亚裔美国人更容易采取策略来降低情绪刺激引发的觉醒。然而，这项研究留下了一个悬而未决的问题，即与情绪调节更直接相关的横向前额叶活动是否在两个文化群体中有所不同，这一点可以在未来的跨文化 fMRI 研究中得到阐明。

心理归因

人类思维的一个基本假设是，我们的行为是由意图、欲望、信念和情感等内部思想驱动的。人类以及其他灵长类动物为了解释和预测行为，将心理状态归因于它们的同类个体（Premack & Woodruff, 1978）。心理归因过程，也称为心理化、读心术或心理理论（Theory of Mind, ToM），可以自动且迅速地发生。心理归因有两个基本组成部分，一个是对非言语社交提示（如注视方向）的知觉处理，另一个是对不可见心理状态的社会认知处理。心理学家已经开发出各种范式来推断他人的心理状态，以测试心理归因能力。例如，错误信念任务被用来检验一个人区分事实和个人信念的能力。被试读了这样的故事："约翰告诉艾米丽他有一辆保时捷，而事实上，他的车是福特汽车。艾米丽对汽车一无所知，所以她相信了约翰。"之后被试被问到："当艾米丽看到约翰的车时，她认为那是保时捷还是福特？"（Saxe & Kanwisher, 2003）想要准确地回答这个问题，参与者需要知道真相，并且知道艾米丽所认为的真相。心理归因的神经基础已经被大量神经成像研究仔细验证，大量证据表明，心理归因涉及一个由背内侧前额叶皮质、颞极和颞顶交界处组成的神经回路（Frith & Frith, 2003）。

心理归因的神经基础是否受到文化经历的影响？为了探究这个问题，Kobayashi 和同事（2006）对只说英语的美国成年人和会说英日双语的日本成年人以"X 认为 Y 认为……"的形式实施错误信念故事的 ToM（心理理论）任务，并对被试进行头部扫描。被试还根据对物理因果推理的理解对事件结果进行了判断。对于这项控制任务，Kobayashi 指出，在两个文化组中，对他人心理状态的判断都导致了右背内侧前额叶皮质、右侧前扣带皮质、右侧额中回和背外侧前额叶皮质的激活增加。然而直接比较这两个文化群体可以看出，单语美国被试对心理状态的判断在右侧脑岛、双侧颞顶交界处和右侧背内侧前额叶皮质产生了更大的激活，而双语日本被试则在右侧眶额回表现出更明显的大脑活动。这些大脑区域已被证明具有不同的功能。例如，岛叶皮质参与调节大脑边缘系统和额叶区之间的连接（Allman et al., 2005），并参与处理情绪丰富的面孔刺激（Gorno-Tempini et al., 2001）。颞顶交界区普遍认为在整合感观模式和边缘输入方面起作用（Moran et al., 1987），而眶额回则被证明参与情绪心理化任务（Moll et al., 2002）。因此，对于在美国文化环境中长大的人来说，将心理状态归因于他人，可能比在日本文化环境中长大的人更需要整合感官模式和边缘输入，然而在日本文化环境中长大可能会导致一种特殊的心理归因方式，即"感受"他人的情绪。

同一研究小组还针对 8~11 岁只说英语的美国儿童和双语日本儿童研究了文化和语言对心理归因的神经基础的影响（Kobayashi et al., 2007）。这两个文化组都被展示了用语言或漫画描绘的错误信念故事。基于卡通和基于文字的 ToM 任务都激活了许多大脑区域，包括两个文化组的背内侧前额叶皮质和楔前叶。然而，基于语言的 ToM 任务使美国儿童的左侧颞上沟产生的活动比日本儿童的更强，而日本儿童的左侧颞下回的活动增强了。另外，在基于卡通的 ToM 任务中观察到，美国儿童的右侧颞顶交界处的激活程度比日本儿童更高。因为区分自我与他人的能力涉及右侧颞顶连接（Decety & Lamm, 2007），所以上述结果可以作为日本文化弱化自我与他人区别的依据，东亚文化鼓励使用集体主义群体思维，而不是个人主义自我思维来解释人类的社会行为。在基于卡通人物的 ToM 任务中，日本儿童左前颞上沟和颞极的激活程度高于美国儿童。颞极被认为可以整合感官信息和边缘输入（Moran et al., 1987），因此可以认为，日本儿童可能比美国儿童在基于卡通的 ToM 任务中更需要整合感官和边缘输入。

Adams 等（2010）采用一个相对简单的任务，称为"眼睛读心术"测试（Baron-Cohe et al., 2001），来探索心理归因中文化内优势的神经关联物。眼睛传递的信息在社会交流中是丰富且重要的，这为"眼睛读心术"测试奠定了基础。测试向被试展示一些不同演员眼部区域的照片，并要求被试选择两个最恰当的词语来描述照片中人物的想法或感觉。测试结果用于评估被试推断他人思维的能力。假设测试涉及 ToM 归因的第一阶段（即识别相关心理状态的归因），但不包括第二阶段（即推断该心理状态的内容），并且已经证明它可以区分非临床样本和社会认知受损的临床样本，例如患有自闭症谱系障碍的患者（Baron-Cohen et al., 1999）。考虑到人们通常对文化群体内成员比群体外成员有更丰富的交流经验，并且倾向于将更复杂的心理状态归因于自己群体内的成员，而不是其他社会群体（Paladino et al., 2002），Adams 等人（2010）预测，从眼睛推断心理状态存在文化内优势。他们向欧洲裔美国成年人和日本成年人展示了西方人和亚洲人眼部区域的照片，在照片的每个角落都有一个描述心理状态的词语（例如，友好的、讽刺的、恼怒的或担忧的）。在 fMRI 扫描下，被试要根据每张照片的眼睛来对心理状态或性别作出判断。在心理状态推理中，两个文化群体对群体内眼睛的正确反应都大于对群体外眼睛的正确反应，这从行为角度表明根据眼睛推断他人思维具有文化内优势。这种"读心术"中的文化内优势被证明与双侧后颞上沟的活动有关，该脑部活动在对同文化心理状态解码时比对其他文化解码时更为强烈。此外，当观察文化群体外成员的眼睛时，后颞上沟的激活与读心术任务中的行为文化内优势呈负相关。研究结果表明，后颞上沟基于文化群体的差异性与对文化熟悉的眼睛的读心能力提高和对文化不熟悉的眼睛的读心能力降低有关。这些大脑成像结果表明，文化经历可以塑造成人和儿童的神经结构，从而支持高级的心理状态推理。

社会地位

许多社会物种的个体根据其在社会等级制度中的地位而被组织成社会群体。在这些物种中，人类构建了最为复杂的等级体系，来构成我们的行为、思想和大脑。与他人交流时，如何坐、如何站，以及如何交谈，都受到互动者社会地位的影响。一个人要想在社会互动中做出正确的决策，举止得体，则必须注意对方的社会地位。在社会等级的不同层次上，我们对他人的态度会产生行为上的差异，这恰恰体现了东亚文化和西方文化的主要差异。例如，美国文化鼓励竞争，文化促使大多数美国人在社会等级中争取优势地位（Triandis & Gelfand, 1998）。相反，东亚文化强调合作地位和社交能力，从孩童时期就教导人们要随和温良。另一个体现文化差异的例子是如何对待老年人。与鼓励独立和自我提升的西方文化相比，老年人在强调家庭重要性的东亚文化传统中具有更高的社会地位。实验被试在点光显示器上观看不同年龄段的走路步态时，美国人认为年长的步行者社会优势较低，而韩国人对社会优势的评价并没有区分年轻人和年长者（Montepare & Zebrowitz, 1993）。鉴于东亚和西方文化对不同社会层次的人表现出不同的态度，个人获得的积极评价也可能因文化而异。对他人的态度和感受存在文化差异，神经科学对此的解释是奖励系统的神经活动面对不同社会层次的人作出了文化调节。

Freeman 及同事（2009）研究了美国人是否会对社会地位高的成员表现出更强的奖励相关的中脑边缘活动，而日本人是否会对地位低的成员表现出更强的奖励相关的中脑边缘活动。研究者向美国人和日本人展示了做出支配姿势或服从姿势的人物形象，并对参与者进行了 fMRI 扫描（见图 5.4）。扫描过后，被试完成了一份问卷，用于测量他们对社会等级中支配成员和服从成员的行为倾向的理解。观看这些形象激活了对应奖励系统的大脑区域，包括双侧尾状核和内侧前额叶皮质，但感知到的支配和服从姿势引起的调节模式是不同的。具体来说，美国被试的尾状核和内侧前额叶皮质响应支配刺激时比服从刺激活动更强烈，而日本被试则表现出相反的效应：这些大脑区域对服从刺激的反应比对支配刺激的反应更强（见图 5.4）。与这种大脑激活的独特模式一致的是，美国人自我报告的行为倾向也更倾向于支配，而日本

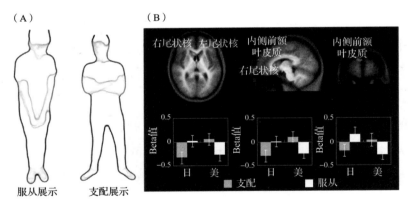

图 5.4　（A）展示支配或服从姿势的卡通人物形象。（B）两个文化群体在响应支配和服从姿势时大脑活动具有差异。

摘自 *Neuroimage*, 47(1), Jonathan B. Freeman, Nicholas O. Rule, Reginald B. Adams Jr., and Nalini Ambady, Culture shapes a mesolimbic response to signals of dominance and subordination that associates with behavior, pp.353-9, DOI: 10.1016/j.neuroimage.2009.04.038, Copyright © 2009 Elsevier Inc., with permission from Elsevier.

人自我报告的行为倾向更倾向于服从。另外，尾状核和内侧前额叶皮质的激活能够预测个体的行为倾向。这部分大脑区域对于支配刺激的强烈反应预示着更强的支配行为倾向，而对服从刺激的强烈活动则预示着更强的服从行为倾向。因此，美国和日本的文化经历会导致大脑对社会等级不同的人做出特定的反应模式，这会使得人们对在文化中处于支配位置和服从位置的人采取不同的行为。

脑成像研究也揭示了评价老年人时，文化对奖励系统的神经活动的影响。Krendl（2016）使用 fMRI 扫描了中国被试和美国白人被试，要求被试观看老年人和年轻人的图像，并通过按钮表明他们是否喜欢图片中的人物。扫描后，研究者还使用了对待老年人的态度量表（Kogan, 1961）评估了被试对老年人的态度。在这两个文化群体中，年轻模特的图像得到的积极评价更多。与美国白人被试相比，中国被试喜欢老年人图片的比例略高一些，但这个差异没有统计学意义。然而，扫描后的态度评估确实显示，美国白人被试对老年人的负面情绪略高于中国被试。为了检验中国和美国白人被试在评估老年人时是否使用了不同的神经机制，研究者将老年人和年轻人的图像进行了对比，然后再进行文化比较。结果显示，与美国白人被试相比，中国被试的双侧腹侧纹状体和右侧海马旁回的激活程度更高。此外，被试自我报告的对待老年人的态度和腹侧纹状体活动，与他们遵循自己文化传统的程度相关。总之，以上结果表明，面对不同社会阶层的人，人们的态度和大脑活动受文化影响，尽管与自我报告的态度相比，大脑活动可能对他人社会阶层的信息更为敏感。观看文化上受欢迎的他人图像会在大脑奖励系统的关键区域引发神经活动增强，这可能是自身良好情绪的基础。这些大脑成像结果表明，将文化上受欢迎的价值观与奖励神经系统联系起来，可能是文化影响个人态度和行为的一种方式。然而，奖励系统认定的价值观具有强烈的文化选择性。

社会比较

心理学家很早就意识到，人类评估自己观点和能力的基本需求，源于与他人做比较（Festinger, 1954）。而且社会比较可以产生明显的积极或消极的情感后果。鉴于不同社会看待自我与他人关系的文化观点不同（如 Markus & Kitayama, 1991, 2010），人们可以认为进行社会比较的动机存在着文化差异。确实，研究表明，亚裔加拿大人比欧洲裔加拿大人更喜欢进行社会比较，他们更愿意在智力测试后查看他人分数（White & Lehman, 2005）。在美国和中国的学生被试中，自我报告的集体主义文化与社会比较的程度之间也存在正相关的关系（Chung & Mallery, 1999）。这些观察结果表明，在强调与他人依存关系的文化中成长的人，比在强调自身内在属性、情感和思想的独立文化中成长的人，更有可能进行社会比较。

在寻求社会比较的倾向中，造成文化差异的一个原因可能是：来自相互依存文化和独立文化的个体的大脑活动对社会比较有不同的敏感度。比如在做经济决策时，东亚人的大脑活动可能对自己与他人的相对收入更敏感，而西方人的大脑活动却对自己的绝对收入更为敏感。为了验证这一假设，Kang 等人（2013）研究了韩国成年人和美国成年人与一个伙伴同时且独立地进行金融赌博任务的情况。任务过程中，被试每次必须在三张背对自己的卡片中选择一张，2~4 秒后，选中的卡片翻转过来向被试显示金额结果。4 秒后，第二张卡片被打开，向被试和合作伙伴分别展示金额。再过 4 秒，被试必须选择是保存结果还是稍后重试。这项研究的有趣发现是，在两个文化群体中，两个奖励相关的大脑区域，即腹侧纹状体和腹内侧前额叶皮质的神经活动对绝对收入和相对收入有不同的敏感度。在看到自己的收入后，美国被试在这些大脑区域表现出比韩国人更强烈的活动。与之对比的是，看到同伴的收入使韩国被试在这些大脑区域产生了比美国被试强烈的活动。此外，腹侧纹状体和腹内侧前额叶皮质之间功能连接的强度预示了被试在做决策时，不同程度地受到相对收入的影响这一个体差异。因此，与美国人相比，韩国被试大脑的奖励系统对社会比较更为敏感，并影响到个人经济决策。

Korn 及其同事（2014）进一步揭示了行为和大脑在响应社交同伴的反馈时的文化差异。他们首先要求五名德国被试和五名中国被试共同玩一款流行游戏，该游戏非常吸引人，允许玩家展示各种合作和竞争行为。游戏开始前，被试被告知小组中的其他玩家会对他们的个性特征进行评分，他们自己的评分也将以匿名形式展示给其他玩家。游戏结束后，每个被试用 Likert 量表的 80 个特质形容词对其他四名参与者中的三人进行评分，评分范围为 1（这个特质根本不适用于这个人）到 8（这个特质非常适用于这个人）。在研究的第二阶段，被试在接受 fMRI 扫描的同时被呈现特质形容词，然后评价这些形容词在多大程度上能够描述自己，或描述第一阶段没有评分的第四位被试。然后向被试展示一个分数，他们认为这是第一阶段其他三名被试对自己的平均评分。收到这个社会反馈之后，被试被要求再次给自己和一个同伴打分。这个研究设计使研究人员能够测量被试在收到社会反馈后如何改变对自我和他人的评分。行为测量显示，这两个文化群体的被试在更改评分时都更倾向于正面反馈，而非负面反馈，并且受到社会反馈的影响。然而，相对于德国被试，中国被试在收到他人反馈后更多地更改了特质评分。fMRI 的数据分析发现，被试收到关于自己的反馈时，内侧前额叶皮质的活动增强了。内侧前额叶的活动与积极的社会反馈呈正相关（如他人评价的正面特质），这表明这个大脑区域能编码社会反馈产生的奖励。此外，研究发现，与中国被试相比，德国被试在反馈处理过程中产生更强的自我相关的内侧前额叶皮质活动，这反映了响应社会反馈时文化群体差异背后的神经基础。

上述脑成像研究结果支持了这样一个结论：东亚和西方文化的个体在社会交往中从不同的心理来源获得奖励。在相互依存的文化环境中，个体更关心他人如何看待自己，来自他人的积极反馈会导致大脑中更强烈的奖励活动；而来自独立文化环境的个体可能会从自我积极反馈中获得更大的奖励。与他人相关和自我相关的奖励活动可以反过来促进个体对他人或自我的关注和行为。

道德判断

日常生活中，人们经常通过评估他人行为是否正确、是否恰当来决定自己是否采取行动。通过为行为结果分配积极或消极的价值来指导人类行为，像这样的道德判断是极其重要的。人们认为，道德判断可以通过考虑社会规则、情境信息、自我情绪反应和推理的结果等来实现。心理学研究表明，道德判断涉及不同的认知过程和情感过程。例如，Kohlberg（1969）提出，驱动道德判断的道德推理涉及认知过程，比如从多个角度看问题。而社会直觉主义模型则强调道德判断中的人际过程，人际过程能够迅速且直观地告诉人们某件事是错误的（Haidt, 2001）。另一种研究道德判断本质的方法表明，虽然道德判断可能利用社会认知过程，如他人心理状态的表征，但在某些情况下，情绪也有助于道德判断（Greene & Haidt, 2002）。文化心理学研究已经给出了道德判断文化差异的证据。Gold 等人（2014）要求英国和中国被试解决一个两难问题。研究者给被试讲述了一个关于失控的电车威胁到前方轨道上五个人生命安全的故事。有个旁观者可以通过扳动操纵杆让电车转向到侧轨上来解救这五人，但这样做的后果是将有另一人死亡。被试需要作出判断，是否允许杀死一个人来拯救另外五人的生命。Gold 等人（2014）发现，愿意牺牲一人来解救五人的中国被试比做出同样选择的英国被试少，当后果没有死亡那么严重时，这种文化差异更加明显。Gold 等人推测，文化群体在道德行为倾向上的差异是由于中国人普遍相信命运这一观念，命运是一种人类无法控制的主宰生命的力量，或是由于中国人相互依赖的自我构念，他们更担心如果对他人造成伤害将会受人非议。

　　一项针对韩国和美国成年人的 fMRI 研究检测了道德判断的文化差异背后的神经基质（Han et al., 2014）。被试在阅读道德个人困境的短文时接受了 fMRI 扫描，这些文章描述的违反道德的行为会对特定的人群造成严重的身体伤害。然后他们要评价每个困境结束时提出的解决方案是否合适。研究发现，相较于评价未造成身体伤害的行为的非道德判断，韩国被试的道德判断诱发了与认知控制过程相关的右壳核和右额上回的强烈活动。美国被试在道德 – 个人条件下，双侧前扣带皮质的活动程度明显高于韩国被试。因为壳核的活动与直觉有关（Wan et al., 2011），前扣带的活动与冲突监控有关（Botvinick et al., 2004），所以 Han 等人（2014）发现的壳核激活更强烈可以通过假设韩国人进行道德判断时比美国人更多地采用直觉处理来理解。这一发现为以下观点提供了神经基础，即受过东亚文化教育的人通常通过直接感知外部环境来寻求直觉的即时理解（Nisbett et al., 2001）。相比之下，美国被试似乎比韩国被试在道德判断中更倾向于使用冲突监控系统。这可能是由于在多重文化的社会中，爆发冲突的可能性增加，就像美国的情况一样（Constantine & Sue, 2006）。另外，生活在集体主义社会中的人（如韩国人）更愿意包容冲突（Oyserman et al., 2002），并避免可能的社会冲突（Leung et al., 2002），以维持社会和谐。

　　另一个有关道德判断引起大脑活动的文化差异的观点来自心

理过程的不同维度。Gelfand 等人（2011）认为，相对于在生态和历史低度威胁的社会（如美国）中长大的人，在生态和历史高度威胁的社会（如中国）中成长的个体，可能会发展出更强的规范意识和惩罚意识以协调社会行动。这一理论预测，来自中国文化的个体（与来自美国文化的个体相比）将在心理和大脑活动方面对违反社会规范更加敏感。下面的实验验证了上述预测，实验记录下中国和美国成年人在阅读句子时的脑电图，句子描述了带有和不带有违反社会规范行为的情景（Mu et al., 2015）。第一句话描述了一个情景（如 "阿曼达在艺术博物馆"）并持续1500 毫秒。然后第二句话取而代之，第二句描述着适合当前情景的某个行为（如 "她正在阅读"），或是违反社会规范的行为（如 "她在跳舞"）。这项研究发现，两个文化群体在大脑检测到违反规范后，中央和顶叶区域在 400 毫秒左右表现出一致的 ERP 负偏移（N400）。然而，在额叶区域，只有中国人在这种情况下会产生 N400，而额叶 N400 振幅用于测量与社会规范强度相关的各种行为和态度，如民族中心主义和自我控制。将 fMRI 和 EEG 成像相结合，可以得出以下结论，相较于美国文化，东亚文化（如中国文化和韩国文化）在道德判断中培养了促进快速直觉处理的神经机制，这与东亚文化的认知风格相对应，其特点是在社会交往中对社会背景和重要他人具有更高的敏感性。美国文化中的道德判断可能需要将感知到的社会情境和社会规则之间的冲突处理内化到大脑中。

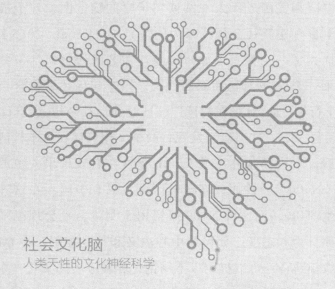

社会文化脑
人类天性的文化神经科学

社会文化脑

会化
社文脑

人类天性的文化神经科学

第 6 章

认知及其潜在大脑
活动的文化启动

动态行为、文化和大脑

"入乡随俗"这一谚语以不同版本存在于许多社会中，它们都指出了一个类似的现象：人们改变其社会行为以适应当地文化。例如，一名美国研究生在美国工作时，使用名字来称呼导师；在中国大学工作一段时间后，会开始称其中国导师为"×老师"。类似情况还有许多。对于人类社会行为的文化动态而言，一种可能的解释是，人们可能只是通过模仿他人的行为来改变和调整自身行为，以应对一个新的社会环境，即使在某些情况下，这样做并不符合自己的文化信念和价值观。另一种可能是，人一旦在某一文化环境中生活一段时间，将当地的文化信念/价值观融入原文化体系，并将新的文化信念/价值观嵌入大脑，其可能在当地社会自愿采取文化适当的行动。这种自我驱动的行为在动机方面与模仿他人的行为有着本质的不同。

这些分析提出了一个关于人类大脑文化系统本质的重要问题。文化是指某一群体的共同信念和行为脚本，并与社会制度共同构成了个体发展和进化的社会环境。所有个体均在特定社会文化环境中得到培养，并被植入特定的文化信念、价值观、规范等。例如，正如本书前几章所言，个人主义和独立在西方社会中得到鼓励，而集体主义和相互依存的理念则占据东亚社会的思想主流（Hofstede, 1980; Markus & Kitayama, 1991, 2010; Zhu & Han, 2008）。北美人更相信个人能动性和自主性，而东亚人则更相信群体能动性和对群体的义务（Hong et al., 2001）。然而，全世界越来越多的人离开他们出生和受教育的国家，移民到其他地方。如今，即使在同一社会中，人们也能遇到各种不同的文化信念和价值观（Oyserman et al., 2014）。已经学习并获得了大脑文化系统的成年人，会吸收新的文化信念 / 价值观吗？人的大脑是否有可能承载不止一个文化系统？若是如此，那个体是否有可能因为认知和行为背后大脑活动模式的不同，而在两种文化系统之间快速切换？

以上问题已被文化心理学家解决，他们认为文化是一个动态知识系统，而不是深深植根于社会群体的静态单一实体，或者是对某一社会群体的僵化刻板印象（Markus & Hamedani, 2007）。人们认为，人类生来就没有对任何特定文化的倾向，而是具有获得和创造文化的潜力和能力（Harris, 1999）。因此，个人可能会因为经历（如从自己的祖国移民出去）而改变他 / 她的文化价值观和信仰。来自同一文化群体的人在他们所获得的价值观和信仰方面也可能迥然不同。关于文化动力学与人类认知之间的关系，人们有不同的观点。Hong 和同事（Hong et al., 2007; Hong, 2009）认为，跨文化互动的频率和强度的增加，使人们经常接触到两种或以上的文化传统和知识。通过文化学习，人们能够获得一种与其本土知识不同的文化知识。通过整合不同文化来源的知识，以促进创造性合成，个人可以在其本土文化知识和新的文化知识之间进行切换，从而在面对多种文化传统或与不同文化者进行互动时，增加认知和行为的灵活性。因此，文化提供了一个认知和行为发生的动态框架。在遇到两个文化群体时，一组特定的文化系统可以被情境线索或最近使用的特定的文化信念／价值观激活，来指导涉及社会行为的后续认知／情感过程。Oyserman 和同事（2007，2009，2011）将文化视为情境认知或过程。他们相信，文化可以被理解为一组联想过程，它决定了哪些信息可获取，以及信息如何被处理和解释。日常情境可能会对思考、感觉和行为产生下行影响。例如，文化心态，无论是个人主义还是集体主义思维，都可以在特定的情况下被激活。因此，文化作为情境下的认知是动态的，且常因社会环境不同而发生变化。这两种动态的文化观都认为，文化信念不是僵化和排外的系统。相反，每个人的文化体系或心态都是灵活的、包容的，时刻接受调整，且贯穿一生。

文化神经科学的观点赋予文化更大的灵活性，因为大脑具有内在的可塑性，可调节人类文化知识，以使人类适应社会文化环境（Chiao & Ambady, 2007; Han & Northoff, 2008; Han et al., 2013; Kim & Sasaki, 2014）。文化神经科学家认为人类的神经认知过程是灵活的，并不断受到社会文化经验和环境的影响。人的大脑并非受生物学制约而注定要以特定方式工作，而是受到长期和短期文化经历的强烈影响。文化神经科学家认为文化经验和大脑功能组织之间存在因果关系，因此他们不仅检验了多个认知和情感过程的神经关联方面存在的文化群体差异，以揭示长期文化经验对大脑的影响，同时也调查了参与特定的认知和情感过程的大脑活动是否受到不同短期文化体验的影响，以及影响程度如何。本章介绍的行为和脑成像研究，调查人类认知和潜在的大脑活动是否以及如何在短时间内由于特定文化知识的使用或激活而发生变化。文化心理学家和文化神经科学家已经开发了文化启动范式，以鼓励或加强特定的文化信念和价值观，并检查了后续认知／情感过程和相关大脑活动的变化。不同于第 3 至第 5 章中提到的文化群体比较范式，这种方法排除了个人的长期社会经验和实践、地理位置、宗教价值观和语言对认知和大脑活动的影响。在认知和大脑活动方面的跨文化差异可以说只具有相关性，而不是因果关系，因此需要进一步的研究来阐明文化的哪些方面或维度导致了所观察到的跨文化差异。文化启动范式帮助研究人员检验某种特定的文化信念／价值与涉及多种认知和情感过程的动态大脑活动之间的因果关系。

文化启动与人类认知

两种以文化为动态框架或动态过程的观点都预测，特定文化系统的暂时激活对于后续认知和行为具有因果影响。这一观点已经通过文化启动——一种暂时改变个人文化信念／价值观的实验程序进行了验证。文化心理学家已经开发了多种类型的文化启动，并发现了文化启动对多种认知过程和行为具有一致影响的证据。例如，由于认为英语携带西方／美国的价值观／信仰，如个人主义／独立，而中国或其他非西方语言携带家庭文化知识，如集体

主义 / 相互依赖，因此语言已被用作一种启动方法。Trafimow 等人（1997）要求一组中国香港被试完成一项被称为"20 题陈述测试"的开放式任务，要求被试以"我是"开头写十个句子（Kuhn & Mcpartland, 1954），因为香港在 1997 年回归，学生曾在学校接受西方文化教育，但在家中培养中国文化，所以中国香港人被认为具有双重文化。研究发现，当问卷以英语呈现时，被试在自我描述中经常使用特质性形容词，强调了个体的独特性和自我的跨情境一致性。当问卷用中文呈现时，被试更有可能用不同的社会角色来描述自己。同样，Kemmelmeier 和 Cheng（2004）要求中国香港被试完成 Singelis 的独立和相互依赖的自我构念量表（Singelis, 1994）。这些量表常被用于评估个人的自我构念。他们发现，当问卷是英语时，被试对独立自我构念的得分比用中文问卷时更高，尽管这种效应只在女性被试中显著。这些结果表明，至少对于能够使用两种语言（如汉语和英语）的双重文化个体来说，语言作为一种工具，可以触发或认可一种特定的文化特征（如独立或相互依赖），并影响基于语言的任务。

其他研究人员使用文化符号图片作为工具包，可以促进文化信仰 / 价值观或文化框架之间的转换，从而影响后续认知和行为。Wong 和 Hong（2005）使用中国文化图标的幻灯片（如中国龙和功夫表演者）或美国文化图标（如美国国旗和美式足球比赛场景），或中性刺激（几何图形）来研究文化启动如何影响随后的合作行为。在启动阶段，向被试展示文化标志图片，并要求被试命名图片中所示物体，并思考文化图标所代表的含义。在以中美文化图标启动后，中国香港大学生被试玩了一个"囚徒困境"游戏，该游戏评估与朋友或陌生人合作或叛逃的回报。在这个游戏中，被试必须决定合作或是背叛，而结果将取决于两名玩家所选择的策略。无论同伴选择合作还是背叛，背叛总是给被试带来更好的个体结果。然而，如果双方都选择合作，被试将得到更高的联合回报。被试被告知，他们将获得与游戏得分相当的现金奖励。Wong 和 Hong（2005）发现，比起美国文化知识启动，被试在以中国文化知识启动后更可能与朋友合作。然而，对于陌生人，中美文化启动后的合作水平都很低。

Ng 和 Lai（2009）评估了比起西方文化启动，双重文化中国人的自我概念是否在以中国文化启动后会变得更具社会联系。他们研究了中国香港的大学生被试在接触了典型中国图片（如长城和中国菜）或西方图片（如英国议会和英国蛋糕和茶）的文化图标后，自我参照对记忆的影响。他们发现，以西方文化启动时，被试会回忆起更多用来描述自我的信息（两词短语），而不是与他人相关的信息（包括未知身份者和母亲）。然而，以中国文化标志启动可以让被试同样清楚地记住与自我和他人（包括未知身份者和母亲）相关的信息。Sui 和同事（2007）也报道了在北京的中国大学生被试中使用"20 题陈述测试"和自我参照任务进行中美文化启动的类似效果。文化启动也可能在个体对观察到的事件做出因果判断时进行调节。Benet Martinez 等（2002）使用美国和中国文化图标（如米老鼠、美国国会大厦、牛仔，或中国龙、北京颐和园、稻田等）对出生在中国或新加坡并至少在美国生活了五年的华裔美国人进行文化启动，以激活美国或中国文化意义系统。在启动后，研究者采用 Morris 和 Peng（1994）的范式，向被试展示一条鱼在一群鱼前游泳的动画。展示结束后，被试需要通过选择其同意内部原因（如"独鱼受到某些内部特征影响，如独立、个人目标，或领导力"）或外部原因（如"独鱼受到群体影响，如被追逐，嘲笑，或压力"），解释独鱼和鱼群分开游的原因。研究发现，被试在受到中国文化启动后，做出更多外部归因（典型亚洲行为），而在受到美国文化启动后，更倾向于内部归因（典型西方行为）。综上研究表明，与西方文化图标启动相比，中国文化图标启动促进了与亲密他人相关的社会信息加工，增加了与亲密他人的合作倾向，以及对观察事件进行情境化解释的倾向。然而，由于中国和西方文化的差异有多个维度（如个人主义与集体主义，独立与相互依存，分析与整体思维，内部与外部因果归因），使用图片或语言进行中国或西方文化启动无法澄清哪一文化维度引起了对所见的认知和行为的影响。

自我构念启动是由 Gardner 及其同事开发的一种程序（Brewer & Gardner, 1996; Garder et al., 1999），它帮助个人将一种特定文化特征，即自我构念，转向一种相互依赖或独立的风格。自我构念启动的过程很简单。被试会看到两个版本的描述旅行的短文或故事，其不同仅在于文章中的人称代词是独立型（如"我"或"我的"）还是互依型（如"我们"或"我们的"）。被试需要阅读文章，并将文章中的所有代词圈出。用于控制启动的文章与前两者相似，只是不含独立型或互依型代词。因此，不同版本的启动材料可以引导被试将注意力集中在作为个体或社会群体成员的自我构念上。自我构念启动已被用于多项行为研究，以揭示独立或互依启动对于多个认知过程的影响。

在对视觉感知和记忆过程使用自我构念启动范式的研究中，研究者认为启动互依自我构念能够驱动个体关注情境信息或感知对象间的关系，而启动独立自我构念会使其注意力集中于中心客体。数项研究已使用不同范式检验了以上假设。例如，Kuhnen和 Oyserman（2002）向被试展示复合刺激（即由小写字母组成的大写字母）。全局大写字母的识别取决于小写字母之间的关系（全局任务），而局部小写字母的识别则需要关注中心客体（局部任务）。使用 Gardner 等的自我构念启动程序，一组被试接受独立启动，另一组被试则接受互依启动。两组人在启动过程后均执行了全局和局部任务。一个有趣的发现是，相对于局部字母，使用独立启动的被试识别全局字母的速度更慢。相比而言，接受互依启动的被试倾向于显示出相反的结果：对局部字母的反应比对全局字母的反应要慢，尽管这种结果在统计学上并不显著。这项研究的大多数被试都是白人，但在种族方面，也有一些人自认为是非裔、亚裔和西班牙裔。此外，Kuhnen 和 Oyserman（2002）在研究中使用被试间设计，不能揭示自我构念启动是否可以对个体被试的认知过程产生双向影响，即互依型自我构念启动促进情境依赖过程，以及独立型自我构念启动促进情境独立过程。Lin和 Han（2009）通过在研究中加入控制启动条件，从而澄清了这一问题。他们在一组中国被试完成独立和互依自我构念启动后，测量了其对复合字母的全局和局部属性做出反应的时间。在控制启动条件下，被试阅读的文章中不包括独立或互依型人称代词。Lin 和 Han 对复合字母的视角进行调整，从而使被试在控制启动条件下对全局目标和局部目标的反应时间相同。后续研究发现，相对于控制启动条件，互依型自我构念启动条件下对全局目标的响应快于对局部目标的响应，而独立型自我构念启动下对局部目标的响应快于对全局目标的响应。Lin 和 Han（2009）还测试了自我构念启动对 Stroop 任务中表现的影响，该任务需要识别一个中心目标字母（H 或 E），其两侧是两个与目标字母相同或不同的外围字母。相对于独立型自我构念启动和控制启动，当目标和外围字母不同时，互依型自我构念启动的响应速度减缓，响应准确性降低，表明互依型自我构念启动使情境信息更加显著，从而导致对中心目标加工的干扰增强。同样，Krishna 等（2008）发现独立型（比互依型）自我构念启动个体在处理涉及情境信息的任务时，更容易表现出空间判断偏好，但在处理需要排除情境信息的任务时，更不易表现出空间判断偏好。这些行为学发现共同表明，启动独立或互依型自我构念，可以通过增强对中心客体或情境信息的注意来改变视觉感知。

相关研究进一步证明，自我构念启动可以调节社会情绪和社会行为。社会情绪是指在社会互动过程中可能诱发的情感状态，如尴尬、羞愧、嫉妒和自豪。Furukawa 等（2012）通过要求 8 至 11 岁儿童完成儿童自我意识情感测试（Tangney et al., 1990）来评估其经历羞耻、内疚和自豪的倾向，从而评估社会情绪方面的文化群体差异。他们发现，不同文化的羞耻感、内疚感和自豪感的平均水平之间存在显著差异，其中日本儿童的羞耻感得分最高，韩国儿童的内疚感得分最高，而美国儿童的自豪感得分最高。所观察到的社会情绪文化差异与自我构念是否相关？Noumann 等人（2009）检验了一个假设，即如果他人成功，自我构念主要为互依型的个体会比主要为独立型的更具自豪感。他们研究了中国和德国大学生如何应对其他人成功的情景，让他们想象本国人获得了诺贝尔文学奖，他们从小就认识的人出版了一本世界著名的畅销书，或者他们大学的一支球队赢得了国际足球冠军。他们发现，中国学生相比德国学生对以上情况更感到自豪。在第二项研究中，他们要求德国学生在互依或独立型自我构念启动后，思考他人成就或自身成就。研究发现，在启动互依型自我构念后，思考他人成就会产生更多自豪感；而启动独立型自我构念后，思考自身成就会产生更多自豪感。这些发现表明，自我构念和个人面对他人成就的自豪感之间存在着因果关系。

自我构念启动的影响不仅表现在社会认知 / 情感上，而且在各种社会行为中也很明显。Colzato 和同事（2012）使用社会性西蒙任务检验了一个假设，即人们在互依型自我构念启动时，比独立型自我构念启动时更能表征同伴的行为。在实验中，两名被试并肩而坐，对一个点的颜色（绿色或蓝色）做出反应，这个点可能出现在中心注视的左侧或右侧圆形内。两名被试各控制一个按钮以做出反应。实验要求被试忽略刺激的位置，只根据刺激的颜色来做出反应。经典西蒙效应表明，如果被试的手在空间位置上与刺激信号相对应，则其左或右侧动作执行更快（Simon, 1969）。社会西蒙效应是指当这两种行为由不同被试执行时出现的类似现象。当两名被试并排坐在一起，分别被要求对可能出现在中心注视点左右两侧的点的颜色做出反应，当座位位置和目标空间一致时（如右侧被试被要求对中心注视点的右边出现的目标做出反应），其反应会快于空间位置不一致的情况（如右侧被试被要求对中心注视点的左边出现的目标做出反应）。研究者假设，如果吸引人们对个人互依或独立的注意，达到人们将他人融入自我概念的程度，那么前者（互依型）会比后者（独立型）产生更明显的社会西蒙效应。的确，Colzato 等人发现，相对于以独立型启动的个体，那些以互依型启动的个体在反应时间上表现出更显著的社会西蒙效应，这表明在简单的颜色辨别任务中，互依型启动增强了自我与他人的整合。

也有证据表明，自我构念启动会影响真实社会环境中的社会行为。Holland 等（2004）研究了自我构念激活对有利于人际接近行为的影响。在初期研究中，实验者带领被试进入实验房间，坐在电脑前。被试在输入名字后，执行一项词汇决策任务，其中包括中性单词和非单词。在一半的实验中，一个单词隐约出现16毫秒。这个词可能是被试的名字（这将激活独立自我构念），也可能是一个中性词如"苹果"作为控制条件。在另一半实验中，被试被要求写下他们自己和他们的朋友／家人之间的相似性，以启动互依型自我构念，或者他们自己和他们的朋友／家人之间的差异，以启动独立型自我构念。在这两项研究中，在启动程序结束后，被试都需要到等候区就坐，表面上是为了给实验者一些时间来准备实验的第二部分。等候区有四把椅子，其中最左边的椅子上挂着一件夹克。通过测量挂有夹克的椅子和被试选择就坐的椅子之间的距离，检验自我构念启动的效果。有趣的是，相对于对照组的被试，独立型启动的被试坐得离预期他人更远，而互依型启动的被试坐得离预期他人更近。Utz（2004）进一步表明，当必须做出经济决策时，互依型而非独立型启动促进了合作。被试被要求将混乱的句子重新组织，其中包含诸如"个人、自我、独立"等以激活独立概念，或者诸如"群体、友谊、一起"等以激活互依概念。然后他们被要求玩一个"四枚硬币赠予困境"的游戏，表面上看是和另一位被试一起。在每一轮开始时，每个玩家都有 4 枚硬币，对于自己其价值为 1 欧元，但对于对方而言价值 2 欧元，并且必须决定他 / 她想给对方 4 枚硬币中的多少枚（0、1、2、3 或 4）。同样，对方也需决定其四枚硬币的赠予数量。通过计算每一轮赠予硬币的数量，可以衡量被试在困境博弈中的合作程度。研究发现，独立型启动的被试比互依型启动的被试表现出更低的合作水平。

　　本章之前所述行为研究表明，文化启动，无论是使用文化标志图片还是语义单 / 复数代词，会产生涉及感知、记忆、社会情感和经济决策的多个认知和情感过程的变化。这些行为发现支持了这样一种观点，即个人可以拥有两组文化知识系统，在某些情况下，可以根据社会文化环境和经验进行动态切换，以调整社会行为。研究结果表明，文化和认知 / 行为之间存在着因果关系。文化为认知和行为提供了一个框架，它使人们的思考和行为方式产生了偏好。

文化启动和大脑活动

　　鉴于认知和行为是由大脑控制的，文化启动对认知和行为产生影响的研究成果就引发了这样一个问题：文化启动是否以及如何调节与认知和情感过程相关的人类大脑活动？为解决这个问题，重要的是要澄清大脑需要具备何种灵活度，以应对文化价值观念/规范的变化，以及最近对文化知识的使用如何构建与行为相关的神经认知过程。目前大多数文化神经科学研究将自我构念启动与 fMRI 或 ERP 结合起来，以检验文化启动对大脑活动的影响。这些研究有一个基本假设，即启动独立型将促进自我关注，从而增强与自我相关的信息处理及相应的大脑活动。相比之下，启动互依型促进了自我和他人之间的认知联系，从而减少了支持自我和他人分化的大脑活动。

一项早期 fMRI 研究评估了自我构念启动是否调节了与面孔感知过程中诱发的自我意识相关的大脑活动。如第 4 章所述，识别自我面孔的能力在幼儿两岁左右已得到发展（Asendorpf et al.，1996）。在各种任务中，成年人对自我面孔比对他人面孔的反应更快（Keenan et al., 2000; Ma & Han, 2009, 2010）。之前的 fMRI 研究通过对比对自我面孔和熟悉面孔的感知，或者通过对比对被认为是自我而非朋友的变形面孔的识别（Ma & Han, 2012），发现了成人额叶（包括右额叶皮层和内侧前额叶皮层）与自我面孔识别的神经相关性（Platek et al., 2004, 2006; Uddin et al., 2005）。为了调查自我面孔识别的神经关联是否以及如何被自我构念启动调节，Sui 和 Han（2007）为被试及其朋友面孔拍照，其面部朝向左侧或右侧。在 fMRI 扫描过程中，被试首先被要求阅读包含独立或互依型代词（如"我"或"我们"）的文章。在每种启动后，被试被要求对自我和熟悉面孔做出判断。研究者预测，启动独立与互依将促生自我聚焦心态，这种心态将通过增强潜在大脑活动来促进自我面孔的识别。这一预测得到了与自我面孔相关的行为表现和 BOLD 反应的支持。在独立型自我构念启动后，被试对自我面孔的反应更快，但在互依型自我构念启动后，对熟悉面孔的反应更快。脑成像结果显示，右侧额叶中皮层的神经活动受到面孔感知和自我构念启动的特异性调节。与对熟悉面孔的反应相比，右中额叶对自我面孔的反应在独立型自我构念启动后增强，但在互依型自我构念启动后减弱。行为和大脑成像结果一致表明，在人类成年人中，与识别自我面孔相关的自我意识的神经关联物受到短期自我构念启动的调节（见图 6.1），表明在自我面孔识别过程中，自我构念和大脑反应之间存在因果关系。脑成像结果特别令人惊讶，因为这项研究中的自我构念启动过程只持续了 3 分钟。研究结果表明，自我面孔识别背后的大脑活动对短时间内文化特征的暂时变化非常敏感。

其他类型的文化启动也会调节自我和他人的不同神经处理。Ng 和同事（2010）在对中国香港的大学生被试进行 fMRI 扫描之前，使用典型中国文化标志（如长城）或西方文化标志（如英国议会）进行启动，在此期间，被试对自我、母亲和无法辩识者（未知者）进行个性特征判断。这种特征判断将允许研究人员测试中国文化启动是否会诱发自我包容，以及西方文化启动是否会引起自我 – 他人分化，无论"他人"是否亲密且重要，以及文化启动对重叠神经表征的影响是否仅限于自我和亲密他人。鉴于前期跨文化脑成像发现对自我和母亲的重叠神经表征仅存在于中国而非西方被试中（Zhu et al., 2007），研究者预测，在西方化的双重文化中国成年人中，用西方文化标志启动将增加自我 – 他人神经

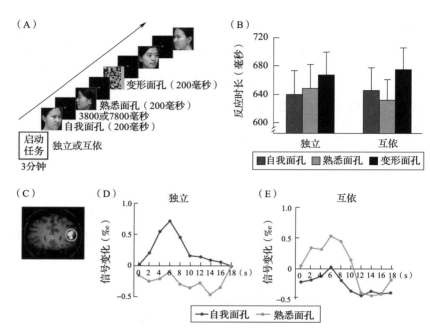

图6.1　(A)自我构念启动过程和面部识别任务图示。自我构念启动任务后被试接受扫描，此时被试观看自我面孔、熟悉面孔及变形面孔，并必须通过使用右手食指或中指按下按钮，表明完整面孔的头部方向和变形面孔旁灰色长条的位置。(B) 对自我面孔、熟悉面孔和变形面孔的平均反应时间。(C) 与自我面孔相关的右额叶激活图示。(D) 独立型自我构念启动后右侧中额叶皮层 BOLD 信号变化历程。(E) 互依型自我构念启动后右侧中额叶皮层 BOLD 信号变化历程

摘自 Jie Sur and Shihui Han, Self-Construal Priming Modulates Neural Substrates of Self-Awareness, *Psychological Science*, 18(10), pp.861−866, DOI: 10.1111/j.1467-9280.2007.01992.x, Copyright @ 2007, @SAGE Publications. Adapted with permission from SAGE Publications, Inc.

分化，而用中国文化标志启动则会增强自我 – 他人神经重叠。为了控制语言的潜在影响（中国香港学生会说中文和英语），在扫描过程中研究者同时用中文和英语呈现特质形容词，以减少任何与语言相关的干扰。本研究的关键发现是，西方文化启动后，比

起未知者和母亲，对自我的判断诱导了腹内侧前额叶皮层活动增加；而中国文化启动后，fMRI 结果未能显示任何与自我和母亲，以及自我和未知者相关的大脑激活。这些效应源于受西方文化启动后在内侧前额叶皮层自我判断过程中的大脑活动增加，以及对他人进行判断时的大脑活动减少。因此，西方而非中国文化启动可以调节与自我和他人相关的神经活动，以增强内侧前额叶皮层的自我 – 他人分化。

　　Chiao 和同事（2010）进一步探讨了暂时提高个人主义或集体主义意识是否有助于处理大脑皮层中线区域文化一致性的自我表征。他们尝试了对双重文化个体（即亚裔美国人）使用两种不同类型的文化启动，即"苏美尔战士故事"任务与"家庭和朋友的异同"任务（Trafimow et al., 1991）。苏美尔战士的故事描述了一个困境，即将军索斯托拉斯必须决定派哪个战士去国王那里。故事的一个版本是，索斯托拉斯选择了最能胜任这项工作的战士，这被认为启动了个人主义；另一个版本中，索斯托拉斯选择了自己家族的战士，这被认为启动了集体主义。读完故事后，被试会判断他们是否钦佩将军。"家庭和朋友的异同"任务要求被试思考两分钟，是什么使他们与家人和朋友不同，以启动个人主义价值观；或者他们与家人和朋友的共同之处，以启动集体主义价值观。启动过程结束后，被试被要求写一篇与家人和朋友有关的短文。研究者通过使用一般性情境独立自我任务（例如，要求被试判断"一般来说，这个句子描述了你吗？"）和情境依赖的自我任务（例如，判断"这句话描述了和母亲说话时的你吗？"）测试了具有文化一致性或不一致性的自我表征。Chiao 等人发现，内侧前额叶皮层和后扣带皮层的活动都受到文化启动和自我描述类型的调节。在这些大脑区域，以个人主义启动的被试对一般性自我描述比情境性自我描述表现出更强的神经反应，而以集体主义启动的被试对情境性自我描述的神经反应更强。这些研究结果为文化框架的时间变化对自我反思背后神经表征的动态影响提供了进一步的证据。值得注意的是，在上述三个研究中，启动程序非常不同。阅读单/复数第一人称代词，观看文化符号图片，思考自我 - 他人的相似或差异，分别调用语言、视觉感知和记忆过程。然而，尽管这些研究的启动程序涉及不同的认知过程，但启动效应对自我相关的信息加工的神经基础的影响是一致的。研究结果表明，个人主义和集体主义的文化信念/价值观/规范对于自我相关过程的大脑活动调节具有根本和因果作用。

自我构念启动可以调节自我相关大脑活动的研究结果可能并不令人惊讶，因为启动和后续任务都与自我概念的文化图式有关。如果自我构念扮演基本认知框架的角色，那么启动独立或互依型自我构念应该会改变大脑中多个层次的神经处理。的确，ERP和fMRI提供了越来越多的证据表明，自我启动调节感觉、知觉和高阶认知/情感过程的神经关联物。例如，Wang等（2014）通过记录中国成年人对疼痛和非疼痛电刺激的ERP结果，研究了自我构念的暂时性变化是否以及如何调节身体疼痛期间的感觉和知觉加工。众所周知，由初级（SI）和次级（SII）体感皮层、前扣带皮质、岛叶和辅助运动区组成的皮层回路参与了对身体疼痛的感知（Peyron et al., 2000）。ERP研究已经确定了人类对疼痛刺激的电生理反应，包括来自对侧SI/SII并与身体疼痛的早期

体感处理有关的两个连续早期负向活动（即 20~90 毫秒的 N60
和 100~160 毫秒的 N130），以及来自前扣带皮质并与对身体疼
痛的认知评估和情感反应有关的长潜伏期活动（Bromm & Chen,
1995; Christmann et al., 2007; Tarkka & Treede, 1993; Zaslansky et
al., 1996）。因为比起互依型自我构念启动，独立型自我构念启
动可能会促进自我关注性注意，因此人们预测，独立型而非互
依型自我构念启动可能会增强对疼痛刺激的神经活动。Wang 等
人发现，对左手进行电刺激会在额叶 / 中央区域引起两个负成分
（N60 和 N130），在中央 / 顶叶区域引起两个正成分（P90 和
P300），且右脑电极振幅比左脑更大。与非疼痛刺激相比，疼痛
刺激使 P90、N130 和 P300 的振幅增大。更有趣的是，研究发现，
启动独立型而非互依型自我构念后疼痛刺激诱导了更大的 N130
振幅，但对疼痛刺激的晚期神经反应（如 P300）的振幅没有产
生显著影响。N130 在受刺激手对侧的右侧中央电极上振幅较大，
起源于右侧躯体感觉皮层。这一结果表明，自我构念启动调节了
身体疼痛的早期感觉加工。然而，尽管自我构念启动未能对身体
疼痛反应中的 P300 振幅显示出可靠影响，但比起非疼痛刺激，
疼痛刺激的 P300 振幅差异与互依型自我构念的自我报告之间存
在显著正相关。单独分析进一步阐明，比起互依型自我构念，独
立型自我构念启动增加了高相互依赖者的 P300 振幅，而在低相
互依赖者中降低了 P300 振幅。因此，自我构念启动对身体疼痛
晚期认知评估的影响，因个体在长期生活经验中形成的显性自我
构念的不同而异。

　　视觉感知过程中的神经反应也受到自我构念启动的调节。

Lin 等（2008）研究了中国被试在应对复合刺激时，其与全局 / 局部感知相关的纹状体外皮层的神经活动是否可以通过自我构念启动来调节。研究者要求中国成人在复合刺激中区分全局 / 局部字母，并进行了脑电图记录。通过调整复合刺激的视角，以保证在控制启动条件下，枕部电极记录的典型 ERP 成分（即 P1 成分）振幅在全局任务和局部任务中无差别。结果表明，独立型自我构念启动在局部目标中引发的 P1 振幅高于全局目标，而互依型自我构念启动在全局目标中引发的 P1 振幅高于局部目标（见图 6.2）。P1 成分起源于纹状体外皮层，是早期视觉感知的基础（如 Martinez et al., 1999）。因此，Lin 等的研究结果提供了电生理学证据，表明自我构念启动可以调节纹状体外皮层的视知觉加工，这为此发现提供了神经学基础，即独立和互依型自我构念启动分别加速了复合刺激中对局部和全局目标的行为反应（Lin & Han, 2009）。

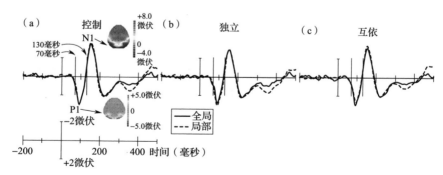

图 6.2 独立或互依型自我构念启动后的复杂视觉刺激中对全局与局部目标响应时 P1 振幅变化图示

摘自 *Biological Psychology*, 77 (1), ZhichengLin, Yan Lin, and Shihui Han, Self-construal priming modulates visual activity underlying global/local perception, pp. 93–7, DOI:10. 1016/. biopsycho.2007.08.002, Copyright © 2007 EIsevier B.V. with permission from EIsevier.

Fong 等（2014）研究了个人主义和集体主义文化的启动如何调节亚裔美国人关注社会情绪情境时的神经活动，进一步验证了自我构念启动对情境信息处理的调节。通过使用"苏美尔战士故事"任务与"家庭和朋友的异同"任务（Trafimow et al., 1991）启动个人主义和集体主义文化价值后，被试观看在一组背景人物中间呈现中心人物的视觉刺激（见图 6.3）。目标和周围的人物都有快乐或悲伤的面部表情，这些表情要么一致（即所

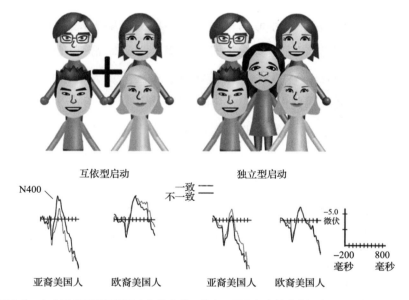

图 6.3 上方图片展示了周围人物先出现，带有不同面部表情人物浮在周围人物之上出现的视觉刺激。下方图片展示了独立或互依构念启动后，当中心人物与周围人物面部表情一致或不一致刺激时的 N400 振幅。自我构念启动的影响在亚裔美国人中显著，但在欧裔美国人中不显著

摘自 *Culture and Brain*, 2(1), Michelle C. Fong, Sharon G.Goto, Colleen Moore, Tracy Zhao, Zachary Schudson, and Richard S. Lewis, Switching between Mii and Wii: The effects of cultural priming on the social affective N400, pp.52–71,DOI:10.1007/s40167-014-0015-7, Copyright © 2014, Springer-Verlag Berlin Heidelberg. With permission of Springer.

有的人物都表达出相同的情绪），要么不一致（目标和周围的人
物表现出不同的面部表情）。Fong 等试图通过分析一个长潜伏
期的 ERP 负成分，即 N400，来确定启动个人主义和集体主义的
文化价值观是如何塑造对社会情绪情境的认知加工的，这在前期
研究中被认为与社会刺激的语义相关性的处理有关（如 Goto et
al., 2013）。Fong 等人研究表明，在互依型文化价值观启动后，
被试对不一致情感刺激的 N400 振幅大于一致情感刺激。相比之
下，在用独立型价值观启动后，被试在 N400 时间窗内对不一致
和一致性刺激表现出相似的神经反应。ERP 结果支持这样一种观
点，即暂时提高互依型文化图式的意识会导致对情境信息的关注
增强，而强调独立文化图式则引导被试关注焦点人物，而忽略周
围的社会情感信息。

自我构念启动的影响并不局限于感官、知觉和注意加工，还
可以扩展到社会和情感领域。Varnum 和同事们（2014）证明，
独立或互依启动可调节参与替代奖励的皮层下结构的神经活动，
这是一种源于观看他人获得奖励所获得的愉悦感。在以独立或互
依型自我构念启动后，中国成人被要求玩一个猜牌游戏，在这个
游戏中，他们必须通过按左侧或右侧按钮来表示其猜测纸牌上的
数字小于或大于 5。被试除了获得基本报酬外，还有机会为自己
和朋友赢得额外的金钱奖励。每次试验结束后的游戏反馈表明被
试为自己或朋友的赢输情况。研究者假设，由于与朋友的相似性
和彼此的亲密性，因此在应对朋友受益时，互依型启动比独立型
启动下奖励相关的大脑活动应该更强。被试自述在为自己或朋友
赢得金钱奖励时，有类似的幸福感；但当自己失去金钱奖励时，

则比为朋友失去奖励时更不快乐。尽管被试自我报告的感觉不受自我构念启动的影响，然而 fMRI 扫描显示，对奖赏的神经反应被自我构念启动显著调节。与失去金钱奖励相比，赢得奖励激活了双侧腹侧纹状体——奖励网络的关键节点。与赢得金钱奖励相比，失去奖励会增强双侧脑岛和额上回活动。此外，在独立自我构念启动后，双侧腹侧纹状体对为自己赢钱的反应比对为朋友赢钱更强烈。然而，启动互依型自我构念，则为自己和为朋友赢钱时以上区域的激活情况相似。有趣的是，比起互依型启动，独立型启动并没有改变在自我或朋友失去金钱奖励时的神经活动（见图 6.4）。这些发现表明了一种神经机制，通过这种神经机制，包括亲密他人在内的自我概念会给自我和朋友带来类似的奖励。当互依型文化价值被激活时，皮层下奖励活动的调节可能为面向亲密他人的利他行为提供了与动机相关的神经基础。

Markus 和 Kitayama（2010）认为，独立和互依型自我构念对群体内 / 群体外关系强度有不同的意义。因此，人们可能会问，自我构念启动是否可以通过调节观察者和被观察者之间的社会关系，来改变对他人的情绪反应。如第 5 章所述，与来自个人主义文化的人（如欧裔美国人）相比，来自集体主义文化的人（如非裔美国人和韩国人）共情神经反应中的群体内偏好（即更易与群体内而非群体外成员共情）更显著（Mathur et al., 2010; Cheon et al., 2011）。Markus 和 Kitayama（2010）认为，独立型自我图式可以主要根据个人的自我思想和感受来组织行为，这导致群体内 / 群体外关系弱化，使人们可以相对容易地在群体内和群体外之间切换。相反，互依型自我图式会立即根据与自我有关的他人

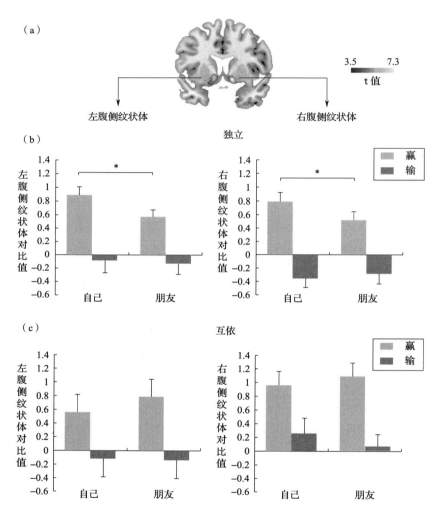

图 6.4 通过自我构念启动对赢钱做出反应的腹侧纹状体中奖励活动的调节。上图显示了腹侧纹状体的奖励活动。中下图显示了自己与朋友获奖时的 BOLD 信号响应。独立自我构念启动后，自己获奖比朋友获奖的大脑奖励活动更为显著，而互依型自我构念启动则倾向于产生相反模式

摘自 *Neurolmage*, 87 (1), Michael E.W.Varnum, Zhenhao Shi, Antao Chen, Jiang Qiu, and Shihui Han, When "Your" reward is the same as "My" reward: Self- construal priming shifts neural responses to own vs. friends' rewards, pp.164–9, DOI: 10.1016/j.neuroimage.2013.10.042, Copyright 2013 Elsevier Inc., with permission from Elsevier.

的思想和感受来组织行为,并导致了群体内和群体外的显著区别。因此可以假设,互依型自我构念可能会增加群体内的共情偏好,而当强化独立型自我构念时,这种偏好会减弱。Wang 等(2015)通过研究共情神经反应的种族群体内偏好如何随自我构念启动而变化验证了这一假设。在 fMRI 扫描过程中,首先对中国成人进行独立或互依型自我构念启动,然后向其呈现亚洲人和白人疼痛或非疼痛面部表情的视频片段。研究者预测,当强化互依型自我构念时,感知他人疼痛的神经反应会出现种族内偏好,而当鼓励独立型自我构念时,感知他人疼痛的神经反应的种族内偏好会减少。多个脑区活动证明了这种调节模式。与种族群体外相比,在对被试启动互依型自我构念后,观看种族群体内成员疼痛表情在中扣带区、左岛叶和辅助运动区产生了更强的神经活动。然而,通过启动独立型自我构念,在左侧补充运动区、中扣带皮层和岛叶对他人疼痛表情所产生神经反应的种族群组内偏好显著减少。研究结果表明,改变个体的自我构念可以调节观察者和目标之间感知到的群体间关系(例如,通过独立自我构念启动减弱这种关系),而这种互动决定了对他人痛苦的神经反应。

如果互依型自我构念比独立型自我构念更大程度地促进对他人和社会环境的注意,那么自我构念启动的影响可能会扩展到执行动作的动机,从而调节运动皮层的活动。Obhi 等(2011)通过记录在动作观察任务中由 TMS 引起的运动诱发电位解决了这个问题。TMS 是一种非侵入性的刺激大脑小区域的方法。头部线圈在大脑皮层上产生一个瞬态磁场,通过电磁感应在线圈下的大脑区域产生微小电流。当被试观看一个使用右手拇指和食指挤压橡胶球，使橡胶球严重变形的视频时，Obhi 等使用 TMS 激活被试的左侧运动皮层，并记录运动诱发电位。研究者通过在视频中显示互依型词汇（如"一起"和"整合"）或独立型词汇（如"个性"和"独特"）来启动相应的自我构念。运动诱发电位的结果表明，与无启动的基线条件相比，启动互依型自我构念增加了运动皮层输出，而启动独立型自我构念则没有。通过互依型自我构念启动引起运动系统的变化，与其对其他认知和情感加工产生的影响相符，均是通过调节行为变化以响应他人的帮助需求。

上述研究均测试了自我构念启动对任务相关大脑活动的影响。然而，自我构念启动本身的神经关联物仍然未知。此外，目前还不清楚在与任务相关的大脑活动发生之前，自我构念启动是否以及如何改变了大脑的基线活动。澄清这些问题将有助于构建一般性神经模型，说明自我构念启动如何调节与任务相关的大脑活动。Wang 和同事（2013）扫描了经历独立型和互依型自我构念启动后处于静息状态（即不执行任何外显性任务）的中国成人的大脑。静息状态活动的特征是 BOLD 信号自发波动，特别是沿皮质中线结构活动的增强与自我相关处理具有关联（Deco et al., 2011）。Wang 等人发现，相对于计算任务，阅读含有复数人称代词（"我们"或"我们的"）或单数人称代词（"我"或"我的"）的短文，激活了腹内侧前额叶皮层和后扣带皮层。因此，自我构念启动似乎与已被证明与自我反思的大脑区域有关。相对于独立型自我构念启动，互依型自我构念启动在背内侧前额叶皮层诱发更显著的活动，这是人在感知（Han et al., 2005; Mitchell et al., 2002）和干扰他人精神状态（Amodio & Frith, 2006）过程中所激活默认模式网络的关键节点。静息状态活动的局部一致性分析作为给定聚类内的体素动态波动相似性的指标（Zang et al., 2004），显示在互依型而非独立型自我构念启动后，背内侧前额叶皮层的自发活动的局部同步性增加，而后扣带皮层自发活动的局部同步性降低。因此，在默认模式网络中，自我构念启动期间和之后对大脑活动的调节都是显著的。由自我构念启动形成的静息状态下的大脑活动，可能是随后与任务相关的大脑活动发生的先决条件。

暂时性和长期自我构念与大脑活动的相互作用

前一节中提到的所有关于文化启动的脑成像研究，都测试了来自单一社会的双文化或单文化个体。这就留下了一个悬而未决的问题，即在实验室中被操控的文化价值观的暂时性变化如何与个体的长期文化特征相互作用，从而调节认知 / 情感过程背后的大脑活动。例如，由于西方人和东亚人整体上分别重视独立和互依型自我构念，当他们启动互依或独立型自我构念时，会有不同的反应吗？启动文化价值观和"长期"文化特征之间的匹配（而非不匹配）是否会导致大脑活动的不同反应模式？这种相互作用如果存在，则可能会在一个文化价值的暂时激活与个人的长期文化特征一致或不一致时发生。这种互动的结果可以提供一个认知框架，在此框架下，大脑执行各种认知和情感功能。有限的脑成像研究验证了关于文化价值观的暂时性转变和长期文化特征对大脑活动的相互作用的以下两个问题。第一，那些在西方或东亚文化中受过教育的人，谁的大脑活动更容易受到文化启动的影响？第二，哪种类型的文化启动会对大脑活动产生更大的影响，是与个体长期文化特征相一致者，还是不一致者？这些问题已经通过记录西方或东亚被试在自我构念启动后的大脑活动得到了解决。

为调查个人的文化特有的神经活动模式是否受到暂时性独立/互依型自我构念启动的调控，Sui 等（2013）要求英国和中国成人阅读包含单一或复数人称代词的短文，启动独立或互依型自我构念，然后判断自我和朋友的面孔方向，并记录其 ERP。他们测试了一个假设，即启动与个人的长期文化特征相反（而非相似）的独立或互依型自我构念，会在响应自我和朋友面孔时对大脑活动产生更强的影响。例如，由于英国人整体更喜欢独立，则启动互依型自我构念，相对于没有自我构念启动的基线条件，其对自我面孔和朋友面孔的神经反应会产生更大的变化。相反，由于中国人整体倾向于相互依赖，因此启动独立而非相互依赖的自我构念，相对于基线条件，应该在更大程度上改变其对自我面孔和朋友面孔的神经反应。Sui 等人发现，在通过按下按钮来判断面孔方向时，英中两国被试对自我面孔的反应都快于对朋友面孔的反应。在无启动和启动独立型的条件下，英国被试对自我面孔的反应比对朋友面孔的反应更快，但在互依型启动条件下则没有。中国被试对自我面孔的反应也更快，但其反应速度不受自我构念启动的影响。因此，自我构念启动对英国被试表现的影响与该假设一致。通过自我构念启动面孔识别的 ERP 调控，此假设得到了进一步验证。ERP 记录显示，220~340 毫秒时的早期额叶负电位活动（前部 N2）对面孔识别和自我构念启动都很敏感。对于英国被试来说，在基线条件下，比起识别朋友面孔，识别自我面孔时的前部 N2 振幅更为显著，而启动互依型自我构念降低了识别自我面孔的前部 N2 振幅。对于中国被试来说，比起识别自我面孔，识别朋友面孔时的前部 N2 振幅更为显著，而启动独立型自我构念降低了识别朋友面孔的前部 N2 振幅。在这项研究中，对自我和朋友的行为和大脑反应至少部分地支持了这一假设，即西方社会成员对互依型自我构念的启动更为敏感，而来自东亚社会的个体对独立型自我构念启动更为敏感。

然而，自我构念的暂时性转变和长期文化特征间相互作用的结论，并不适用于对未知他人的共情神经反应。Jiang 等人（2014）让中国和西方被试在独立 / 互依型自我构念启动后，观看未知者手部经历疼痛或非疼痛事件的刺激。ERP 结果首先验证了之前的研究结果，表明观察他人疼痛与非疼痛刺激会产生从 230~330 毫秒时的额 - 中央活动到 440~740 毫秒时的中央 - 顶叶活动的正位移。也有证据表明，启动效应对共情神经反应有影响。相对于控制启动条件，在 230~330 毫秒时，中国被试的共情神经反应因互依型自我构念启动而降低，而西方被试的这类神经反应因独立型自我构念启动而降低。显然，就对未知他人的共情神经反应而言，中国人对互依型自我构念启动更敏感，而西方人则对独立型自我构念启动更敏感。Markus 和 Kitayama（2010）认为，独立型自我构念主导着西方文化，并定义了自我和任何他人之间的坚实界限。互依型自我构念占据东亚文化的主导地位，并在群体内（包括自我和亲密他人）和群体外（非亲密他人，如陌生人）

之间形成了坚实的界限。对 Jiang 等人研究结果的最好理解是，在西方文化中，激活独立心态会导致所有其他人被排除在自我之外，从而减少对群体外成员（即未知他人）的共情反应。相反，在东亚文化中，激活互依心态可能会增强群体内（即自我和亲密他人）和群体外（即未知他人）之间的边界，这反过来又削弱了对未知他人所感知疼痛的共情神经反应。

根据 Sui 等（2013）和 Jiang 等（2014）的研究结果可以推断，当暂时激活的文化价值观与个体的长期主导性文化特征不一致（而非一致）时，自我构念的暂时转变并不一定对大脑活动产生更大影响。大脑活动的自我构念和长期文化特征的暂时转变之间的相互作用模式似乎取决于需要处理的社会信息（例如，自我、熟悉的他人或陌生人）。大脑活动可以通过启动与个人长期文化特征相一致或相反的文化价值观来调节。

大脑功能的文化框架

本章总结了大脑活动的文化启动研究，表明在实验室中操控的文化知识系统的临时转换，以及在长期的社会文化经验中形成的长期文化价值系统都可以影响参与诸多感官、知觉、认知和情感过程的人类大脑活动，补充了跨文化脑成像的发现。这些发现加强了我们对文化和人类大脑功能组织之间因果关系的理解。个人从童年早期就开始学习特定的文化信仰／价值观／规范，并实践文化特定的行为脚本。文化学习和经验有助于形成信念／价值体系和日常行为方式，并塑造认知和情感处理的风格。然而，即使在成年期，一个人的文化知识体系也会暂时发生改变，而文化价值观/规范的短期转变同样会调节认知和行为。在这个意义上，文化可以为行为和心理过程的构建提供一个持续的和短暂的框架。

文化神经科学的发现提供了证据，表明文化不仅限于对行为和心理产生影响，将文化的功能扩展到塑造行为和心理过程的神经基础方面。研究结果表明，在来自不同文化的个体中，相同任务的执行可以调用不同的大脑活动模式，而大脑活动的文化群体差异可以通过特定的文化价值（如互依）来调节。更重要的是，文化（如自我构念）启动会导致默认处理方式向互依或独立的思维方式短暂转变，而这又会进一步导致相关大脑活动的变化。研究结果表明，任务中大脑对刺激的反应在一定程度上受到（长期文化经验产生的）持续的和（短期接触文化价值观作用的）短暂的文化框架的限制。在长期的社会经历中建立的持续性文化框架相对稳定，并提供了一种默认思维方式，让大脑在日常生活中指导行为。大多数跨文化脑成像的研究发现表明，长期文化体验影响大脑的功能组织，因此它可以适应特定的社会文化环境。由长期文化经验产生的大脑功能组织模式为特定文化的认知风格提供了默认的神经基础。然而，持续性文化框架在某些条件下（如全球移民）可能会随着时间的推移而改变，从而产生新的长期文化体验。

不同于持续性文化框架，短暂性文化框架会在短时间内调整多个认知和情感过程的神经关联物，而如果文化启动未能长期重复，这种改变预计不会持续很长时间。在即时社会文化背景在不同模式之间进行转换的过程中，多元文化环境提供了建立短暂性文化框架的先决条件（Hong et al., 2000）。大脑活动模式对快速形成的文化模式做出反应的能力，对于大脑在动态变化的社会文化环境中响应各种社会任务至关重要。持续性和短暂性的文化框架均可影响感觉、知觉、注意、情感、自我反思、共情和推理的神经基质的多个层次。以上文化神经科学的研究结果表明，文化学习对大脑活动的影响不同于特定区域（如知觉和运动）学习的影响，后者选择性地改变视觉皮层、运动皮层等的神经活动。持续性和短暂性文化框架之间的相互作用限制了神经策略，并使大脑倾向于以特定的方式做出反应，来指导我们的行为（Han & Humphreys, 2016）。

第 7 章

人类行为和大脑
中基因 – 文化的
相互作用

先天与后天：文化视角

在人类发展和进化过程中，对于塑造人类生物功能、心理过程和社会行为方面，基因和环境的重要性长期存在争议。人们用"先天与后天"这一短语来描述一个关键问题——遗传和环境差异对特定行为倾向、心理特征、生物学基础的个体差异方面的促进作用。虽然早期研究旨在确定遗传和环境的影响，但现在人们普遍认为，先天和后天都不可替代，遗传与环境相互作用的效应极其复杂。如果考虑到基因受环境影响，而学习需要基因表达，那么在研究人性时，夸大先天与后天的区别就会产生误导。通过提出诸如基因如何在环境中表达的问题，研究者们已经能进一步调查遗传和环境是否、如何相互作用，从而多方面改变人类发展轨迹，以及二者如何受相互影响限制、倍增，甚至逆转。

关于先天与后天对人类发展影响的实证研究已经涵盖了多个领域的主题。一种实证研究方法是比较同卵双胞胎（单卵双胞胎，MZ）和异卵双胞胎（双卵双胞胎，DZ）的测量结果，前者共享近100%的基因，后者共享近50%的基因，这种方式用于探索遗传对生理和心理变量的作用。例如，有眼科医生调查了单卵和双卵双胞胎屈光不正和眼睛成分值的相似度，以估计遗传因素对近视水平的影响、近视与阅读时间和教育水平的关系（Mutti et al., 1996; Saw et al., 2000）。还有心理学家（Turkheimer, 2000; Kan et al., 2013）研究了单卵和双卵双胞胎的智力和心理特征的差异，并评估遗传和生活经历如何影响特定的认知能力（如记忆力）。有研究人员对遗传与环境对人类复杂的社会行为的作用，例如合作、侵略（Moffitt, 2005; Cesarini et al., 2008）和政治、经济决策（Hatemi et al., 2015）感兴趣。神经生物学家研究了人脑的结构和功能组织与特定基因的关联程度（Wright et al., 2002; Toga & Thompson, 2005; Chen et al., 2012; Richiardi et al., 2015）以及因个人生活经历而异的大脑功能组织（Sadato et al., 1996; Ptito et al., 2005; Lupien et al., 2009）。也有精神病学家一直在探索遗传 – 环境相互作用与精神障碍（如焦虑和抑郁）之间的因果关系（Caspi et al., 2003; Caspi & Moffitt, 2006; Wilkinson et al., 2013）。

在人类发展的先天与后天的讨论中，遗传的概念具有明确的生物学基础——脱氧核糖核酸（DNA）—— 一种具有确定结构的分子。DNA 分子由双螺旋形式的两条生物聚合物链组成，有四种类型的核苷酸——胞嘧啶（C）、鸟嘌呤（G）、腺嘌呤（A）和胸腺嘧啶（T）。DNA 通过产生蛋白质的模式来存储生物信息，其中一部分有助于表型的变化。早期的行为遗传学研究通过单卵和双卵双胞胎不同的 DNA 模式来研究行为特征的遗传程度。其原理是，由于单卵双胞胎的基因相似度是双卵双胞胎的两倍，如果只有基因会影响他们的行为，那么单卵双胞胎的行为遗传程度至少应是双卵双胞胎的两倍。如果不是这种情况，我们便能推断出环境必须与基因相互作用才能促成行为模式。近期有全基因组关联研究（GWAS）进一步识别了特定单核苷酸多态性（SNP）中的遗传变异，这些变异与身高和教育程度等生物学和行为特征相关（如 Yang et al., 2010; Rietveld et al., 2013; Evangelou & Ioannidis, 2013）。行为遗传学的发现有助于从遗传角度解释相同文化经历群体中的生物学和行为特征的个体差异，不过在该领域研究中，揭示基因影响人类特征和行为的生物途径仍是巨大挑战。

然而，在人类发展过程中，环境因素比遗传因素要复杂得多。考虑到社会背景、家庭结构、语言、学校、职业、宗教活动、文化信仰 / 价值观等因素，人们可能有各异的生活经历。那么在以上因素中，哪一个在群体中最具有同质性，对行为的影响最稳定？人类从幼儿期到青春期的发展，不同家庭的儿童与父母有不同的经历，父母的奖惩是家庭教育的一部分。在人类行为特征中，虽然同一家庭的孩子往往与父母有相似的经历，但共有的家庭环境因素并不能使所有成员相似（Rowe, 1994）。有研究对同一家庭子女的心理特征（如性格和认知能力）进行调查，发现兄弟姐妹在大多数心理特征中的相关值徘徊在零附近，这就表明同一家庭的孩子之间，外环境是差异的主要因素（Plomin & Daniels, 1987）。更有趣的是，已有研究表明，共同的环境影响会使得兄弟姐妹在智力方面相似，这在儿童时期很重要，但在青春期之后就可以忽略不计了（McGue, 1993）。这些发现引出了一个基本课题——个体在青春期和之后的共同点能对行为特征发展和潜在的大脑机制产生重要影响。

在青春期，大脑结构和文化信仰都会发生快速变化。有一项研究调查了 4~21 岁人类皮质灰质发育的动态解剖序列，Gogtay 等人（2004）发现人类皮质发展的特点是灰质密度下降。皮质成熟的过程始于低阶的体感和视觉皮质，再到高阶的联想皮质，包括前额叶——社会大脑网络的关键节点。神经科学和行为学的发现表明，青春期可能是消化新的文化信仰/价值观的敏感时期，而与个人生活经历相比，共同的信仰/价值观（文化的核心）在同一社会群体中的一致性相对较高。因此一个社会群体中，文化信仰/价值观的同质性可能在塑造行为特征和潜在的大脑机制方面发挥着关键作用。有研究者提出：特定文化中发展技能和价值观的社会化过程，是在同龄群体，而不是家庭中进行的（Harris, 2000）。比起屈从父母的教导，儿童们更想要学习在同龄人群体中被重视和共享的东西，最终将习得如何竞争地位和配偶。因此，从文化角度来看先天与后天的关系，侧重于共同的信仰/价值观和学习的行为脚本的功能作用，以及在形成个人的心理特征和行为倾向过程中，它们与人类生物过程的相互作用。尤其在当今社会，大多数人是在充满文化印记的人工环境中发展的，从学校和社会媒体习得文化信仰/价值观，难以避免文化经历的强烈影响，这些文化经历在一定程度上是为社会中大多数人所共有的。

基因 - 文化共同进化

遗传学家和生物人类学家都将文化概括为一种通过他人教学、模仿和其他形式的社会学习，能够影响个体行为的信息

（Richerson & Boyd, 2005）。这种文化观引导出两种信息概念的传承：由基因编码的生物信息和由文化编码的社会信息，从而促成了文化变迁与生物进化的类比。文化可以一代传一代，类似遗传。此外，文化传播也可以是斜向的（如向老师学习）和横向的（如同代人之间），与遗传的方式不同。个体所采纳的特定文化信仰和价值观促使了文化选择的出现（Cavalli Sforza & Feldman, 1981）。当个体遵循文化特定的行为脚本，并因其经验而更改行为的时候，也会产生文化选择的现象（Richerson & Boyd, 2005）。传播和选择过程表明：文化在人类历史上的发展方式类似于遗传进化，并且遗传和文化过程在进化过程中相互作用。从基因－文化共同进化理论中可知：遗传倾向会影响文化生物体的学习内容，而文化传播的信息和构建的环境会改变影响群体基因传播的选择压力。

与基因－文化共同进化相关的早期研究考虑了学习行为如何与特定基因的等位基因频率共同进化，这些基因反过来又可能影响习得行为。例如，消化牛奶需要乳糖酶。有研究表明，乳糖吸收基因的发生率与人群中的奶牛养殖历史有很高的相关性（Durham, 1991），这表明特定基因和文化上偏好食物的共同进化。近期有研究试图将文化分解为具体的性状，以进一步研究特定基因的等位基因频率和各国文化价值观的共变。Chiao 和 Blizinsky（2010）评估了个人主义和集体主义的文化价值观与 5-羟色胺转运体基因（5-HTTLPR）的等位基因频率之间的关系。5-HTTLPR 有两个变异，即短（s）和长（l）等位基因（Canli & Lesch, 2007），5-HTTLPR 与个人的生活经历相互作用，影响人们的特质和行为。例如，抑郁症状（Caspi et al., 2003; Taylor et al., 2006）和神经质（Pluess et al., 2010）在 5-HTTLPR 同源短等位基因携带者中与生活压力的关系比在长等位基因携带者中更为密切。Chiao 和 Blizinsky（2010）报告的一个重要发现是，在 29 个国家里，携带 5-HTTLPR 短等位基因的个体，有极大可能表现集体主义文化价值观。在以集体主义文化价值观为主的东亚国家，短等位基因携带者的比例高于以个人主义文化价值观为主的西欧国家。此外，研究发现，集体主义文化价值观和短等位基因携带者的出现率对焦虑和情绪障碍的全球患病率有对抗影响，而短等位基因携带者出现率的增加预示着：由于集体主义文化价值观的增加，焦虑和情绪障碍患病率会降低。Mrazek 等人（2013）进一步报道了 5-HTTLPR 中的短等位基因出现率与另一个文化价值维度——紧密度和松散度——相关，指的是规范强度和对偏离规范的容忍度（Triandis, 1989; Gelfand et al., 2011）。同样，Way 和 Lieberman（2010）发现，中枢神经递质系统基因内的变异，如 5-HTTLPR 和阿片肽（OPRM1 A118G），与社会敏感性的个体差异有关。此外，这些等位基因的相对比例与各国重度抑郁症的终生患病率相关，个人主义和集体主义文化价值观能够部分调节这种关系。

Luo 和 Han（2014）进一步揭示，集体主义文化价值观与 5-HTTLPR 的等位基因频率之间的关联是由定位于人类 3 号染色体的催产素受体基因的等位基因出现率所调节的（Gimpl & Fahrenholz, 2001）。催产素受体基因的一种变异，称为 OXTR rs53576，是位于编码区内含子 3 的 SNP（G 或 A），与情绪相

关行为的变化有关。Luo 和 Han（2014）研究了 OXTR rs53576
是否能解释病原体流行率、集体主义文化价值观和主要抑郁症流
行率之间的关系。他们发现，在 12 个国家中，OXTR rs53576 的
A 等位基因出现率与这些国家认可的集体主义文化价值观相关。
其次，OXTR rs53576 的 A 等位基因出现率调节了病原体流行率、
5-HTTLPR 的等位基因出现率和集体主义文化价值观之间的关
系。再次，OXTR rs53576 的 A 等位基因出现率可以预测各国主
要抑郁症的患病率，并且由集体主义文化价值观调节。综上所述，
这些研究结果表明，文化价值观（非特定行为）和特定基因的协
变可能不是人类社会的偶然现象，在人口层面，等位基因出现率
和文化价值 / 信仰之间可能存在直接的相互作用。因此，在人类
发展和进化过程中，文化遗传和基因遗传交织在一起，塑造了我
们的行为，并影响了全球病原体流行和情感障碍流行病学的变化。

基因 - 文化关于心理特质和行为倾向的相互作用

前文提到的基因 - 文化共同进化的实证研究侧重于特定基因
在不同文化群体中的分布。另一研究方向是通过研究特定基因与
行为 / 心理倾向之间的文化调节关系来研究基因与文化的相互作
用。这种方法旨在解释遗传和社会文化因素是否以及如何相互作
用，在个人层面上形成心理特征和行为倾向。该方法的一个基本
假设是，基因的变体可能对社会文化环境输入有不同的敏感性，
因此，个体如何参与文化特定的行为受其基因构成的调节，对文

化影响更敏感的变体应该在更大程度上体现出特定社会中文化上偏好的心理和行为倾向模式，一些研究已验证这一假设。

例如，Kim 及其同事（2010）对两个文化群体研究了个人对作为两个文化群体中的一种社会环境的、与情感支持相关的社会规范的敏感性。研究确定了韩国和美国被试的 OXTR rs53576 基因分型，并完成了对心理困扰和寻求情感支持的问卷评估。研究者们预测：由于已经证明 OXTR 与社会情感敏感性有关，那么，文化、痛苦和 OXTR 基因型对寻求情感支持有三向的相互作用。研究发现，在美国焦虑者中，与具有 A/A 基因型的群体相比，具有 G/G（和 A/G）基因型的群体会寻求更多的情感社会支持。而在韩国焦虑者中，G/G（和 A/G）和 A/A 基因型群体之间没有明显的寻求情感支持的差异。此外，对于那些焦虑程度较低的人，OXTR 组在两个文化群体中没有显着差异。这些发现首次证明了 OXTR rs53576 的变异，特别是那些焦虑程度较高的变异，对来自社会环境的输入（例如，关于寻求情感社会支持的特定文化规范）具有不同的敏感性。此外，心理压力和文化似乎是重要的调节因素，能塑造与 OXTR 基因型相关的行为结果。

以下研究进一步证明了 OXTR 与文化在其他心理特征和行为倾向上的相互作用。情绪抑制在东亚文化中是被提倡的，但在美国文化中不是，鉴于此，Kim 及其同事（2011）通过评估不同基因型的韩国和美国被试的情绪调节，测试了文化和 OXTR rs53576 在情绪抑制中的相互作用。他们发现，在美国被试中，那些具有 G/G 基因型的人报告说使用情绪抑制的程度低于具有 A/A 基因型的人，而韩国被试表现出了相反的模式，这表明

OXTR rs53576 的变体对有关情绪调节的文化规范的输入有不同的敏感性。另一项研究对宗教性和心理健康之间的联系进行了测试，该联系取决于文化背景和 OXTR rs53576 之间的相互作用（Sasaki et al., 2011）。由于东亚文化中的宗教往往比北美文化背景下的宗教更强调社会归属感，因此研究者们预测文化（欧美与韩国）和特定的基因多态性（OXTR rs53576）可能会有相互作用，并影响宗教性和心理健康之间的联系（通过心理压力问卷调查评估）。研究发现，在遗传上倾向于社会敏感性的 G/G 基因型个体中，韩国被试表示：越是虔诚，心理健康状况越好。相反，欧美被试表示心理幸福感反而会随虔诚度的提高而降低。这两种相反的情况表明：宗教作为一种文化体系，可能是基因上对社会敏感的群体的福祉，但前提是文化背景为社会归属提供了足够的条件。

越来越多的证据表明，文化与其他基因的相互作用会影响行为倾向和心理特征。例如，Kitayama 及其同事（2014）研究了多巴胺 D4 受体基因（DRD4）的多态性如何通过调节中枢多巴胺能通路的效率来调节对相互依存与独立的文化接受度。DRD4 的第 3 外显子可变数目串联重复多态性有三种类型的变异，最常见的等位基因为 2R、4R 和 7R 等位基因。其中，7R 等位基因在体外显示出的多巴胺功能较少，其特点是多巴胺反馈抑制作用减弱（Seeger et al., 2001; Wang et al., 2004）。重要的是，相对于白种人，7R 等位基因在亚洲人群，如韩国人中出现频率较低（Reist et al., 2007），并且该基因被认为是一种对环境影响敏感的可塑性等位基因（Belsky & Pluess, 2009）。这些发现促使 Kitayama 及其同事检验以下假设：与 DRD4 的其他变异相比，7R 在特定文化背景下更多地受文化规范影响。他们用 Singelis （1994）的自构量表测量欧洲裔和亚裔美国学生的独立性和相互依存性，并确定了这些被试的 DRD4 基因型。问卷调查首先发现，欧美学生更加独立，而亚裔学生更倾向相互依存。进一步分析显示，在 7R/2R 携带者中，预测方向的相互依存 / 相互依赖的文化差异是显著的，但在非携带者中这种差异可以忽略不计。由于 2R 等位基因衍生自 7R 等位基因（Wang et al., 2004），并且这两个等位基因有共同的生化特性和功能（Reist et al., 2007），所以 7R/2R 携带者在吸收文化价值 / 信仰方面表现出高度的敏感性也就不足为奇了。这一发现表明，以明确的信仰为基础的调查问卷所测量的社会取向（相互依存）会受到个人携带的 DRD4 变异的调节。

如果 7R/2R 变异与其他变异相比更容易受到社会文化经验的影响，那么这些变异导致的文化启动效果应该更强。以宗教为例，Sasaki 等人（2013）研究了携带 7R/2R 等位基因的个体相对于非携带者在受宗教激发时是否会表现出更多亲社会行为。他们采用了 Shariff 和 Norenzayan（2007）的启动程序，给每个被试一组 10 个 5 词的字符串，被试需要解读这些词，通过删除不相关的词来组成一个 4 词的短语或句子。实验组的词为与宗教有关的词（如上帝、神），而对照组解读的是非宗教的词（如鞋子、天空）。为了估算 7R/2R 携带者和非携带者的亲社会倾向是否在不同程度上受宗教刺激的影响，Sasaki 等人测试了被试为支持环境的亲社会事业捐款的意愿。研究发现，与对照组的被试相比，用宗教相关词汇隐性启动的个体有更强的志愿服务意愿。重要的是，这种主效应被 DRD4 变异和宗教启动的相互作用所限定，这表明宗教刺激增强了 7R/2R 携带者的亲社会行为倾向，但未能影响 7R/2R 非携带者的志愿服务意愿。Sasaki 等人基于文化刺激和个体基因对行为的相互作用设计的巧妙实验证明了 DRD4 的一种变异对应的亲社会倾向比其他变异对宗教启动更敏感。

Ishii 等人（2014）也证实了 5-HTTLPR 和文化关于社会情绪处理的相互作用。有研究表明，与长／短等位基因携带者相比，5-HTTLPR 的短／短等位基因携带者在高压力环境中表现出抑郁症状或风险，但在低压力环境中抑郁症状或风险减弱（Caspi et al., 2003）。这引出了一种想法：与 5-HTTLPR 的长等位基因携带者相比，短等位基因携带者更容易受到良好和不良环境输入的影响（Belsky et al., 2009）。因此，相对于长等位基因携带者，短等位基因携带者可能会对特定文化的规范和实践有更强烈的反应。为了验证这一预测，Ishii 等人（2014）对日本和美国的被试进行了 5-HTTLPR 的基因型测试，测试过程中，被试需要观看电影剪辑，剪辑中的演员面部表情从快乐变为中性，被试的任务是判断情绪表达变化的时间点。该设计旨在评估参与者对微笑逐渐消失的敏感性（这是一种违背他人期望的动态线索）。先前有研究表明，与欧美人相比，日本被试对微笑消失的判断更快（Ishii et al., 2011），这可能是因为他们对社会分歧的迹象更敏感。Ishii 等人（2014）发现，在日本群体中，相对于短／长和长／长基因型的被试，具有短／短基因型的被试有更高的知觉效率检测到微笑的消失，而在美国群体中没有观察到这种现象。这一发现表明短／短基因携带者对面部表情的变化更敏感，不过前提是该文化群体很看重这一变化，才会起到社会反馈作用。

上述研究都证明了文化与特定基因之间的相互作用。此外，在只针对单一基因的层面上，一种变异与另一种变异相比，会对文化环境和经验更加敏感。基于这些发现，另一疑惑是，如果考虑多个基因来解释文化对行为特征的影响，是否会在总体上产生更可靠的结果。近期有研究通过对美国和韩国被试的四个基因（OXTR、DRD4、5-HTTLPR、5HTR1A 多态性）进行基因分型来检验这一点（LeClair et al., 2014）。血清素受体 –1A 型（5HTR1A）基因编码血清素 HT1A 受体，5HTR1A rs6295 多态性的 G 等位基因阻止了抑制蛋白的结合，导致血清素水平降低，与抑郁症有关（Lemonde et al., 2003）。LeClair 等人根据四个基因的多态性设计了一个遗传易感性指数，以测量综合的遗传易感性。他们为 5-HTTLPR（短 / 短）、5HTR1A（G/G）和 OXTR（G/G）这三种最易感的纯合子赋值 2；为 5-HTTLPR（长 / 长）、5HTR1A（C/C）和 OXTR（A/A）这三种最不易感的纯合子赋值 0；为杂合子赋值 1，来计算易感性分数。对于 DRD4，具有 7R 或两个 2R 等位基因的个体被赋值为 2；至少有一个 2R 等位基因的个体被赋值为 1；没有携带 2R 或 7R 等位基因的被赋值为 0。因此，总的遗传易感性指数（从 0 到 2 不等）是考虑多个基因来反映个体易感性的。自我表达的行为倾向是通过整合自我表达的价值、情绪抑制和寻求情感支持的问卷测量来估计的。LeClair 等人进行了一个调节的层次回归分析，证实了基因 – 文化关于个人行为倾向的相互作用。在韩国被试中，遗传易感性和自我表达倾向的指数之间存在负相关：遗传易感性较低的人表现出更高的表达价值倾向、更少的情绪压抑和更多的对情绪支持的寻求。相比之下，美国被试的遗传易感性和自我表达倾向之间呈正相关。这项研究创建了一个模型，可用于同时检查多个基因的影响，研究结果表明，遗传易感性指数预测的自我表达的结果范围比个体多态性预测的范围更广。

综上，这些研究开辟了一种基因 - 文化相互作用的方法，以了解人类心理特征和行为倾向的原因。在不同的文化群体中，同一基因型可能与不同的表型相关，这一发现对人类的基因型和表型之间的简单关系提出了质疑，并对理解基因对人类行为倾向的影响具有重要意义。重点在于，假如基因变异会影响文化习得的程度，那么这些发现就是相互关联的（Kitayama et al., 2016）。相对于同一基因的另一种变异，某个变异若更容易受到文化影响，将使个体更容易认同当地的文化价值（如 DRD4 的 7R 等位基因携带者在欧美人中更倾向独立，但在亚裔美国人中更倾向相互依存）（Kitayama et al., 2014）或表现出当地文化背景所鼓励的行为倾向（例如，与 A/A 基因型相比，G/G 基因型在美国人中表现出更少的情绪抑制，但在韩国人中表现出更多的情绪抑制）（Kim et al., 2011）。考虑到长期文化影响（例如，比较来自两个文化群体的测量结果）和暂时的文化影响（例如，文化价值启动）时，同一基因不同变异的敏感性并不一样。在不同文化中，与基因相关的不同表型模式是由特定的挑战 / 目标和特定的行为脚本引起的，个人通过采取不同的文化环境中的行为脚本实现目标。

遗传对大脑的影响

人们普遍认为，大脑作为一个器官，其解剖和功能组织都有其发展轨迹，在一定程度上是由个人的基因构成预先决定的，虽然这种观点没有排除环境和经验对大脑发育的影响。因此，在进一步研究人脑中的基因 – 文化相互作用之前，简述一下基因对人脑结构和功能组织的影响的脑成像研究会有所帮助。影像遗传学是一个新兴领域，结合了大脑成像和遗传学，以研究健康大脑形态和功能的遗传关联以及精神障碍患者的大脑结构和功能组织的异常。相对于心理特征和行为倾向，大脑的形态和功能属于内表型，更接近基因。该领域的三个主要方法是：探索大脑结构和功能的遗传性的双胞胎研究，评估特定基因与大脑结构和功能之间关联的候选基因关联研究，以及寻找与大脑变异相关的 SNP 的 GWAS（全基因组关联分析）。

双胞胎研究比较了不同年龄的单卵双胞胎和双卵双胞胎的成像结果。这种研究思路的原理是：与双卵双胞胎相比，单卵双胞胎结构或功能成像结果的相似性增加，表明基因对大脑形态和功能的影响。相比之下，双卵双胞胎之间相似度的增加可能更受共享环境的影响。为研究遗传和非遗传因素对大脑形态或功能变化的相对影响，该领域研究者们认为遗传率估值低于 20% 为低，20%~50% 为中等，高于 50% 为高（Strike et al., 2015）。迄今，越来越多的发现证实了遗传对大脑形态的促进作用。如 Sullivan 等人（2001）通过扫描 68~78 岁的老年男性双胞胎，计算了大脑中与记忆相关的结构体积，如海马颞角和胼胝体。研究发现，遗传影响导致 40% 的海马变异，约 60% 的颞角变异和 80% 的胼胝体变异。海马结构的适度遗传性使得动态记忆过程中存在对该结构进行环境修改的可能性。皮质结构的双胞胎研究甚至有助于基于遗传相关性绘制人类皮质表面的图像。Chen 及其同事（2012）扫描了 406 名双胞胎，年龄在 51 岁至 59 岁之间，比较了单卵双胞胎和双卵双胞胎的大脑结构，以估算皮质表面各区域之间的遗传相关性及其对相对面积扩张的影响。研究者们将大脑分为额叶、顶叶、颞叶和枕叶等区域，以评估遗传相关性。结果发现，同一脑叶内各群组之间的遗传相关性高于不同脑叶各群组之间的遗传相关性。在运动皮层和感觉皮层的前后分界处观察到了最明显的遗传分区，说明遗传因素对这两个脑区的形态有不同的促进作用。通过收集双胞胎的成像数据，研究者们也估计了大脑网络特性的遗传性。Bohlken 等人（2014）使用扩散张量成像对 156 名 18~67 岁的成年双胞胎进行了结构网络拓扑检查，计算了网络属性（例如路径长度和聚类系数），以表征各被试 82 个结构化脑区之间的双向连接。据估计，这两种特性都在很大程度上受遗传因素的影响，聚类系数的遗传率为 68%，路径长度的遗传率为57%。从而证明了基因对大脑结构的大小、大脑区域的分割和大脑区域之间的连接有影响。

通过 fMRI 和 EEG/ERP 记录认知期间的神经活动能够研究大脑功能组织的遗传性。例如 Koten 等人（2009）在数字记忆任务中测试了 10 个家庭的 MZ 双胞胎和非双胞胎兄弟，被试需要验证（识别阶段）单个数字是否包含在先前记忆的数字集中（编码阶段）。被试需要在编码和识别阶段之间进行简单的算术（加法或减法）或物体分类（水果和工具）作为干扰任务。在这些任务中被激活的神经活动的遗传性很高（>80%），但由于执行任务不同，遗传影响在不同的脑区表现也不同，如在编码阶段，颞叶皮层表现出遗传效应；在识别阶段，枕叶和顶叶皮层表现出遗传影响；在干扰任务阶段，下额回显示出遗传影响。在 319 名 20~28 岁的双胞胎的样本中，参与记忆的大脑活动的遗传性得到了进一步证实（Blokland et al., 2011）。被试在进行 0-back 或 2-back 版本的空间工作记忆任务时接受了 fMRI 扫描，该任务要求对显示在四个位置之一的数字（0-back）或在当前试验（2-back）之前呈现的数字简单地做出按键反应，因此需要在线监测、更新和操作记忆信息。所有被试的 2-back 与 0-back 状态的对比显示出了工作记忆相关的激活，该神经回路由额叶、顶叶、颞叶皮层和小脑组成。与任务相关的双胞胎大脑激活相关性分析显示，工作记忆任务激活的大脑活动的整体单卵双胞胎相关性是双卵双胞胎相关性的两倍以上，遗传性估计为 40%~65% 不等。这与个人在 2-back 条件下的反应准确性的 57% 的遗传性估计相一致。所以遗传可能会影响与工作记忆有关的活动和个体行为表现的差异。

此外，许多 EEG/ERP 研究验证了与任务相关的和静息态的大脑活动的遗传关联。举两个例子，Wright 等人（2001）研究了 P3 的振幅和潜伏期变化，这是一个敏感的电生理指标，用于反映一项任务的注意力和工作记忆的要求是否可以归因于遗传因素。他们在延迟反应工作记忆任务中记录了相关电位，在该过程中，短暂呈现目标刺激，被试需要瞬时记住目标位置，然后做出反应以指示目标位置。该范例中的刺激引起了 P3 成分，于目标刺激开始后 300 毫秒左右在额叶、中央和顶叶区域达到峰值。研究发现，加性遗传因素能够解释 P3 振幅的 48%~61% 的变异和 P3 潜伏期的 44%~50% 的变异，并且额叶约 1/3 的遗传变异是由一个共同的遗传因素调节的，该因素也影响了顶叶和中央部位的遗传变异。由此看来，于刺激开始时锁相的 P3 成分是一种潜在的内生表型，可能调节对注意 / 记忆处理的遗传影响。遗传对非相位锁定的脑电活动的影响可能更强。通过分析单卵和双卵双胞胎的闭眼静息态 EEG 活动发现，在广泛的头皮位置上，双胞胎相关性多波段 EEG 活动的频谱功率具有很高的遗传影响（Van Beijsterveldt et al., 1996）。休息时 δ、θ、α 和 β 波的平均遗传性估计分别高达 76%、89%、89% 和 86%。一些 EEG 研究的荟萃分析进一步验证了基因对各种电生理活动的作用，证明了 P300 振幅的遗传性估计高达 60%，α 波段神经振荡的遗传性估计高达 81%（Van Beijsterveldt & Van Baal, 2002）。最近一项对双胞胎的 MEG 研究也表明，移动正弦波光栅的感知所引起的伽马波段（45~80 赫兹）活动显示出 91% 的遗传性（van Pelt et al., 2012）。总之，以上研究结果表示：在静止态或任务期间，人类大脑最容易遗传的特征之一是以节律性神经活动为指标的大脑功能。然而仍需注意：虽然双胞胎脑成像研究的结果显示大脑结构和功能的大部分变异是由于人与人之间的遗传差异造成的，但遗传性的计算并未涉及有关促进大脑结构和功能的潜在基因的信息。不过遗传性估值有助于研究人员了解寻找因果基因的统计效力（Bochud et al., 2012）。

　　用候选基因法来理解遗传对大脑的影响，可以研究特定基因对大脑结构和功能的影响。该研究方向通常受基于精神疾病和行为发现的设想驱动，这些设想表示特定基因与行为倾向、心理特征或精神／行为问题有关。候选基因研究一个很好的例子是5-HTTLPR 对大脑的影响。5-HTTLPR 是单个基因 SLC6A4 的启动子区域，该基因编码 5-HTT 蛋白，可去除释放到突触裂隙中的血清素。短 5-HTTLPR 变异产生的 5-HTT mRNA 和蛋白质比长变异少，导致突触间隙中 5-HT 的浓度更高。一项早期研究比较了 505 人中 5-HTTLPR 的短等位基因携带者和长等位基因携带者的神经质（一种主要由焦虑和抑郁相关子因素构成的人格特征）的自我报告（Lesch et al., 1996）。结果显示具有一或两个 5-HTTLPR 短拷贝的个体报告的神经质评分高于长变体纯合子个体。另一研究募集了 1037 名 3~26 岁的被试，以检测 5-HTTLPR 与环境对抑郁症的相互作用（Caspi et al., 2003）。结果显示在携带短等位基因的个体中，生活事件对抑郁症状自我报告的影响明显强于长／长基因型个体。此外，与长／长基因携带者相比，只有经历压力生活事件的短基因携带者才会表现出更多的抑郁症状。同样，相对于长／长基因携带者，短基因携带者的自杀概率更高，但这种差异前提是经历过生活压力事件。在这些早期研究之后，关于 5-HTTLPR 多态性和风险行为之间关系的报告越来越多，有研究表明至少存在一个短等位基因与饮酒、性风险行为的显著增加有关（Rubens et al., 2016）。这些发现表明，特定的基因可能加剧或缓冲应激性生活事件对抑郁症的影响，所以有必要进行脑成像研究，以阐明受到 5-HTTLPR 潜在影响的神经结构。

　　Hariri 及其同事（2002）首次以 fMRI 研究检验以下假设：5-HTTLPR 的短等位基因携带者，可能具有相对较低的 5-HTT 功能和表达，以及相对较高的突触 5-HT 水平，会比长/长等位基因携带者表现出更大的杏仁核反应，据报告（Lesch et al., 1996），后者可能具有较低的突触 5-HT 水平，焦虑和恐惧程度较低。这项研究用了一个简单的范式，要求被试将两张面孔中一张的明显情绪（愤怒或恐惧）与同时呈现的目标面孔的情感相匹配，收集了美国被试的 fMRI 数据。这种情绪任务与对照条件（被试观看三个简单的几何形状即垂直和水平的椭圆，并选择一个与目标形状相同的形状）相比，显著激活了杏仁核和其他与面孔处理有关的脑区（例如，梭状回和下顶叶皮层）。此外，5-HTTLPR 短等位基因携带者的右侧杏仁核反应明显大于长/长携带者。短等位基因携带者还表现出更剧烈的右后梭状回活动，可能来自杏仁核的兴奋性反馈。5-HTTLPR 对杏仁核和脑岛对情绪刺激反应的神经活动的影响在其他种族群体中也有报道，例如中国群体（Ma et al., 2015），并已通过荟萃分析得到证实（Munafò et al., 2008）。此外，5-HTTLPR 会影响杏仁核的体积及其与其他情绪相关区域的功能连接。Pezawas 等人（2005）使用了与 Hariri 等人（2002 年）类似的感知任务，扫描了大量基因分型个体样本。他们研究了 5-HTTLPR 对大脑形态和功能连接的影响：这是一种对大脑区域相关活动的测量，反映了在特定任务中大脑区域的功能整合。结果发现，与 5-HTTLPR 的长/长等位基因携带者相比，短等位基因携带者的杏仁核和膝周前扣带皮层体积更小。此外，短等位基因携带者杏仁核和膝周前扣带皮层的功能连接明显减少。这些发现为 5-HTTLPR 影响人类特征和行为的神经机制提供了新的线索。另一个用候选基因法来理解遗传对大脑影响的例子测试了 OXTR rs53576 与参与认知和情感过程的大脑活动之间的关联。行为学研究表明，OXTR rs53576 与心理特征 / 行为倾向相关，如 OXTR rs53576 的 G 相对于 A 等位基因的携带者显示出更强的移情养育能力（Bakermans-Kranenburg et al., 2014）和更高的移情准确性（Rodrigues et al., 2009）。与 A 等位基因携带者相比，G 等位基因的同质个体还表现出更多的信任、移情关注和亲社会行为（Tost et al., 2010; Kogan et al., 2011; Smith et al., 2014）。这些发现促进了对 OXTR rs53576 与相关心理特征和行为倾向的大脑活动关系的研究。例如，Tost 及其同事（2010 年）通过扫描大量不同基因型的年轻人（全是欧洲血统的白人）样本，研究了与情绪处理相关的大脑区域的结构和功能组织对应 OXTR rs53576 各种变异的变化。经检查灰质体积发现，下丘脑灰质体积明显与等位基因有关，A/A 等位基因携带者的下丘脑灰质体积最小，G/G 等位基因携带者最大，G/A 等位基因携带者居中。在 Hariri 等人（2002）进行的面部情绪处理任务中，观察到了杏仁核的功能激活。OXTR rs53576 的 A/A 等位基因携带者与任务相关的杏仁核激活度最低，而 G/G 同型基因携带者对恐惧表情的反应最强。此外，与 OXTR rs53576 的其他变异相比，A/A 等位基因携带者的下丘脑和杏仁核的耦合度更高。OXTR rs53576 对杏仁核对面部情绪反应的影响已在另一研究中得到复制（Dannlowski et al., 2015），并且与观察到的与 G/G 基因型相比 A/A 基因型杏仁核体积较小的现象相一致（Wang et al.,

2014）。与情绪处理相关的皮层下区域的结构和功能的变化为 OXTR rs53576 等位基因携带者的心理特征与行为倾向的变化提供了潜在的神经基础。

与情绪处理、养育行为和利他主义态度有关的皮质结构也表现出对应不同 OXTR rs53576 变异的功能反应差异。Michalska 等人（2014）邀请有 4~6 岁孩子的妇女参加母子活动，大人与小孩在一个房间里自由活动，房间会散落衣服、纸张和空容器。研究人员会进行录像，以记录母亲的积极养育行为（例如，表扬、给予孩子积极的情感 / 体力支持来清洁房间）。之后用 fMRI 扫描母亲们在观看自己孩子和其他孩子的照片时的大脑图像。观看自己孩子时，母亲们对应动机、奖励和情绪处理的区域的神经反应明显增加，例如中脑、背壳核、丘脑、前扣带回和前额皮质。在育儿行为和大脑活动中也发现了 OXTR rs53576 效应。研究者们观察到：积极的养育行为与父母看自己孩子照片的反应，即在眶额皮层和前扣带回的神经活动之间存在正相关。此外，他们发现 rs53576 等位基因与积极的养育行为，眶额皮层、前扣带回活动存在明显关联，与 G 等位基因携带者相比，A/A 等位基因携带者显示出更积极的养育行为，眶额皮层和前扣带回的活动更强烈。Luo 等人（2015b）研究了 OXTR rs53576 与社会内群体和外群体成员存在背景下的移情神经反应的关系。Luo 等人通过扫描 A/A 和 G/G 等位基因携带者在感知同种族或其他种族个体的疼痛和中性刺激时的神经活动，发现 G/G 个体在对群体内成员的疼痛作出反应时，在前扣带回和补充运动区表现出更强的活动；而 A/A 个体在回应群体外成员的痛苦时，伏隔核表现出更强的活动。此外，前扣带回和补充运动区的活动的内群体倾向预测了被试对内群体 / 外群体成员的隐性态度，而对群体外个体疼痛的核仁活动负向预测了被试帮助他人的动机。这些发现证明 OXTR rs53576 的两个变异与对他人疼痛的神经反应的内群体倾向有关，这些倾向分别与内隐态度和利他主义动机有关。

候选基因法也揭示了其他有助于大脑形态和功能发展的基因。这些受假说引导的研究揭示了潜在基因对大脑发育的影响，但未发现其他基因或 SNP 通过影响大脑结构和功能能促进大脑发育。过去十年发展起来的 GWAS 方法能够对大样本中许多常见的遗传变异进行研究，从而有可能识别影响大脑形态和功能的 SNP。该方法需要每个被试的 DNA 样本，并提取一个表型，这个表型可以是一种疾病、一种性状、一种行为倾向、一种大脑结构的特征，或与认知和情感过程相关的大脑活动。在 DNA 样本中使用 SNP 阵列读取数以百万计的遗传变异，可以检查整个基因组的某一变体（一个等位基因）是否在个体中出现得更频繁或与特定表型相关。由于 GWAS 研究中要测试几十万到几百万个 SNP，所以常规的阈值通常设置得很高（p 值为 5×10^{-8}），首先会测试一个检测群，然后再测试独立的群，以验证第一个群中发现的最核心的 SNP。考虑到 GWAS 研究需要大量的样本，研究者们通常会从多个站点收集数据并进行荟萃分析。

例如，基于双胞胎的研究表明人类的海马、全脑和颅内容积具有高度的遗传性（Peper et al., 2007），一项 GWAS 研究旨在寻找影响海马、全脑和颅内容积的常见遗传多态性，测试了 17 个欧洲血统的群，其中包括一个完整样本（N=7795）、一个健康子样本（*N*=5775）、使用直接基因型的 SNP（Stein et al.，2012）。研究通过分析海马、全脑和颅内体积，根据每个人的解剖学 MRI 计算出表型。在控制了颅内体积（rs7294919 和 rs7315280）之后，同一连锁不平衡区块中的两个 SNP 与海马体积显示出强相关性。在老年被试组成的群和荟萃分析中，rs7294919 与海马体积之间的关联也很明显。在这项工作中，颅内体积与另一个候选基因附近的内源性 SNP（rs10784502）有关，该基因是某一定量性状位点的基础。GWAS 的另一个示例是研究者通过收集来自 50 支队列、30717 人的 MRI，确定了与皮层下区域结构相关的 SNP（Hibar et al.，2015）。不同部位的成像分析显示各 SNP 与皮层下结构的体积有关联，如壳核（rs945270、rs62097986、rs6087771）和尾状核（rs1318862）。虽然 GWAS 识别出这些遗传变异有助于人们深入了解大脑结构体积变异，但目前仍不清楚与大脑体积差异有关的特定遗传变异是否以及如何与大脑功能和其他认知特征相关。此外，SNP 和大脑表型之间仍有很大差距。未来研究的一个巨大挑战是确定调节遗传对大脑影响的分子和神经基质，尤其是如何通过环境和经验来调节这些分子和神经机制。

基因－文化关于大脑的相互作用

上述研究已证明了基因－文化的相互作用对心理特征和行为的影响。这些研究通过比较西方和东亚两个基因型群体的问卷或行为测量来界定基因－文化的相互作用。同一基因的两个变异在不同文化中的不同表型模式是基因－文化相互作用的指标。这些发现可以解释成文化对人类性状行为的遗传影响或遗传对人类性状／行为的文化影响的制约。文化神经科学家们在基因－文化相互作用的领域面临着新的问题，例如能否在大脑潜在的认知和行为中观察到基因－文化相互作用。关于基因－文化相互作用的并行脑成像研究的一个挑战是：收集两种文化或以上的基因分型个体的脑成像数据。这就需要两个研究组对同一基因和心理过程有共同的研究兴趣，而且研究人员得在两个地点对被试进行基因分型，并使用同一制造商的 MRI 扫描仪或 EEG 系统收集脑成像数据。由于诸如此类的要求，对基因分型者的跨文化脑成像研究很少。

不过，已有研究人员开辟了另一种途径来检查同一文化群体的价值观和大脑活动之间的关联。通过从一个社会中识别出表现出文化价值观／特征（例如独立／相互依存）异质性的个体，可以评估响应认知／情感任务的大脑活动与文化价值观／特征的自我报告之间的相关性。大脑中可能有一种基因与文化的相互作用方式——基因能够调节同一社会中不同个体的文化价值观和大脑活动之间的关联。对于候选基因的研究表明同一基因的不同变异受环境影响的程度不同（Belsky et al., 2009），大脑活动和文化价值／特征的耦合可能在脆弱的变异中更强。这种对大脑文化耦合的遗传调节效应可能在参与对文化影响敏感的社会／情感处理的大脑区域中非常显著。

迄今为止，此方向已经有两项 fMRI 研究。Ma 及其同事

（2014b）对中国大学生进行调查，研究了 5-HTTLPR 和相互依存对表征自己和母亲的大脑活动的影响。正如第 4 章和第 5 章所述，自我和他人的神经过程涉及一个社会大脑网络，包括内侧前额叶皮层的腹侧和背侧、楔前 / 后扣带回和颞顶交界处等脑区（Kelley et al., 2002; Ma & Han, 2011; Jenkins & Mitchell, 2011; Gallagher et al., 2000; Saxe & Kanwisher, 2003）。此外，在东亚和西方文化的个体中，社会大脑网络的活动显示出对自我和他人的不同反应模式（如 Zhu et al., 2007; Ma et al., 2014a）。社会大脑网络的一些区域的活动也与自我报告的文化价值相关，如个体间的相互依存。然而，社会大脑网络的活动不仅受到文化经验的影响，还表现出与遗传的相关性。例如，Ma 等人（2015）发现，与正面的人格特征相比，反思自己负面的人格特征会诱发背侧前扣带回和右前脑岛的剧烈活动，而且前脑岛的活动预测了自我报告的焦虑。研究还发现，相对于长 / 长等位基因携带者，5-HTTLPR 的短 / 短等位基因携带者在反思自己的负面特征时报告了更强的焦虑，并且在消极的自我反思期间，背侧前扣带回和右前岛叶表现得更活跃。此外，5-HTTLPR 对焦虑情绪的影响是由消极的自我反思所引起的前岛叶活动所调节的。另一项研究还发现，5-HTTLPR 与反思自己的理想自我的人格特征（即个人期望拥有的属性）的神经活动有关（Shi et al., 2016）。通过扫描 5-HTTLPR 的两个变体，同时让被试反思人格特质中实际自我与理想自我之间的距离，Shi 等人发现较大的实际 / 理想自我差异与腹侧 / 背侧纹状体、背内侧和外侧前额叶皮质的激活有关。并且这些大脑活动在 5-HTTLPR 的短 / 短等位基因携带者中比在长 / 长等位基因携带者中更强。鉴于与处理自己的个性特征有关的大脑活动会受文化和遗传的影响，5-HTTLPR 变异的出现率与文化特征有关（Chiao & Blizinsky, 2010），Ma 等人（2014b）预测，5-HTTLPR 将与相互依存的自我构念双向影响，从而在自我反思期间塑造社会大脑网络中的活动。

由于中国人群中 5-HTTLPR 的长 / 长等位基因携带者比例较小，Ma 等人（2014b）首先收集了 901 名 18~33 岁的大学生的血样对 5-HTTLPR 进行基因分型，并确定了 17 名短 / 短和 17 名长 / 长等位基因携带者，在年龄、性别、自我构念和焦虑特质上匹配，进行 fMRI 扫描。为评估 5-HTTLPR 多态性是否会调节自我构念的相互依存与反映自己和亲密者的个人属性的神经活动之间的关联，在扫描过程中，需要短 / 短和长 / 长基因型组被试对个人属性进行判断，包括自己、自己的母亲和一个名人的个性特征、社会角色和身体特征。这种设计能够测试 5-HTTLPR 对文化特征和自我反思的神经基质之间关联的影响是否独立于个人判断属性的维度。使用自我构念量表（Singelis, 1994）可以评估被试自我构念的相互依存性（一个能显著区分东亚和西方文化的文化特征）。Ma 等人简要进行了全脑回归分析，以确定与反思自己（对比自我判断与名人判断）或母亲（对比母亲判断与名人判断）有关的脑区。然后在进一步的层次回归分析中将这些脑区作为掩码，研究 5-HTTLPR 对这些脑区的活动和相互依存的自我报告之间的关联的调节作用。他们获得了以下重要发现：第一，在所有被试中，相互依存作为一种文化特质与社会大脑网络在自我反思期间的神经活动相关，相关脑区包括内侧和外侧前额叶皮层、颞顶叶交界处、上顶叶皮层、脑岛、海马和小脑。因此，涉及自我反思和亲密他人的大脑活动在具有不同相互依存程度的个体之间存在明显差异。第二，相互依存和社会大脑网络活动之间的关联受到 5-HTTLPR 多态性的调节，因为在长 / 长等位基因携带者中，作为自我反思人格特征基础的社会脑网络的多个节点的神经活动与相互依存有关，而在短 / 短等位基因携带者中则无关（见图 7.1）。具体来说，对于长 / 长等位基因携带者，相互依存性更高的人在内侧前额叶皮层、左额叶皮层、左海马和小脑中表现出的激活较强，但在双侧颞叶交界处的激活较弱。不过在自我反思社会角色和身体特征的神经活动中，没有观察到 5-HTTLPR 的调节效应。第三，相互依存的自我报告也与神经活动的幅度相关，涉及对母亲的人格特征、社会角色和社会大脑网络中身体特征的表征，相关脑区包括脑岛、内侧前额叶皮层、中 / 上额叶皮层、上颞叶皮层和上顶叶皮层。但在神经活动中观察到的 5-HTTLPR 调节效应只和对母亲人格特征的反思相关，在长 / 长等位基因携带者中，相互依存与对母亲反思的神经反应之间有密切联系，而短 / 短等位基因携带者中没有这种联系。据报告，相互依存度较高的长 / 长等位基因携带者在内侧前额叶皮层、双侧中间额叶皮层和双侧岛叶显示出较强的激活，但在下额叶皮层和下 / 上顶叶皮层的激活较弱。

从这些发现中得出的总体结论是：由于同一文化人群中的不同个体的基因构成，文化特征与涉及社会认知的大脑活动之间的关联可能有所不同。这些发现也具有其他意义：第一，5-HTTLPR 调节效应涉及自我反思的社会大脑网络的多个区域（例如，腹内侧前额叶皮层）（Kelley et al., 2002; Zhu et al., 2007; Ma and Han,

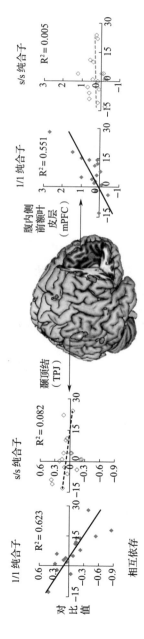

图7.1 相互依存和5–HTTLPR关于反映个性特征的大脑活动的相互作用。中部图为颞顶联合区（TPJ）和腹内侧额叶皮层（mPFC），其中神经活动在分层回归分析中存在明显的基因相互依赖作用。长／短等位基因携带者显示出大脑活动和相互依赖之间的显著关联

摘自 Yina Ma, Dan Bang, Chenbo Wang, Micah Allen, Chris Frith, Andreas Roepstorff, and Shihui Han, Sociocultural patterning of neural activity during self-reflection, *Social Cognitive and Affective Neuroscience*, 9 (1), pp. 73–80, DOI: 10.1093/scan/nss103, Copyright O2014, Oxford University Press.

2010; Ma et al., 2014a）、情景记忆（例如，海马体）（Cavanna & Trimble, 2006）、对他人的心理归因（例如，背内侧前额叶皮层和颞顶叶交界处）（Gallagher et al., 2000; Saxe & Kanwisher, 2003）、因果归因（例如，内侧前额叶皮层和小脑）（Han et al., 2011）。前人研究也有类似发现，5-HTTLPR 多态性还与生活压力相互作用，调节前扣带回、中额叶皮质和尾状核等多个大脑区域的活动（Canli et al., 2006）。鉴于社会脑网络中的不同脑区能促进社会认知的不同成分（认知和情感），像 5-HTTLPR 这样的单一基因可能在文化 / 生活经历与多种认知 / 情感过程的大脑活动之间的关系中发挥广泛的调节作用。第二，由于 5-HTTLPR 和大脑活动的相互作用在判断人格特征时很明显，但在判断自我和亲密他人的社会和身体属性时不明显，我们可以推测，进行不同活动的神经基质对基因 – 文化的相互作用会受不同程度的影响。第三，虽然长期以来人们一直认为基因多态性可能会影响个体具备特定文化特征的概率（Feldman & Laland, 1996），但尚不清楚这种现象在大脑中的发生过程。Ma 等人（2014b）的研究表明，基因可能通过调节文化特征和与特定认知 / 情感过程相关的大脑活动来改变个人的文化适应。人们可能会疑惑：为什么长 / 长基因携带者的文化特质与社会脑网络的神经活动之间的关联比短 / 短携带者的更强？这个问题并不能解释为性状的群体差异，因为这两个变体在相互依存和其他性状的自我报告中是匹配的。一个比较合适的回答是：相较于短 / 短携带者，长 / 长携带者作为中国人口中的少数群体，可能对文化特征（如相互依存）更加敏感，因此在大脑活动和相互依存的自我构念之间存在更大的关联。这与以往的发现不同，之前的研究表示短等位基因携带者的抑郁症状对生活经历更敏感（Caspi et al., 2003）。因此我们可以进一步推测，群体共有的文化特征和个人的生活经历可能以不同的方式与基因相互作用。

关于大脑基因 – 文化相互作用脑成像研究的第二个例子考察了 OXTR rs53576 是否会调节文化特征（相互依存）和对他人痛苦的共情神经反应之间的联系（Luo et al., 2015b）。日常生活中，每个人都追求自己的利益，也同样关心他人利益。相互依存的测量已经估计了个人对自我和他人之间关系的看法，共情的神经反应是个人帮助他人的行为倾向的基础。Luo 等人（2015b）的研究受到了两个方向的启发，跨文化脑成像研究揭示了文化经历对共情相关的大脑活动的影响。一方面，据 Cheon 等人（2011）的报告，与美国白人相比，韩国人的共情程度更大，在对内群体与外群体成员的情感痛苦的反应中，韩国人的左侧 TPJ 的活动更强。de Greck 等人（2012）还发现，在对愤怒的共情处理过程中，中国成年人在左侧背外侧前额叶皮层表现出更强的血流动力学反应，而德国人在右侧颞下回、颞上回、左侧中岛叶表现出更强的活动。另一方面，如前所述，Kim 及其同事已经证明了 OXTR rs53576 和文化（西方 / 东亚）经验在塑造情感相关特质和行为倾向方面的相互作用（Kim et al., 2010, 2011）。Luo 等人（2015b）旨在解决以前研究中出现的两个问题，即文化特征的一个特定维度——相互依存——是否与 OXTR rs53576 相互作用以塑造共情，以及相互依存和 OXTR rs53576 之间的相互作用是否发生在行为和神经层面。G/G 等位基因携带者对社交互动有更强的交感神经唤醒和主观唤醒（Smith et al., 2014），对群内成员的疼痛有更强的共情神经反应（Luo et al., 2015a）。G 等位基因携带者还对文化环境的影响更敏感（Kim et al., 2010, 2011）。基于这些发现，Luo 等人设想：在 OXTR rs53576 的 G 等位基因携带者中，共情和相互依存之间的联系会比在 A 等位基因携带者中更强。在第一个实验中，研究者们招募了 1536 名中国本科生和研究生，要求他们完成自我构念量表（Singelis, 1994）和人际反应指针量表（IRI）（Davis, 1994）以评估相互依存和共情能力。研究者们进行了层次回归分析以探究 OXTR 基因型是否影响相互依存和个人共情之间的关系。分析首先证实了：OXTR rs53576 基因型和相互依存的相互作用可以预测被试的 IRI 分数。这是由于 G 等位基因携带者比 A/A 基因型的人在相互依存和共情之间有更强的关联（见图 7.2）。另一种方法是根据相互依存的程度将个体分为两组，该分析显示 OXTR rs53576 的 G 等位基因与高依存性组

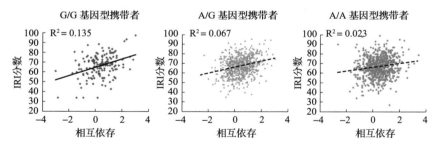

图 7.2 相互依存和 OXTR rs53576 在中国成年人共情能力方面的相互作用。G/G 基因型携带者的 IRI 分数比 A 基因型携带者更高，表明其相互依存和共情能力之间的耦合更强

中较高的 IRI 分数相关，与低依存性组中较低的 IRI 分数相关。OXTR rs53576 和相互依存之间在 IRI 得分和观点采择的子得分上存在牢固的相互作用。所以，行为测量表明：相互依存和共情特质之间的联系受到 OXTR rs53576 的显著调节，与 A 等位基因携带者相比，G/G 等位基因携带者有更强的相互依存和共情联系。

在第二个实验中，Luo 等人通过使用 fMRI 扫描 30 名携带 A/A 等位基因和 30 名携带 G/G 等位基因的小群体，进一步研究 OXTR rs53576 是否调节了相互依存和对他人痛苦的神经反应之间的联系。对他人痛苦的共情神经反应是通过对比观看视频中的模特左脸或右脸接受疼痛（针刺）或非疼痛（触摸）刺激时的大脑活动来量化的（与之前的研究中采用的程序类似）（Xu et al., 2009; Luo et al., 2014）。研究者们对 fMRI 数据进行了全脑层次回归分析，发现 OXTR rs53576 和相互依存关系对双侧脑岛、杏仁核和颞上皮层的共情神经反应（在痛苦与非痛苦刺激的对比中）有明显的相互作用，这表明 OXTR rs53576 调节了相互依存与这些脑区对他人痛苦的神经活动之间的关联。事后的全脑回归分析证实了在 G/G 携带者的这些脑区中，相互依存性和共情神经反应之间存在明显的联系（见图 7.3）。

在 G/G 基因型携带者中，具有较高相互依存性的人在对他人痛苦做出反应时，其双侧脑岛、杏仁核和颞上回的激活更强；共情能力的两个子成分（即共情关怀和换位思考）分别由脑岛活动以及杏仁核和颞上皮层的活动预测。

研究表明相互依存和 OXTR rs53576 对共情的相互作用产生于共情的行为倾向和神经关联物中。这些结果证明：与 OXTR

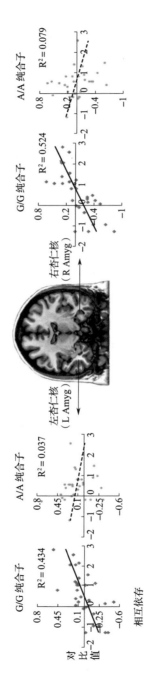

图 7.3 在一个中国成年人的群组中，相互依存性和 OXTR rs53576 对杏仁核对他人感知疼痛的反应存在相互作用。散点图说明了响应他人感知疼痛时 OXTR rs53576 两个变异中相互依存性与杏仁核活动之间的正负关联

摘自 Siyang Luo, Yina Ma, Yi Liu, Bingfeng Li, Chenbo Wang, Zhenhao Shi, Xiaoyang Li, Wenxia Zhang, Yi Rao, and Shihui Han, Interaction between oxytocin receptor polymorphism and interdependent culture values on human empathy, *Social Cognitive and Affective Neuroscience*, 10 (9), pp. 1273–1281, Figure 2, DOI: 10.1093/scan/nsv019, Copyright 2015, Oxford University Press.

rs53576 的 A 等位基因携带者相比，G 等位基因携带者的相互依存和共情（以及共情神经反应）之间的耦合更强。这些发现补充了前人研究——OXTR rs53576 塑造了行为 / 性格共情（Rodrigues et al., 2009）和共情神经反应（Luo et al., 2015a）。重要的是，相互依存和 OXTR rs53576 之间的相互作用主要体现在与情绪有关的脑区（如岛叶、杏仁核、STG），这与 Ma 等人（2014b）的发现形成鲜明对比——5-HTTLPR 调节了相互依存和自我反思的大脑活动之间的关联，主要体现在与认知处理有关的脑区（如内侧前额叶和外侧额叶皮层、颞顶结和海马体）。因此，从基因 – 文化对大脑潜在机制的相互作用来看，不同的基因很可能与情绪或认知过程相关。有趣的是，Ma 等人（2014b）和 Luo 等人（2015b）的研究都表明，与大多数人相比，少数中国人的等位基因频率（即 5-HTTLPR 的长等位基因和 OXTR rs53576 的 G 等位基因）显示了更强的大脑活动与文化特征（即相互依存）耦合。这一发现表明，同一群体中的少数人对主流文化价值观 / 规范更敏感。就等位基因出现率而言，主流文化信仰 / 价值观 / 规范是由人口中的多数人创造的，那么少数群体需要对文化信仰 / 价值观 / 规范和社会规则更加敏感，以便在社会中生存和发展。

大脑中基因 – 文化相互作用的神经生物学机制

上述脑成像研究的结果表明，同一基因的不同变异在大脑活动和文化特质之间表现出不同程度的关联。这可以通过假设大量神经群体的活动来解释，例如从特定脑区记录的 BOLD 信号。不过这些研究尚未说明文化经验如何与基因相互作用以影响微观神经活动。我们对基因调节对大脑活动和文化特征耦合的影响的神经生物学和分子机制知之甚少，幸而，近期有研究能帮助我们推测文化经验对大脑影响的潜在神经分子机制。

例如，最近有两项研究报告了催产素对具有不同文化特征的个体的行为和大脑活动的影响。Liu 等人（2013）通过记录对自己和名人的个性特征判断过程中的 ERP，发现与安慰剂治疗相比，在鼻内施用催产素可降低与自我人格特征反思相关的神经活动。此外，催产素对自我反思的大脑活动的影响与自我构念的相互依存程度呈正相关。据报告，在相互依存程度较高的被试中，催产素对与自我反思相关的大脑活动的影响更强。同样，Pfundmair 等人（2014）发现，在排斥反应中，鼻内施用催产素比安慰剂更能减弱负面情绪，而且催产素的效果在集体主义群体中比在个人主义群体中更突出。这些发现显示了文化特征和分子效应对大脑活动和行为的影响的相互作用，并表明个人的文化特征可能会调节催产素的作用，而催产素既是神经递质又是激素。如果鼻内施用催产素可通过改变突触传递来影响行为和大脑活动，那么我们可以推测文化经验和特征可能会调节催产素与受体结合，从而影响大脑突触处理信息。

大脑中可能还存在另一个基因 – 文化相互作用的神经生物学机制——文化经历可能会影响基因表达。越来越多表观遗传研究表明，某些基因表达的变化虽不是基于 DNA 序列的变化，却仍可以遗传（Holliday，2006）。目前已知，环境因素引起的表观遗传变化可能通过 DNA 甲基化和组蛋白修饰诱发基因表达（Nikolova & Hariri, 2015）。年长的单卵双胞胎在 5- 甲基胞嘧啶 DNA 和组蛋白乙酰化的整体含量和基因组分布方面有明显差异（Fraga et al., 2005），这体现了环境与经历的又一影响。越来越多的研究证明了基因启动子内或附近甲基化的增加与基因表达的减少有关，并影响下游的神经生物学过程，形成大脑结构和功能（Nikolova & Hariri, 2015）。例如，Nikolova 等人（2014）测量了 80 名年轻人的唾液 DNA 和 96 名同质青少年的血液 DNA 中 5- 羟色胺转运体基因（SLC6A4）近端启动子区的甲基化比例。研究人员发现，SLC6A4 近端启动子的甲基化百分比和与左脑威胁相关的杏仁核反应呈正相关，这表明表观遗传变化对情绪相关神经结构的功能组织具有潜在影响。如果 DNA 甲基化模式能够在一定程度上反映个体独特环境的影响，那么文化经验和环境就有可能通过 DNA 的表观遗传学变化与基因相互作用，除了解释文化代代相传之外，也为跨代的文化传承途径提供了一种阐释。未来研究需测量两个或更多文化群体的特征、DNA 甲基化模式以及与认知和行为有关的大脑活动，以探索不同个体的文化特征和 DNA 甲基化模式之间的关系，并测试文化特征和 DNA 甲基化模式之间的相互作用能否预测个体的行为倾向和相关的大脑活动。

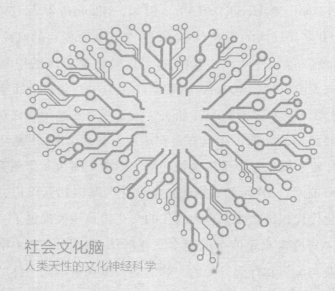

社会文化脑
人类天性的文化神经科学

社会化文脑

人类天性的文化神经科学

第 8 章

人类发展的"文化 - 行为 - 大脑"循环模型

大脑处于文化与行为之间

正如我在第 1 章中提到的，关注东亚人与西方人之间行为比较的跨文化心理学研究已经揭示了相当多的证据，表明东亚文化鼓励个体关注广泛的知觉领域和对象之间的关系（Kitayama et al., 2003; Nisbett & Masuda, 2003），根据对象之间的关系对其进行分类（Chiu, 1972），强调物理事件和社会事件因果归因过程中的情境效应（Chio et al., 1999; Morris & Peng, 1994），认为自己与重要他人和社会情境相互依存（Markus & Kitayama, 1991），并激发低唤醒的积极情感状态（Tsai, 2007）。相比之下，西方人在感知过程中倾向于关注一个焦点对象，根据其内部属性对对象进行分类，将自我视为独立于他人和社会环境的个体，并促进高唤醒的积极情感状态。这些心理活动的文化差异已被整合到一个概念框架中，假设集体主义的东亚文化培养了一种整体思维方式，而个人主义的西方文化则培养了一种分析思维方式（Nisbett et al., 2011）。

跨文化心理学的研究发现不可避免地引发了对大脑与文化之间关系的探究，因为大脑承载着复杂的心理过程，而文化在定义大脑发育的社会环境中起着关键作用。文化神经科学家不是第一批思考大脑与社会经历之间关系的人。在进化过程中，关于大脑的尺寸与社会互动的复杂性之间的关系一直存在许多争论，研究已经得出一个新颖而有趣的结论：在所有类人灵长动物中，新皮质体积与大脑其他部分体积的比例与社会群体规模（社会复杂性的一个指数，见Dunbar, 1992; Dunbar & Shultz, 2007）以及社会学习的频率（Reader & Laland, 2002）相关。尽管这一系列研究的结果没有阐明大脑尺寸与特定认知技能之间的关系，但人们可以推测，人类较大的新皮质可能在理解他人思想和想象他人如何看待世界的能力中发挥着关键作用，因为这些认知技能对于处理复杂的社会互动至关重要。事实上，已有研究表明在应对社会刺激方面，2.5 岁的儿童比 3~21 岁的黑猩猩具有更复杂的社会认知技能（如社会学习、交流和理解他人意图），而在处理物理刺激方面，儿童和黑猩猩表现出相似的认知能力（如定位奖励、区分数量和理解因果关系，见 Herrmann et al., 2007）。这些研究发现支持了一种文化智力假说，即人类大脑在大小上不同于其他灵长类动物，以支持我们在个体发育早期阶段发展出强大的社会文化认知技能。由于社会认知技能（如理解他人的思想）为模仿他人的行为和分享他人的信仰／价值观（这正是文化传播的核心）提供了基础，很可能是人类在进化过程中形成的较大的新皮质为社会群体中个体之间的文化传播提供了神经资源。这一系列研究考虑了进化过程中文化与大脑之间的关系，但缺乏证据，因为尚无研究方法来比较人类和其他灵长类动物在相同认知任务中的大脑功能，也没有研究方法能够测试文化价值观／信仰与动物大脑活动之间的关联。

文化神经科学配备了脑成像技术，如 fMRI 和 EEG/ERP，这些技术可以与跨文化心理学的研究范式相结合，以探索文化对大脑的影响。前几章介绍的文化神经科学的研究结果表明，文化对人脑的功能组织有可靠的影响。重申一下，跨文化脑成像研究表明，东亚人和西方人大脑活动的差异与视觉感知、注意力、因果归因、语义关系处理、音乐处理、心理计算、自我面孔识别、自我反思、身体表达感知、心理状态推理、同理心以及特质推理等有关。文化启动研究也表明，特定文化信念/价值观的暂时激活会调节大脑活动，包括疼痛感知、视觉感知、自我面孔识别、自我反思、奖励、运动处理和静息状态活动。在之前的研究中，不同的刺激和任务需求会对大脑区域产生不同的文化影响。是否有特定的大脑区域对不同任务中共同的神经活动进行文化调节？这个问题不能通过使用一种认知任务的单一跨文化神经成像研究结果来回答。幸运的是，越来越多的文化神经科学研究使我们能够对研究发现进行荟萃分析，以探索在不同任务中人脑活动的文化差异背后是否存在共同的神经网络。

Han 和 Ma（2014）总结了 2013 年 12 月之前发表的 35 项 fMRI 研究的结果，这些研究检验了西方人和东亚人大脑活动的文化差异，并进行了全脑定量荟萃分析以确定大脑活动的文化差异，这些大脑活动与研究中使用的刺激和任务无关。这些 fMRI 研究比较了来自东亚（中国、日本和韩国）和西方（美国和欧洲）社会的被试，并根据任务的性质分为三个领域（即社会认知任务、社会情感任务和非社会认知任务）。社会认知任务涉及与自己和他人相关的社会认知过程，包括自我反思、心理理论、面孔感知、道德判断、说服和自我认知。社会情感任务则在共情、情绪识别、情绪和奖励获得等过程中诱发情绪反应。非社会任务检测视觉注意、视觉空间或物体处理、算术和物理因果归因的神经关联。这些研究中，56 个对比（28 个"东亚人 > 西方人"对比和 28 个"西方人 > 东亚人"对比）检验了社会认知过程中的文化差异。荟萃分析显示，与西方被试相比，东亚被试在右侧岛叶 / 下额叶皮质、背内侧前额叶皮质、左侧下额叶皮质、右侧下顶叶皮质和右侧颞顶叶交界处表现出更强的活动（见图 8.1）。反过来，与东亚被试相比，西方被试在前扣带回皮质、腹内侧前额叶皮质、双侧岛叶、右侧上额叶皮质、左侧中央前回和右屏状核中表现出更强的活动。社会认知情感过程研究的荟萃分析发现，对东亚被试与西方被试

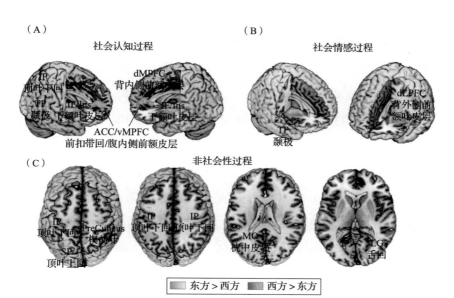

图 8.1 东亚人与西方人大脑活动的文化差异图示。黄色到橙色显示东亚人比西方人活跃的脑部区域。浅蓝到深蓝色显示西方人比东亚人活跃的脑部区域。（A）社会认知过程（自我反思、心理化、道德判断）中脑部活动的文化差异；（B）社会情感过程（共情、情绪识别、奖励）中脑部活动的文化差异；（C）非社会过程（视觉空间或物体处理、视觉注意、算数、对物理事件的因果判断）中脑部活动的文化差异

进行比较时（基于 8 个对比），东亚被试右背外侧前额叶皮质的活动更强，而西方被试的左脑岛和右颞极比东亚被试（基于 11 个对比）更为活跃。对非社会过程中的文化差异进行 fMRI 研究的荟萃分析包括 13 个东亚被试和西方被试的对比，以及 11 个西方被试和东亚被试的对比。

有证据表明，与西方被试相比，东亚被试在左侧顶叶下皮质、左侧枕叶中部和左侧顶叶上皮质的活动更强。而与东亚被试相比，西方被试在右侧舌回、右侧顶叶下皮质和楔前叶表现出更强的激活。

对文化神经科学研究结果的荟萃分析表明，文化影响覆盖了社交大脑网络的大部分关键节点。具体来说，东亚文化中社交大脑网络的特征是，在推断他人心理状态时激活的大脑区域（背内侧前额叶皮质和颞顶交界处，见 Gallagher et al., 2000; Saxe & Kanwisher, 2003; Han et al., 2005; Ge & Han, 2008）和自我控制 / 情绪调节的区域（外侧前额叶皮质，见 Figner et al., 2010; Ochsner et al., 2012）活动增强。相比之下，西方文化中社交大脑网络的特点是，参与自我反思的大脑区域（腹内侧前额叶皮质，见 Kelley et al., 2002; Northoff et al., 2006; Ma & Han, 2011; Ma et al., 2014a），参与社交情绪处理的区域（颞极，见 Olson, 2007），和参与情绪反应的区域（前扣带皮质和岛叶，见 Singer et al., 2004; Jackson et al., 2005; Saarela et al., 2007; Gu & Han, 2007; Han et al., 2009）活动增强。这些脑成像结果有助于为行为上的文化差异提供一种神经解释。例如，与西方人相比，东亚人在感知和推断他人心理状态时背内侧前额叶皮质和颞顶交界处的活动更强，可能使得他们在行为上对社会环境更为敏感。而涉及编码刺激的自我相关性的腹内侧前额皮质活动增强，提供了一种神经支持机制，使得西方人相对于东亚人在行为上更倾向于自我关注和独立性。东亚人外侧额叶活动的增加是自我控制和情绪调节的基础，而前扣带皮质和岛叶活动的增加使得西方人对高唤醒情绪状态具有行为偏好。因此，这些研究结果表明，西方／东亚文化通过调节社交大脑网络中不同节点的活动强度来影响人们的社交行为，从而产生具有特定文化特征的认知／神经策略，允许个体适应社会文化环境并在社会互动中做出合适的行为。

　　越来越多的文化神经科学研究结果触发了一个新的概念框架，来揭示文化、行为和大脑之间的动态相互作用。这样的框架应该可以帮助我们理解文化如何通过将行为情境化来塑造大脑，并解释大脑如何通过行为影响来改变文化。它也将为基因和文化如何在长期的共同进化和相互作用中塑造行为和大脑提供一个新的视角。长期以来人们一直认为，不能把人类的进化理解为一个单纯的生物过程或文化过程，在解释人类发展的本质时，必须考虑生物过程和文化过程之间的反馈（Dobzhansky，1962）。有人试图阐明文化和基因之间的相互作用和文化－基因共同进化的过程（如 Li，2003；Richerson et al.，2010；Ross & Richerson，2014）。例如，Li（2003）提出了一个多层次的动态生物文化共建框架，该框架将生命发展视为在不同的时间尺度（生命个体发生和人类系统发育）内同时发生，并涵盖人类发展的多层次机制

（神经生物学、认知、行为和社会文化）。然而，在这些早期讨论中，没有太多考虑文化与大脑的相互作用，这是由于缺少文化神经科学的成果来揭示文化影响大脑的可能模式。此外，早期讨论侧重用基因－文化相互作用来解释人类行为的发展，而没有将行为视为同样影响大脑和文化的一个因素。

前几章中总结的文化神经科学研究结果表明，大脑作为连接文化和行为的关键节点，必须用来解释文化和行为之间的关系。有必要构建一个框架，将文化和大脑之间的相互作用整合进两个相反的方向：一个方向是文化通过规范行为来塑造大脑，另一个方向是大脑通过影响行为来改变文化。这个框架应该描述文化、行为和大脑之间相互作用的动态本质，并提高我们在人类系统发育和生命个体发生方面对人类发展的理解。此外，考虑到基因－文化的共同进化过程（Richerson & Boyd, 2005; Richerson et al., 2010）和基因－文化对行为的相互作用（Kim & Sasaki, 2014），新框架必须在群体层面和个体层面上考虑与文化、行为和大脑之间的相互作用有关的基因。基于最新文化神经科学的研究结果，Han和Ma（2015）提出了一个人类发展的文化－行为－大脑（CBB）循环模型。CBB循环模型区分了文化情境化行为和文化自愿行为，并解释了由行为调节的和直接的文化大脑互动。通过突出文化和基因对大脑和行为的不同影响，CBB循环模型也为人类发展过程中基因和CBB循环之间的关系提供了一个新的视角。该模型也为预测脑部功能组织未来可能发生的变化提供了概念基础。

人类发展的 CBB 循环模型

CBB 循环模型

Han 和 Ma（2015）提出的 CBB 循环模型如图 8.2 所示。该模型旨在为理解有关人类的系统发育和生命的个体发生提供一个框架。该模型假定，新观念是由社会中的个体创造的，并通过特定生态环境中的社会学习和互动在人群中传播，成为主导的共同信仰和行为脚本（文化系统的两个核心组成部分），影响人类行为并将行为情境化。大脑的功能和 / 或结构组织由于具有可塑性，会因吸收文化观念和做出特定文化行为而发生改变。改变后的大脑就会引导个体行为去适应特定的文化情境，而行为结果又可以

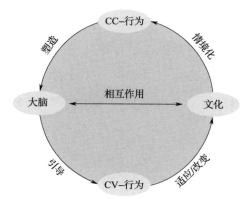

图 8.2　人类发展的 CBB 循环模型图示。根据 CBB 循环模型，新观念在群体中出现并扩散，发展成为共同信念和行为脚本，并将行为情境化从而影响人们的行为。吸收新的观念 / 特征和实践新的行为脚本反过来会改变大脑的功能组织。改变后的大脑便会引导个体行为去适应当前的文化背景，并创造新的文化。文化和大脑之间也直接相互作用。模型顶部是"文化情境化行为"，而底部是"文化自愿行为"

改变社会文化环境。

　　CBB 循环模型根据行为背后的驱动力提出了两种行为类型。文化情境化行为（CC- 行为）指的是主要受特定文化情境控制或约束的显性行为。在一个新的文化环境中，个体行为明显地受到新的文化规范和行为脚本的指导，这种通过社会学习获得的 CC- 行为在文化适应中起着关键作用，如移民做出的调整或适应。当个体离开这个新的文化环境时，可能不会表现出 CC- 行为。文化自愿行为（CV- 行为）指的是受内化的文化信仰 / 价值观和行为脚本所指导的显性行为，通过文化学习和实践形成具有文化模式的大脑活动。如果一个文化系统已经在大脑中内化并稳定，CV- 行为可以独立于特定的文化情境而发生。定义这两种类型的行为对于理解表面相似行为背后不同的动机至关重要。例如，一个在中国习惯于接受教授意见的中国学生，在美国实验室任职时，可能会遵循美国学生的表现模式，与教授争论。而一个习惯于直呼教授名字的美国学生，当开始在中国实验室工作时，可能会模仿其他中国学生称呼中国教授为"韩老师"。这类行为是由社会情境驱动的，而不是由内化的文化信仰 / 价值观（例如独立性 / 相互依存）驱动，因此是 CC- 行为的例证。如果这位中国学生在美国学习了很长一段时间，并内化了西方文化价值观，比如独立性，他可能会自愿与美国上司争论，而不是追随其他人的行为。同样，当美国学生在中国生活了一段时间，并内化了中国的文化价值观，如尊师重道，他可能自愿地称中国教授为"韩老师"。这两个例子是 CV- 行为的例证。一般来说，新移民在新的文化中开始自己的新生活，必须非常关注新社会中的社会规范 / 规则。

他 / 她在移民早期的行为受到新的社会文化情境的影响和限制。然而，一旦在新的文化环境中生活的时间足够长，他 / 她就可以自愿地、自动地适应当地的社会规范 / 规则。因此，表面相同的行为可以由社会文化情境，或内化的文化信仰 / 价值观来驱动。

CBB 循环模型还区分了大脑的两种文化影响。行为调节的文化 - 大脑相互作用指的是由明显的行为实践引起的文化与大脑之间的相互作用。例如，西方的文化价值观，比如美国人的独立性，鼓励学生与导师争论，而实践这样的行为可能会影响这个学生的大脑。直接的文化 - 大脑相互作用是指文化和大脑之间的不涉及明显行为的相互作用。例如，提醒个体遵循特定的文化价值观，如实验室环境中的独立或相互依存，可以直接调节大脑活动。因此，CBB 循环模型并没有简单地把行为看作是文化 - 大脑相互作用的结果。相反，行为被看作是 CBB 循环的一部分，文化、行为和大脑共同作用构成人类发展的机制。文化、行为和大脑这三个关键节点，通过相互联系动态地相互作用，构成一个循环。CBB 循环的每个节点和两个节点之间的连接随时间推移而不断变化，影响着人类的个体发生和系统发育。

我们可以从不同的层次理解人类发展 CBB 循环的特性。我把第一层属性称为可变性，它适用于 CBB 循环的每个节点。可变性描述了 CBB 循环中的节点随时间变化的容易程度。文化可变性的特征是，群体创造新的文化信仰 / 价值观 / 概念的速度，以及当前文化体系被改变，甚至被新的文化体系所取代的容易程度。虽然文化知识是世代传递的，而且文化的代际连续性对文化传承很重要，但文化的代际变化也频繁而广泛地发生。一些文化变化发生在很长一段时间内，例如从狩猎 / 采集发展到以农耕为基础的社群，而另一些文化变化得很快，可能同一家庭连续两代就发生了变化（Greenfield, 1999）。Inglehart 和 Baker（2000）利用三轮覆盖 65 个社会的世界价值观调查数据，揭示了文化传统在 16 年间（1981 年至 1997 年）发生的巨大变化，其特点是从绝对规范的价值观转向理性、宽容和信任的价值观。新思想 / 新技术的传播和环境的变化都促进了文化知识的学习和传播。行为可变性是指新的行为脚本被创建的速度有多快，以及个人或群体遵循新的行为脚本的速度有多快，新的行为脚本显然符合新的文化价值观和社会规范。有些行为在人类历史上长期保持不变，比如养育子女，而一些新行为会在社会中迅速出现，比如网络购物。对于个体而言，学习新行为对于在社会中生存和适应新的社会文化环境至关重要。这一点对于现代社会的人们尤为明显，因为社会发展和变化的速度越来越快。前文提到，新的行为可以由社会文化情境驱动（CC- 行为），也可以由内化的文化价值观 / 规范和行为脚本驱动（CV- 行为）。大脑的可变性反映了神经的可塑性，它指的是大脑的结构和功能，无论是在个体层面还是群体层面，都会随着环境变化和社会经历的变化而改变。虽然很少有证据表明人类大脑因社会经历而发生代际变化，但文化神经科学研究已经发现大量证据显示长期的文化经历会导致大脑功能组织的变化。文化启动研究的脑成像结果表明，在被不同的文化价值观 / 规范启动后，人脑功能组织可以迅速发生变化，这为文化对人类行为的影响提供了神经生物学基础。

我将 CBB 循环的第二层属性定义为"交互性"，它指 CBB

循环两个节点之间的交互关系。文化对人类行为的影响发生在人类历史和当代社会中。一项有关人类历史的调查（Harari, 2014）显示，大约 1 万年前的农业革命将人类行为从采集 / 狩猎转变为农耕，可能是由农耕能提供更多食物和更稳定生活的信念所驱动的。过去 500 年的科学革命也是由一种信念推动，观察结果和对结果的数学理解成了我们知识的来源。当前社会，个人主义文化鼓励独立，鼓励儿童与父母分开，睡在自己的房间里，并鼓励父母和成年子女分摊开销。相反，集体主义文化主张相互依存，孩子可以和父母同住一间卧室直到成年早期，而家庭成员聚餐从不分摊开销。大量此类行为在群体和个体层面显现出文化对行为的影响是双向的。一方面，文化可以通过传播迅速、及时地改变个人的行为模式。另一方面，人类从未停止改变现有的文化，并创造新的文化信仰 / 概念。从采集 / 狩猎社会到农耕社会，再到工业社会，人类行为不仅创造了新的社会规则和行为脚本，而且创造了新的价值观和信念。低社会阶层和高社会阶层的人以不同方式行事，也创造了属于自己的文化价值观（Snibbe & Markus, 2005）。人类历史上发展起来的新技术总是影响我们的行为，并产生新的文化价值。例如，互联网的广泛使用给我们的社交体验带来了革命性的变化（Porter, 2013），它创造了虚拟的熟人，提供与熟悉或不熟悉的人频繁且匿名接触的机会。通过互联网传递的、通常缺乏语境的语言，取代了传统的以语调变化、手势和拥抱为特点的面对面交流。智能手机和其他便携设备的发明将人们从朝九晚五的工作限制中解放出来，但也创造了一种"永远在线"的文化。它模糊了工作和休闲的界限，并导致一种新的自我状态，与不在场的人数字式地联系（但却与实际很近的人缺乏沟通）（Turkle, 2006）。这些新的文化将改变人类的行为，进而将改变我们的大脑。

大脑通过两种方式与行为相互作用。内在的可塑性本质允许大脑在环境和经历中发生结构和功能上的改变（Pascual-Leone et al., 2005）。例如，短期的杂耍练习会导致后顶叶内皮质短暂的、选择性的结构变化（Draganski et al., 2004）；长期练习演奏乐器会导致练习者运动皮层的功能和解剖学上的变化（Munte et al., 2002）；多年驾驶出租车会导致与空间记忆相关的海马体功能组织发生变化（Maguire et al., 1997）；在西方国家生活多年的中国人面对其他种族个体承受疼痛时，在前扣带回和脑岛叶的共情神经反应有所改变（Zuo & Han, 2013）。在集体主义文化中，与亲密他人的生活经历会导致自己和母亲在内侧前额叶皮质的神经编码重叠；而在个人主义文化中，生活经历会使自己和母亲在内侧前额叶皮质的神经编码分离（Zhu et al., 2007）。综上所述，这些证据表明大脑是一个功能和结构组织高度灵活的器官，尽管目前的文化神经科学发现主要揭示的是社会文化环境和实践对大脑功能组织（而不是解剖学）的调节。另一方面，大脑为人类行为提供了神经生物学基础。CBB 循环模型强调，文化塑造的大脑引导行为符合特定的社会规范／规则，并适应特定的社会文化情境。例如，与个人主义文化相比，集体主义文化导致在自我反思社会角色时，颞顶交界处的活动增强（Ma et al., 2014a），看到表示社会支配地位的手势时，尾状核和内侧前额叶皮质的活动增强（Freeman et al., 2009），在需要情境独立而非依赖情境判断的任务中，前额叶和顶叶皮质的活动增强（Hedden et al.，2008）。这些模式化的大脑活动使集体主义文化中的个体更容易与亲密的他人协调，按照强调社会关系的社会规范行事，并关注情境信息和他人的期待。如果大脑不尝试拥有这种文化特定的功能组织，可能就要更努力地工作，以避免与集体主义文化中的行为脚本和社会规范发生冲突。

文化和大脑之间也有相互作用。一方面，文化神经科学的研究成果表明，文化教育塑造了大脑中多种认知／情感过程的神经基础。人们可以被灌输新的文化价值观，通过观察他人行为来学习新的行为脚本。这在接受教育的儿童身上尤为明显，教育致使他们的大脑发生重大变化。即使是成年人，宗教信仰也会产生特定的大脑活动模式来区分宗教信仰者和非信仰者。非宗教信仰者在反思自己的人格特征时使用腹内侧前额叶皮质，而自我反思激活基督徒的背内侧前额叶皮质（Han et al.，2008）和佛教徒的前扣带回皮质（Han et al.，2010）。文化启动研究的结果表明，短期暴露于相互依存或独立的文化价值观中，可导致涉及多种认知和情感过程的大脑活动发生变化，表明文化和大脑活动存在直接的相互作用。另一方面，环境压力迫使人类创造新的想法／概念，这些想法／概念可以在群体中的个体之间传播，并最终成为被接受的文化规范或价值观。然而，在当前进化阶段，人类大脑可以在没有直接环境压力的情况下创造新的文化概念和价值观。目前的大多数技术都是人类创造的产物，这种创造不是为了生存，而是为了生活的满足。新的文化概念可以由一小部分社会成员创造出来，他们不满足于当下的社会文化环境，或者只是想在同龄人中成为独一无二的人。

人类发展 CBB 循环的第三层属性可以被称为"循环时间"，它描述了 CBB 循环中发生循环交互作用所需的时间。循环时间是 CBB 循环的一个全局特征，与三个节点的局部属性及其交互性有关。从个人层面来看，循环时间可以用来描述个体改变行为和大脑活动以适应新的文化信仰 / 规范的能力，以及个体创造新的想法来改变当前文化的能力。由于个体的基因组成影响了大脑活动和文化价值观之间的耦合，不同个体的循环时间可能存在显著差异（Ma et al., 2014b; Luo et al., 2015a），因此它在个体的发展中起着重要作用。从群体层面来看，循环时间表示一个物种或一个群体创造新想法，并在系统发育过程中改变行为和大脑活动的能力。人类在快速创造新的思想和新的行为脚本方面超过了其他灵长类动物，这一点可以从采集 / 狩猎到农业社会和工业社会生活方式的转变中得到证明。尽管我们缺乏对比人类和其他灵长类动物在过去数千年中功能组织变化的实证研究数据，但文化神经科学的研究结果表明，人类大脑在对新的文化体验做出反应时，在功能组织的改变上极为灵活。

为了在 CBB 循环框架中说明人类的发展，我们来考虑一个关键的文化特征——相互依存 / 独立——这是区分东亚社会和西方社会个体的一个特征（Markus & Kitayama, 1991, 2010）。以往研究表明，相互依存 / 独立的概念出现在特定的社会实践和生态环境的动态变化中。农耕和渔业社群强调社会的和谐和相互依存，而放牧社群则强调个人决策和社会的独立性（Uskul et al., 2008）。Greenfield（2013）通过分析 1800 年至 2000 年美国英语书籍和英国出版的书籍中这些价值观词汇出现的相对频率，提出要适应农村环境需优先考虑社会义务／责任和社会归属感，以促进自我和他人之间的紧密联系，然而适应城市环境优先考虑选择和个人财产，以培养独特的自我。遵循相互依存或独立价值观的个体表现不同，例如根据对象的关系或属性对其进行分类（Choi et al., 1999）。在实验室中启动相互依存会加速被试对朋友面孔的反应，而启动独立则加速对自己面孔的反应（Sui & Han, 2007）。相互依存／独立对应着不同文化中不同的大脑活动模式，例如与西方人相比，东亚人在颞顶交界处的活动更强（Ma et al., 2014a）。启动相互依存／独立也会导致参与多个认知和情感过程的大脑活动发生变化，如第 6 章总结的文化启动研究结果所示。受文化影响的大脑活动（如东亚人颞顶交界处活动增强）可能与自愿接受他人观点的能力有关，这种能力使一个人可以很容易地适应集体主义文化情境（Han & Ma, 2014）。因此，相互依存／独立的价值观、行为和相关大脑功能构成了循环的相互作用，从而导致群体中文化、行为和大脑发生动态的变化。

从个人层面来看，假设一个孩子出生并成长于提倡相互依存的文化中，这种文化强调自己与亲密的他人（如家庭成员）之间的基本联系。孩子在父母的指导下按照文化上合适的行为脚本行事，例如晚餐围坐桌旁时要注意他人，与兄弟姐妹和朋友分享食物和玩具，在新的陌生环境中仍与家人保持亲密关系，依靠家人甚至由家人做出决定，在公开场合下抑制情绪反应，牢记自己对家庭的责任，从家庭成员和其他人那里寻求社会支持。长期按照这些文化特定的概念和价值观行事（如相互依存），会导致帮助推理他人思维的大脑区域（背内侧前额叶皮层）、调节情绪的区域（外侧前额叶皮层）以及表征自己和亲密他人（如家庭成员）关系的区域（腹内侧前额叶皮层）的功能性意义增强。受文化影响的大脑活动如果发展良好，将有助于控制个人的行为，使他／她能够毫不费力地遵守特定的文化规范和脚本，并对自己的文化行为感到舒适。

基因与 CBB 循环

CBB 循环模型为文化、行为和大脑之间在个体发生和群体系统发育方面的动态相互作用提供了一个新的概念框架。鉴于人类长期以来的发展一直是遗传和环境因素共同作用的结果，阐明基因和 CBB 循环之间的关系是至关重要的。这个简单的模型已将基因定位在 CBB 循环当中，因为一般认为基因会同时影响行为和大脑（如 Li, 2003）。然而，基因和文化这两个轨迹以完全不同的速度衍生和适应，基因进化的速度比文化进化的速度慢得多。相对于基因在群体水平上调节大脑的时间尺度（以数千年或数百万年计），文化和行为对大脑的影响发生得要快得多（在实验室中操控文化启动时，在几个月、几天，甚至几分钟内就可以产生效果）。此外，虽然有大量证据表明新的文化对人类行为具有影响（Triandis, 1994; 本书第 1 章），但从基因到行为表型的因果路径很少是直接的（Flint et al., 2010），人类行为尤其如此。已发表的研究结果表明，基因和行为表型之间的关联是相当弱的。

例如，一项涉及 101069 名个体和 25490 个复制样本的全基因组关联研究报告称，所有测量的单核苷酸多态性的线性多基因得分可能占教育程度差异的约 2%（每个等位基因对应大约 1 个月的教育；Rietveld et al., 2013）。鉴于基因和文化对大脑和行为的影响速度存在这些差异，Han 和 Ma（2015）提出，基因为运行 CBB 循环提供了基本的生物学基础，基因与 CBB 循环关系的概念框架如图 8.3 所示。基因与 CBB 循环之间的相互作用发生在很长一段时间内，用虚线表示，而 CBB 循环内的相互作用发生在短时间内，用实线表示。

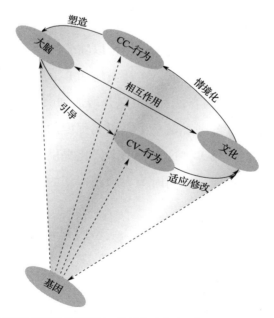

图 8.3 基因与 CBB 循环的关系图示。基因在多个方面为 CBB 循环提供基础，包括基因对大脑和行为的影响，基因和文化的相互作用，以及基因调节大脑和文化之间的关联。CBB 循环中的实线表示两个节点之间相互作用见效比较快，而连接基因和 CBB 循环的虚线表示基因和 CBB 循环之间的相互作用见效很缓慢

图 8.3 所示的概念模型表明了基因影响 CBB 循环每个节点的属性以及两个节点之间相互作用的几种方式。首先，基因通过影响大脑的尺寸（Evans et al., 2004; Boyd et al., 2015）以及影响皮质和皮质下结构（Thompson et al., 2001; Hibar et al., 2015），大体上塑造了人脑的解剖结构。基因的影响使人类大脑在一些重要方面不同于其他类人灵长类动物的大脑，比如更大的新皮质和前额叶皮质有更多褶皱（Rilling & Insel, 1999），但感觉和运动区域比预期的要小（Holloway et al., 1992）。对静息状态大脑活动的研究揭示了三种神经网络为人类而非猕猴所拥有，包括两个与使用工具相关的额顶叶网络和一个参与共情功能的前扣带回和脑岛网络（Mantini et al., 2013）。我们的基因可能赋予大脑很高的可塑性，因此它的结构和功能组织可以随着物理环境和社会文化环境的变化而变化。事实上，在过去的 200 万年里，原始人的大脑经历了持续扩大，脑容量从 500 毫升增加到 1500 毫升（Tattersall, 2008）。大脑尺寸的增加赋予了其更大程度的可变性（可能由大量的神经元连接所致），这为行为多样化提供了基础，也为改变文化经历提供了可能性，同时为大脑创造新的文化概念和价值观赋予了能力。

其次，尽管缺乏从基因到行为表型因果路径的知识（Flint et al., 2010），但来自双胞胎研究和收养研究的结果表明，一些行为特征在一定程度上是可遗传的（McGue & Bouchard, 1998）。候选基因和全基因组关联研究已经将特定基因与多种行为联系起来，如吸烟（Kremer et al., 2005）和学校教育（Rietveld et al., 2013）。然而，这些研究的结果表明，人类行为与基因有关，但不是由基因决定。环境和生活经历对基因型导致行为表型的过程具有强烈的限制作用（例如 McGue & Bouchard, 1998; Caspi et al., 2003）。

第三，基因 – 文化共同进化理论认为，基因和文化是两个系统，又是彼此环境的重要组成部分，因此一个系统的进化改变会导致另一个系统的进化发生变化（Boyd & Richerson, 1985；见本书第 7 章）。在历史时间尺度上，文化信仰 / 价值观可能会影响社会环境和物理环境，基因选择在环境中运作和塑造着人类基因组，例如，文化习得的择偶偏好倾向于异性的特定生物特征（Richerson et al., 2010; Laland et al., 2010）。在个体生命尺度上，考虑到某些等位基因携带者比其他等位基因携带者更容易受到环境影响，基因可能会影响个体受文化情境影响的程度（Belsky et al., 2009; Way & Lieberman, 2010; Kim et al., 2010a; Kim & Sasaki, 2014）。文化神经科学研究的实证结果表明了一种新型基因 – 文化的相互作用，即基因可以调节大脑活动与文化特征的关联程度（如 Ma et al., 2014b; Luo et al., 2015a），这表明大脑拥有学习新的文化价值观并在行为上调节基因 – 文化相互作用的可能机制。

最后，基因为循环时间提供了生物学基础，这是人类发展的 CBB 循环的全局特性。CBB 循环中每个单一节点发生变化并不足以促进人类的发展。例如，一个人或一个群体可以迅速改变行为以应对新的文化环境，然而行为改变并不能迅速修改大脑以带来内化的文化信仰 / 价值观和 CV- 行为，因此很难想象个人或群体可以快速发展来适应新的文化环境。如果我们只考虑基因对大脑的影响，就不能完全理解人类只经历了几十万年的发展就已大大超过其他物种这一事实。只有从整体上研究基因对 CBB 循环的影响，研究者才能充分理解人类和其他物种之间以及人类不同文化群体之间在多重文化、不同行为和大脑功能方面存在的差异。在进化过程中，由基因支持的 CBB 循环动态地存在于特定环境中，当人类主要对自然环境产生适应性反应，却无法对环境做出根本性改变时，CBB 循环的时间可能较长，而且受到环境的限制。然而，当人类对物理环境的影响增大时，CBB 循环可以加速，例如在当前人类社会中，我们的行为通过创造新的文化信仰／价值观和新的技术，给全球环境带来了巨大变化。

基于 CBB 循环理解人类本质

　　无数哲学家、历史学家、作家和科学家通过提出问题来思考人类的本质，比如我们（智人）是什么样的动物，我们是如何变成这样的，人类在什么方面不同于其他灵长类动物，是什么使人类发展出地球上最多样的文化等（Spiro et al., 1987; Degler, 1991; Hume, 1978; Wilson, 2012）。不同领域的研究人员通过提出一些独特的、可以区分人类和其他灵长类动物的人类特征，来解决"人类本质"的问题。到目前为止，人们已经对这些特征进行了研究，能够使我们区别于其他灵长类动物，被称为"人类"的特征包括认知技能（如使用语言和工具），和生物学属性（如大脑的尺寸）。然而，这些特征并不是人类独有的，因此不构成人类与其他灵长类动物之间本质上的区别。例如，有证据表明猿类拥有原始的语言能力，比如理解和操控符号、理解语法以及通过发声来交流情感（Premack, 2004; Schurr, 2013）。也有证据表明，大多数猿类会使用工具（Mulcahy et al., 2005; Hernandez-Aguilar et al., 2007）。某些黑猩猩能够制造石制工具（Mercader et al., 2007），而且工具的使用方式还可以在个体之间传播（Premack, 2004）。其他社会认知能力和情感能力，如心理理论和共情能力，既在人类身上观察得到（Batson, 2011; Baron-Cohen et al., 2013），也在其他灵长类动物如黑猩猩（De Waal, 2009）身上观察得到。在黑猩猩社区中也观察到了独特的文化特征，例如每个黑猩猩社区都展示出一部分传统，如不同的沾蚂蚁的方式（Humle & Matsuzawa, 2002）和砸坚果的技术（Luncz et al., 2012）。此外，进入不同黑猩猩社区的外来移民可以根据所在社区打开坚果的方式来调整原有的砸坚果技术（Luncz et al., 2012）。

探索人类本质的生物学方法聚焦到人类大脑的特征上，大脑特征可以区分人类和其他动物。人类大脑的结构特征是大脑皮层的进化扩张，通常认为这是哺乳动物大脑最独特的形态学特征。以占大脑总体积的百分比为指标，人脑拥有大量的皮质物质，但在灵长类动物中并不是最大的（人类，49.2%；猕猴，55.1%；Hofman, 1988）。人类大脑的特征是整个大脑皮层的相对尺寸较大（人类，80%；小鼠，40%），相对白质体积在灵长类动物中最大（约35%）（Hofman, 1988; Herculano-Houzel, 2012）。人类大脑的不同之处在于较大比例的皮层表面分配给高阶关联皮层，如前额叶皮层和颞叶，而非初级感觉区域和运动区域（Van

Essen & Dierker, 2007; Rilling & Seligman, 2002; Glasser et al., 2014）。与其他灵长类动物相比，人类大脑解剖学的独特特性可能源于物种间基因构成的差异。目前已知的是，人类和恒河猴之间的 DNA 单拷贝序列差异约为 6.5%（Gibbs et al., 2007），这可能是由于基因组累积的突变（如单个碱基对的替换），人类和黑猩猩之间的这一差异约为 1.4%（Scally et al., 2012）。人类与其他灵长类动物在物种特异性 DNA 插入数量和物种内遗传变异水平上也有所不同（Rogers & Gibbs, 2014）。人类和其他灵长类动物的基因表达也有所不同，因为人类和黑猩猩的前额叶皮层的 DNA 甲基化模式不同，并且与基因表达的差异相关（Zeng et al., 2012）。最近的研究发现了与人类大脑结构有关的特定基因。Hibar 及同事（2015）对来自 50 个队列的 3 万多名个体的 fMRI 图像中七个皮质下区域的体积和颅内体积进行了全基因组关联研究。他们发现了五种新的遗传变异，影响皮质下结构（如壳核和尾状核）的体积。Boyd 和同事（2015）利用一种新的转基因技术，将人类或黑猩猩的特定基因活性调节因子（被称为 HARE5）植入小鼠胚胎。有趣的是，这个操作致使经人类 HARE5 序列处理过的小鼠胚胎的大脑，比经黑猩猩的 HARE5 序列处理过的大了12%。这一发现表明，与其他灵长类动物相比，人类可能拥有特定的基因，使人类大脑具有独特的解剖学特征。

然而，这些实证研究结果仍然无法解释人类和其他灵长类动物在个体发生和系统发育方面的显著差异。针对 7 万至 3 万年前发明的工具（如船、针和箭）的研究表明，智人经历了一场"认知革命"，在此期间，他们的认知能力，尤其是前所未有的思维和交流方式得到了惊人的改善（Hariri, 2014）。然而，诸如船等工具的发明需要非常复杂的认知技能，而且很难与特定大脑结构或特定基因的功能直接联系起来。要想获得这些技能，就需要创造和传播新的想法和概念，并应用到行为中，进而产生更多深刻的想法。不可思议的是，这种循环过程只在人类的进化过程中才会在短时间内发生。

CBB 循环模型为理解人类发展提供了一个新的视角。文化神经科学的研究结果表明，由我们的基因创造的大脑结构，即硬件，为大脑最终会做什么以及如何去做提供了可能性。大脑的功能组织依赖于大脑、行为和文化情境之间的相互作用，也依赖于人类在 CBB 循环模型中形成的文化情境。不是 CBB 循环的某个节点，而是 CBB 循环的整体，能够帮助我们理解是什么使人类与其他灵长类动物不同，并把人类带到地球生物的顶端。基于文化神经科学和其他领域的发现，可以提出，CBB 循环的整体属性（包括每个节点的可变性、节点之间的交互性以及 CBB 循环的循环时间）是人类发展的基础，使人类的进化比其他灵长类动物更加成功。尤其是我们的基因允许人类比其他动物具有更短的 CBB 循环时间。在物种进化和生命发展过程中，文化、行为和大脑之间的快速动态相互作用使人类从所有动物当中脱颖而出。

在过去的 1 万年里发生了什么？根据 Hariri（2014）的研究，那时人类开始了最早的过渡，从依靠狩猎和采集为生，变成生活在稳定的农业社区，依靠种植农作物和驯养动物生活。在不到 2000 年的时间里，农业革命带来了丰富的农业多样性和先进的粮食生产技术，能够在有限的地理空间内支撑大量人口。而过去

250 年里发生的工业革命甚至更迅速、更彻底地改变了人类的生活。从手工生产到机器设备、化学制造和金属冶炼工艺的转变，以及最近的信息交换方式的转变，从发送相对缓慢的信件到计算机 / 互联网 / 智能手机的互动，已经广泛地改变了人类的行为和思想。然而，我们的亲戚（例如猴子和黑猩猩）和人类存在于地球的时间一样长，却一直以类似的方式（比如采集食物）生活。人类是地球上唯——个有意识地组织教学实践的物种，以便后代能够重复祖先的行为，这种社会学习一代又一代地传递价值观和规范。本书介绍的文化神经科学的研究结果表明，社会文化学习也塑造了大脑的功能组织，并决定了大脑如何感知世界，如何思考自我和他人，如何做出决定等。然而其他动物，哪怕是我们的近亲黑猩猩，也不能有意识地大量按照规范行事或组织社会学习。动物确实有传递文化知识的能力，但学习过程似乎是随机发生的，因此很难通过随机发生的社会学习过程塑造它们大脑的功能组织。对人类行为和信仰 / 价值观进行有意识的常规教学会导致大脑的重组，以便能够胜任特定的任务，更重要的是，导致大脑活动的不同模式，这在不同社会文化背景下（如东亚和西方社会）处理同一任务时可以观察到。我们对其他物种的动物是否在相同认知任务或运动任务的大脑活动模式上表现出群体差异知之甚少。我们不认为来自不同群体的猴子或黑猩猩的大脑功能活动会有很大差异，因为这些来自不同群体的动物以非常相似的方式进行梳洗、交配和寻找食物等行为。人类特殊的社会学习过程可能在加速 CBB 循环以完成其中的相互作用中发挥着关键作用。此外，无论在群体水平上长期的基因 – 文化共同进化过程中，还是在个体水平上的基因 – 文化相互作用中，大脑都在基因和文化之间架起了桥梁。

未来的大脑变化

文化神经科学的研究发现已经证明文化对人类大脑的功能组织结构具有深远的影响。而且随着人类不断创造新的文化，这种影响将持续存在。新概念和新技术在当代社会层出不穷并广泛传播。创新的概念 / 技术带来了新的行为脚本和实践，而新的行为反过来又产生了新的大脑活动模式。根据人类发展的 CBB 循环模型可知，文化、行为和大脑之间存在着相互作用，且为适应文化环境的不断变化，人类大脑的功能也在进行着不断重组。CBB 循环模型为理解人类大脑的形成过程，推测大脑的发展变化提供了一个框架。

回顾人类发展的近代史，工业革命已经改变了，并仍在以惊人的方式改变着人类的生活。其中包括对人类社会活动基本单位的改变。正如 Harari（2014，355–356）所指出的那样，据我们所知，在 100 多万年前人类就生活在小而亲密的社区中，其中大多数成员之间都有亲属关系。认知革命和农业革命也没有改变这一点，他们将家庭和社群凝聚在一起，并建立了部落、城市、王国和帝国，家庭和社群仍然是人类社会的基本组成部分。但工业革命却在两个多世纪的时间里将这些基本组成部分拆解成更小的单元。家庭和社群的大部分传统职能都交给了国家和市场。

　　正从农业向工业化过渡的地区正发生着 Hariri 所描述的变化
过程。那么工业革命是如何通过改变社会活动的基本单位改变人
类大脑的呢？在农耕社会中，家庭作为社会活动的基本单位，决
定了一个人大部分时间和谁在一起，以及可以向谁寻求社会帮助。
家庭成员之间紧密的社会联系和情感联系在塑造人的神经表征方
面发挥着重要作用，并促进个人与家庭成员共享神经编码。一旦
家庭在经济/情感支持等方面的传统功能被国家和市场取代，那
么个人与家庭成员间的心理和神经耦合就会逐渐减弱。文化神经
科学专家通过对生活在工业（或西方发达）地区和农业（或东亚
发展中）地区人们的大脑功能组织进行对比研究，证明了上述观
点的正确性。在对自己和家人的反应中，中国大学生表现出内侧
前额叶皮层重叠的神经活动，然而这种对自己和亲密他人的重叠
神经表征在西方大学生中却有所退化（Zhu et al., 2007; Wang et
al., 2012）。在 21 世纪初期，研究人员观察到了人们对自我和
亲人的神经表征方面的文化群体差异。然而，随着中国城市工业
化的快速发展，越来越多来自农村的年轻人进入城市寻求更好的
工作和生活。这些年轻人正在经历工业革命的洗礼，新的生活方
式鼓励独立自主，并淡化家庭在经济和情感支持方面的作用。因
此，个人必须在社交互动中变得越来越独立。这反过来会削弱个
人和家庭成员在共享神经表征方面的联系，即使是在传统的东亚
文化中也会如此。
　　新技术给当代社会带来沟通的新方式，也可以带来新的行为
脚本，并改变未来大脑的功能组织。传统面对面的社会互动方式
让多种神经认知过程和神经网络得以发展，这些神经网络使我们

具备推断他人心理状态的能力和其他社会认知能力（Baron-Cohen et al., 2013）。人类习惯于面对面交流，这种交流传递着关于他人心理状态的社会信息，促进发展由背内侧前额叶皮质、颞顶叶交界处和颞极构成的神经网络，来推断他人的心理状态或提升心理理论能力（Frith & Frith, 2003; Amodio & Frith, 2006）。面对面交流还帮助我们理解和共享他人的情感状态，并发展出由前扣带回皮质、前岛叶和体感皮质组成的共情神经网络（Singer et al., 2004; Jackon et al., 2005; Gu & Hand, 2007; Han et al., 2009; Rutgen et al., 2015a, b）。正如脑成像研究表明的那样，这些神经认知过程仅限于真实人类之间的社会互动。例如，Sanfey 等人（2003）发现，在一个最后通牒游戏中，两名玩家分享一笔钱，其中一名玩家提出分享，另一名玩家可以接受或拒绝，不公平的出价引发了与情绪（前岛叶）和认知（背外侧前额叶皮质）相关的大脑区域的活动，而且与人类伙伴玩游戏比与计算机玩时的活动强度更高。Ge 和 Han（2008）还发现，推断人类的推理过程，而非计算机的推理过程，会引起楔前叶的活动增加，但腹内侧前额叶皮质的活动减少，并增强了两个大脑区域之间的功能连接。这些发现说明神经认知策略涉及面对面互动基础上的社会认知，且具有独特性。然而，由于发明了新技术，日常生活中传统的面对面社会互动也发生了巨大的变化。自 20 世纪 90 年代以来，计算机、互联网和智能手机得到了越来越广泛的使用，改变了人们的交流方式（包括与家人和朋友的交流方式）。青少年习惯于发信息，却不习惯和坐在身旁的人交谈。社交网络的发展使得当代社会中越来越多的人依赖互联网进行社会互动。网络空间社交互动的一个结果是减少（甚至有时是消除）人们曾经依赖的面对面交流。对于通过感知他人面孔／手势等社交线索来理解他人的意图和情绪状态缺乏经验，可能会影响我们的心理理论能力和潜在的神经策略。

互联网和相关行为创造了一种新的"互联网文化"，将人类行为置于网络空间中（Porter, 2013）。互联网在学习中的广泛使用，极大地改变了学生获取知识的方式。存储在互联网上的大量文献图书馆构成了一个巨大的数据库，任何能够访问互联网的人都可以访问这个数据库。像 Google Scholar 这样的互联网搜索引擎非常强大，可以在几秒钟内找到文献或相关知识。正如 Wegner 和 Ward（2013）所指出的那样，互联网不仅取代了其他人作为记忆的外部来源，而且取代了我们自己的认知能力。互联网可能不仅消除了与伙伴分享信息的需求，还可能削弱了我们想要把一些重要的、刚刚学到的知识纳入生物记忆库的冲动。计算机和互联网技术对我们的记忆过程产生的影响已经被 Sparrow 和同事证明（2011）。他们让被试阅读并打字输入一些令人难忘的琐事。他们告诉被试，要将 1/3 的内容保存在计算机上，将 1/3 内容保存到计算机的特定文件夹中，还有 1/3 要删除掉。被试认为自己能够读取保存的内容。在后来的识别任务中，研究者向被试展示之前输入的全部 30 条陈述内容，但有一半略有改动。被试必须判断他们看到的内容与之前所读到的内容是否一致，这条内容是被保存了还是删除了，最后，如果是被保存到文件夹，那么被保存到了哪个文件夹中。研究发现了有趣的现象，被试对于被删除的内容，比他们认为还能再读取的内容记忆得更好。然而，当被问到"这句话是保存了还是删除了"，被试对自己保存的内容的记忆要比对删除的内容的记忆更准确。这些发现体现了一种普遍经验，当你在网上读到一些东西，想再看一次，但却不记得之前在哪里看到过，甚至不知道何时何地将它保存到硬盘的哪个区域，而必须使用搜索功能才能找到它。互联网已经逐渐成为外部记忆的主要形式，信息集体存储在我们的大脑之外，但很容易获取。对于通过互联网学习的学生来说，学习和练习如何使用搜索引擎来寻找信息，比记忆尽可能多的知识更重要。因此，互联网可能会取代一些大脑结构的功能，如额下皮质、下顶叶和颞叶这种用于存储和检索语义知识的结构（Thompson-Schill et al., 1997; Binder & Desai, 2011）。对互联网"记忆"知识的日益依赖，可能会赋予原本用于记忆的神经系统其他的功能，比如推理。

互联网和智能手机使人们不断地与他人建立数字化联系，产生了一种"永远在线"的文化（Turkle, 2006; Park, 2013）。很多人每天 24 小时开着智能手机。他们每天做的第一件事，也是最后一件事，就是查看电子邮件或发信息。越来越多的人习惯于频繁查看电子邮件或发信息，以及立刻回复他人的信息。这种"永远在线"的文化导致我们执行实际活动时高度不连续（Gonzalez & Mark, 2004），因为多个任务可能给大脑功能带来各种变化（Levitin, 2015）。最后，互联网和智能手机变得越来越耗时，导致我们在清醒的大部分时间里把注意力转向他人，而留给自我反思的时间却少得多。众所周知，自我反思是由大脑中线结构调节的，该结构由诸如内侧前额叶皮质和后扣带回皮质的大脑区域组成（Kelley et al., 2002; Norhoff et al., 2006）。持续的心理活动，如关注他人或外部环境，意味着大脑中线结构或参与自我反思的默认系统的活动模式发生变化。因此，互联网文化可能会导致人类大脑功能发生重组，以适应正在减少的面对面交流，但会加强人与人之间的数字连接。大脑功能组织的潜在变化可能有助于下一代更容易地适应互联网文化，同时，由互联网文化塑造的大脑可能在未来产生新的文化概念和新的行为脚本。

社会文化脑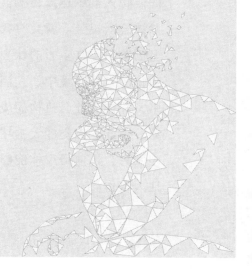

人类天性的文化神经科学

第 9 章

社会文化脑研究的意义

迄今为止，文化神经科学研究提供了越来越多的证据表明，人类各种与认知和情感过程相关的大脑活动存在文化群体差异。结合脑成像和文化启动的研究，为文化信念/价值观与人类大脑功能组织变化之间的因果关系提供了进一步的证据。与社会认知相关的大脑活动中存在基因－文化相互作用的发现，为探索生物因素和社会文化驱动认知和情感神经过程的发展提供了新的思路。这些发现加深了我们对大脑和文化本质的理解，并具有诸多科学和社会学意义。下文仅讨论少数几种意义。

大脑的生物社会本质

人类有能力创造新的信念/概念，并通过社交媒体在单一人群或跨人群中迅速传播。新的信仰/概念一旦在人群中得到传播并被公众接受，就会对我们的行为产生强大的影响，从而在地球上创造出丰富多彩的社会文化环境。在当代社会中，儿童成长于独特的人造环境中。人们说同一种母语，按照特定的社会规则行事，并作为社会机构的成员，与有特定文化信仰和价值观的人互动。因此，人类的大脑在与他人互动时，在特定的社会文化环境中发育，这使得个体能够适应特定的社会文化环境，并有效地与他人合作。

在传统的神经生理学和神经科学研究中，学者通过调查在条件相同、控制良好的环境中饲养的动物，以排除复杂的社会环境和经验造成的许多影响。这一方法将大脑作为一个生物器官，旨在阐明多层次脑功能组织发展的生物（如遗传）驱动力。这种方法有助于解释动物的感官体验如何影响其大脑功能组织，并成功揭示了大脑发育的基本原理。然而，人类与动物的大脑发展不同，因为人类的大脑是在一个复杂、动态的社会文化环境中发展的，每个人都有独特的个人经历。此外，通过交流和教育，人类的大脑已经进化出了一种新的社会学习能力，使人们能够创造、传播和学习新的信念、概念和行为脚本。文化神经科学的研究结果表明，在人类发展过程中出现的与特定文化相关的神经认知过程，可以帮助个人适应特定的社会文化环境。如果没有个体与他人互动的社会文化经验，人类大脑的大多数社会功能（如心理状态推断和自我反思）将无法实现，这反映了人类大脑功能组织依赖社会文化情境的本质。

文化神经科学研究在传统的"生物学"和"社会学"方法之间开辟了一条新的途径，以理解人类大脑的本质。一方面，通过比较不同文化群体中与认知和行为相关的大脑活动，文化神经科学家已经发现，来自不同文化的个体可以调用多个认知过程的共同神经回路，如来自西方和东亚文化的个体在目标处理任务中调用枕叶外侧皮层（Goh et al., 2007），在自我反思中调用腹内侧前额叶皮层（Zhu et al., 2007; Ma et al., 2014a）。这些发现揭示了具有文化普遍性的认知和情感的大脑机制，这在很大程度上可能是由我们的生物学（如遗传）因素和跨文化的共同社会经验决定的。另一方面，文化神经科学研究结果也表明，与其他认知和情感过程相关的大脑活动明显取决于个人的文化体验，这因文化群体差异而不同。如心算期间的前运动皮层活动（Tang，2006），以及自我反思中颞顶交界处的活动及其与内侧前额叶皮层的功能连接（Ma et al., 2014a）。

　　不同文化间认知和行为相关的大脑活动模式的差异，可能反映了因文化而异的任务解决策略的使用，抑或反映了人类认知神经基础的功能／结构方面的变化。在前一种情况下，日常生活中的不同文化刺激或文化偏好任务只是调节已经存在的神经活动，这些神经活动可以独立于任何情境的影响而存在。例如，来自东亚和西方文化的个体均已被证明在视觉空间任务中调用额顶叶网络；然而，其大脑活动的强度却随着绝对判断和相对判断的任务要求而变化（Hedden et al., 2008）。这种大脑活动的文化差异可被称为"调节性情境依赖"（Han & Northoff, 2008; Northoff, 2014），这表明神经元和社会活动相互作用，同时又在各自的构成上保持独立。若依赖于调节性情境，则大脑区域或神经网络的功能主要由基因等生物因素决定，而社会文化经验只能改变大脑区域或神经网络参与特定认知任务的程度。然而，在后一种情况下，特定大脑区域的功能组织和不同大脑区域之间的连接取决于社会文化背景。换言之，某一大脑区域或神经网络的功能主要取决于个人在特定社会文化环境中的经验。然而，基因等生物因素只驱动大脑区域或神经网络的形成，如在对自我及其母亲性格特征的反思实验中，可观察到中国被试重叠的腹内侧前额叶活动，而无法观察到西方被试的相关大脑活动（Zhu et al., 2007）。这可被描述为"构成性情境依赖"（Han & Northoff, 2008; Northoff, 2014）。如果特定认知/情感过程相关的大脑活动的构成取决于各自的社会文化背景，那么对大脑的生物领域和文化的社会领域进行明确区别就毫无意义了。在这种情况下，大脑及其神经元活动应被认为是生物和社会影响的混合体。从这种意义上说，人类大脑本质上是一个生物社会器官，其功能是弥合生物体的生物世界与环境文化的社会世界之间的差距（Northoff, 2014; Han et al., 2013）。文化神经科学的研究结果表明，某些响应认知和情绪的神经活动可能主要受文化差异的调节，而其他神经活动可能在构成上依赖于个体的社会文化经验。

关于文化对人类大脑功能和结构影响的新兴研究，正在挑战神经科学（描述生物学决定的人之间的差异）和社会科学（解释人类思想和行为的社会文化差异）之间的二分法。基于基因–文化相互作用深化人类行为研究（Kim & Sasaki, 2014）和人类大脑活动研究（Ma et al., 2014b; Luo et al., 2015b），为基因和行为之间的关系提供了新的视角，进一步扩展了目前为理解人类行为而采用的基因–行为–大脑研究方法。尤其值得一提的是，正如 CBB 循环模型（Han & Ma, 2015）所示，文化神经科学的发现开辟了新的途径，通过思考基因如何调节人类的社会行为、文化信仰/价值观和大脑活动之间的联系，以理解特定社会文化环境中的人类行为。基因对文化与大脑间关系的调节为调节基因–文化相互作用和基因–文化共同进化提供了一种新的机制。

文化的社会生物本质

如第 1 章所述，从文化心理学的角度来看，文化既包括物质成分（如社会环境和文化模式化行为），也包括主观成分（如我们头脑中存在的共同信念、价值观和行为脚本）。文化的物质成分本质上是共同的信仰、价值观和规范的结果。虽然社会环境对人类行为有重大影响，但文化的主观成分在指导行为方面更为基本和稳定，可以通过社会学习代代相传。文化神经科学研究结果表明，大脑是连接和整合文化的物质和主观成分的关键节点，调节文化与行为的动态互动。文化神经科学的发现也促使我们重新思考文化的确切本质。

鉴于大脑的功能组织高度敏感于社会文化环境和经验（尤其是如果大脑显示出构成性情境依赖），大脑应被视为生物社会（而非纯粹生物）器官，则有理由认为，文化并不像通常认为的那样具有纯粹社会性和主观性。文化既非绝对外在的物质社会环境，也不是绝对主观的、纯粹的心理过程。就文化的心理机制而言，文化对行为的影响反映了群体中共同信念 / 价值观的影响。在文化的神经机制方面，文化对大脑的影响反映了共同信念 / 价值观对社会群体中认知和情感背后神经过程的影响。当将文化嵌入人类发展的 CBB 循环模型时，这些说法更有意义（Han & Ma, 2015）。文化信仰 / 价值观表现在大脑活动的神经元结构和功能组织中，并通过大脑活动来指导行为。因此，文化并非完全单一地是社会性和主观性的，而是社会生物性的。文化－神经科学的发现打破了作为自然的生物学和作为后天的文化之间旧的二分法，并表明人类的大脑在创造新的文化概念和信仰方面具有重要意义。此外，文化应被认为是人类－社会生物学本质的一部分。

当前文化神经科学研究结果也从神经科学的角度提出了关于文化的重要问题。例如，虽然越来越多的证据表明文化信念／价值观塑造了大脑的功能组织，但我们对文化信念／价值观的神经表征的本质知之甚少。一种可能性是，并没有任何一个大脑区域或神经网络可以特定地表征和编码抽象的文化知识。相反，文化信仰／价值观／规范本质上嵌入在模式化的大脑活动中，这是参与任务和行为的多个认知和情感过程的基础，文化学习只是改变这些模式化的大脑活动，而不是将文化知识编码和存储在特定的大脑区域或神经网络中。或者，文化信仰／价值观／规范可能被表征和存储在某一特定大脑区域，而这个大脑区域可能作为中枢，影响参与认知和情感任务的其他大脑区域的活动。诸如此类的文化神经模型可能并不现实，因为任何对于编码文化的大脑区域的损害，会导致失去所有的文化知识，但没有神经心理学发现显示某一特定大脑区域的损伤造成了文化知识的缺失。文化知识神经表征的第三种模型是，文化信仰／价值观／规范被编码在一个分布式的神经回路中，类似于语义知识的神经表征。当前脑成像研究提出了两种关于皮层语义网络的神经解剖学分布的理论立场，该语义网络的组织方式符合感觉、运动和语言系统的神经解剖学（Patterson et al., 2007）。单一分布式模型表明，构成完整语义网络的是广泛分布的区域，以及它们之间的不同连接，并且语义知识的不同维度（如名称、颜色和行动）分布在该语义网络的不同节点上。分布＋枢纽模型则假设特定模式的分布区域通过前颞叶的一个共享的阳极"枢纽"连接和通信，在那里，不同语义知识维度之间的关联由一组共同的神经元处理。与语义知识的神经表征类似，不同的文化信仰／价值观／规范，如个人主义／集体主义（Triandis, 2001），独立／相互依存（Markus & Kitayama, 1991; 2010），松散／紧密（Gelfand et al., 2011），可能被编码在一个神经回路的多个节点中。此外，该神经回路可能与其他如感知、认知、情感和决策等相关的神经网络有联系，并对其产生调节影响。支持这一模型的证据来自Wang等（2013），其发现，相对于计算任务，启动互依和独立型自我构念（通过要求被试阅读包含单数或复数代词的文章），激活了腹内侧前额叶皮层和后扣带回皮层。此外，比起独立型，启动互依型自我构念更显著地诱导了背内侧前额叶皮层和左侧中额叶皮层活动。基于这些发现，人们可能会认为，互依和独立等文化知识被编码在腹内侧前额叶皮层和后扣带回皮层，而互依的编码将进一步参与背内侧前额叶皮层和左侧额叶中皮层的活动。然而，如果独立／互依的神经表征不受刺激和任务影响，则应该使用不同类型的刺激和范式来进行测试。未来文化神经科学研究面临的一个巨大挑战是创建可以与大脑成像整合的新范式，以阐明人类大脑中文化知识的神经编码的本质。

文化神经科学研究所衍生的另一个重要问题是，文化是如何世代遗传，并在群体的个体之间传播。人们普遍认为，生物信息通过基因进行编码和世代遗传，而文化信息则通过社会学习传递

（如 Ricerson & Boyd, 2005）。这一观点将基因遗传和传播与文化信息的遗传和传播割裂开来，认为前者完全是生物性的，而后者完全是社会性的。然而，考虑到前文提到的文化的社会生物学本质，特别是如果认知和情感过程背后的文化模式化大脑活动是文化的一个重要组成部分，那么文化遗传和传播也应该是社会生物学的（而不是纯粹的社会的）。来自父母、老师的影响和同龄人之间的社会学习，不仅传递了个人之间的文化信仰 / 价值观和行为脚本，而且还根据这些文化信仰 / 价值观和行为脚本，传递了具有文化模式的大脑活动。同样，对新的文化信念 / 价值观的选择，不仅能带来特定文化的信念 / 价值观和行为脚本，而且还会在文化人群中产生新的大脑活动模式。因此，文化通过社会文化学习而代代相传，这既是文化知识的遗传，也是文化诱导生物学（即文化模式化大脑活动或大脑的文化特定功能组织）的遗传。在这个意义上，文化的传播和选择应被视为社会生物学的过程。

教育

2014 年，英国广播公司（BBC）录制了一项有趣的"社会文化实验"——5 名中国中学教师受到英国汉普郡博亨特学校的邀请，接管 50 名英国青少年学生的教育。博亨特学校的校长说，该项目的想法是，英国的青少年面临竞争激烈的世界，英国教师应该知道英国以外的教育现状。例如，不同文化中学校的数学教育政策差异很大，对于数学成绩的国际研究显示，中国学生的平均成绩高于英国和其他国家的学生（Leung, 2014）。因此，研究者尤其感兴趣的是，中国教育体系中是否有什么东西可以转移到英国的学校，以提高学生的学习成绩。研究者通过中国教师向博亨特学校的英国学生引入典型中国中学的教育方式来进行检验。清晨，中国教师在学校带领学生锻炼。中国教师认为，这种锻炼对健康有益，并可以帮助学生学习协作，从而有利于其他科目的教学。所有 50 名学生都被组织起来讲授科学、数学、英语和其他科目，由五名中国教师在一个教室里授课。这个"中式"班的所有学生都要参加考试，他们的表现要与英国教师教的学生进行比较。

无论受教于中国教师还是英国教师，所有学生的期末考试成绩相近。因此，学生似乎从中英老师那里学到的知识和技能相当。然而，在中国课堂中有一些非常有趣的事件，表明中国教师和英国学生之间的文化信仰、价值观和规范之间存在明显的不一致。例如，中国教师在课堂上强调纪律，要求学生保持沉默，注意老师的讲课内容。该纪律的目的是强调教师的权威，他们传授知识，根据中国文化应该得到尊重，并让学生相互协作，因为据其中一位中国教师所说，"班级是一个整体"。然而，英国学生习惯于在课堂上说出自己的想法，发表自己的意见，并通过小组学习来提高自己的技能和知识，他们认为在一个坐满 50 名学生的教室里，只是做笔记和重复练习很难。他们很快就不再听课，互相聊天，不听老师的话。当学生在课上忍不住与他人交谈时，中国老师会要求学生坐到教室前面，与其他学生分开，以此作为惩罚。但是，预期效果并未达成。这名学生并没有感到尴尬，而是因为被挑出来感到兴奋。显然，在这个社会文化实验中，中国教师的文化信仰 / 价值观与英国学生的文化信仰 / 价值观发生了冲突，英国学生期望他们的观点在课堂教学中得到考虑。此外，中国教师和英国学生之间的文化信仰 / 价值观的差异导致了意想不到的教育结果。例如，在中国文化中，将个人与集体隔离是一种惩罚，而在西方文化中，独立和不同于他人却是一种奖励。因此，中国文化中的惩罚，在英国文化中被认为是展示个人独特性的机会。

BBC 记录的社会文化实验很好地表明，学校教师在建立显性或隐性的强烈文化印记方面具有重要的作用。他们不仅传授他们熟知的知识，而且还因其教学方式（如放松或纪律严明）向学生传授文化信仰、价值观和规范。此外，由于教育可以作为一个指导学习的过程，确保大脑的适当发育和功能（Koizumi, 2004），本书所介绍的文化神经科学发现表明，学校教学可以在很大程度上塑造学生的大脑功能组织，并在多个方面留下不可磨灭的文化印记。首先，尽管在不同的文化环境中传递给学生的科学知识（如物理和化学等）可能是相似的，但一些诸如音乐、手势和品牌等的知识显然是具有文化特色的。文化神经科学研究表明，对音乐、品牌和手势的文化熟悉可以调节大脑活动，因而在听到文化上熟悉的音乐时，运动皮层自动做出反应，让听众随音乐摇摆或拍手，以支持感知 – 产生的整合（Nan et al., 2008）。心理理论网络（后扣带回皮层、背内侧前额叶皮层和双侧颞叶 – 顶叶连接）基于文化上熟悉的手势参与检测他人的心理状态（Liew et al., 2011），奖赏系统（腹侧纹状体、眼窝前额皮层和前扣带回）对文化上熟悉的品牌做出反应以产生好感（Erk et al., 2002）。因此，教育赋予文化上熟悉的刺激以特定的意义和价值，这些刺激被表征并储存在大脑中。

此外，学校的教育可以调节大脑的功能组织，以支持在多项任务中使用的特定文化的认知风格和策略。不同文化背景的学生在进行简单的数学运算，如比较和加法时，西方学生的语言相关大脑区域（即布罗卡区和威尔尼克区）得到激活，而中国学生则激活运动前联想区域（Tang et al., 2006）。学生学习如何进行身体和社会事件的因果归因，并因文化不同而关注外部情境因素或内部特质，而具有文化偏好的因果归因风格则由额叶和顶叶活动的不同模式调节（Han et al., 2011）。因此，学生在学校生活中学习解决问题的过程中采用的认知风格和策略在文化上并不具有普遍性。神经基础也因文化差异而有所不同。当解决相同的问题时，具有不同文化经历的学生可能会采用不同的神经认知策略，即使他们最终会给出相同的答案。

此外，参与学校生活可以影响学生在情感反应和情绪调节领域的大脑活动。西方文化（如美国文化）积极鼓励高唤醒的积极情绪，如兴奋，而中国文化倾向于低唤醒的积极情绪，如平静（Tsai et al., 2006）。不同的文化影响在 BBC 纪录片中也得以彰显。英国学生习惯于在课堂上进行互动交谈和提问，而中国教师则要求学生在课堂上观看和倾听时保持冷静和安静，目的是使其形成纪律和协调的观念，而不是批评和挑战。英国和中国课堂的不同规则和氛围，可能导致西方人调节情感反应的前扣带回和脑岛区活动增加，而东亚人支持情绪调节的外侧前额叶皮层的活动增加（Han & Ma, 2014）。因此，学校教育在塑造情绪反应和情感调节的神经基质方面具有重要意义。

最后，学校教育还可以培养基本的文化信仰 / 价值观，如互依 / 独立，以及潜在的神经基质。现在，课堂教学还没有明确设计以教授学生当地的文化信仰 / 价值观。然而，不同文化中教育的组织方式可能会对学习文化信仰 / 价值观产生新的影响，并可能塑造学生的神经基础。在中国，小学里的班级由许多学生（通常是 20~50 人）组成，他们共同学习若干年。每个班级都配有班主任，其在小学期间的课堂上扮演教师和家长监护人的角色。同一班级的学生将在同一时间学习相同内容，其所学课程与上课时间是由学校而不是由学生自己安排的。这种组织体系在中国从小学一直延续到大学。同一个班的学生会终身铭记班主任，即使退休后他们也会一起聚会或吃饭。"班级"的组织是一个社会单位，它赋予中国学生一种强大的集体认同。相比之下，从初中或高中开始，英美（以及其他西方国家）的学生并不隶属于任何特定的"班级"。相反，学生和其他有相同兴趣的学生在短时间内一起上课，然后换到另一个教室和不同的学生群体共同上课。西方社会的教育制度鼓励个人兴趣，淡化社会关系中班级群体的作用。因此，学校教学可以为学生提供截然不同的文化体验，并通过组织教育的方式促进不同的文化信仰 / 价值观，如个人主义 / 集体主义和互依 / 独立。由于青少年可能是文化适应过程中对新的文化信仰 / 价值观最敏感的人群（Cheung et al., 2010），而且可能参与文化信仰 / 价值观的神经表征的额叶在这一时期正在经历灰质密度的快速变化（Gogtay et al., 2004），因此中学教学很可能对与基本文化信仰 / 价值观相关的大脑功能组织产生显著影响。

　　教育在诱导成人的文化相关的大脑变化方面也有重要意义。目前，世界各地有数百万移民，全球化不可避免地给不同文化背景的人们带来了跨文化接触的机会。对移民来说，重要的是努力融入以被接受，从而在新的文化环境中提高生活质量。新移民必须适应文化上不熟悉的信息，了解当地居民的认知风格，了解他们的情绪。尤为重要的是，移民必须学习当地的文化信仰／价值观／规范，并通过他们的社会互动和教育将其内化在大脑中。成年移民又如何能通过文化学习，来改变基本文化信仰背后的大脑活动呢？基于实验室文化启动的研究表明，当一个人参与多个认知／情感任务时，短期接触文化符号可以调节大脑活动（Han et al., 2013），因此移民很可能通过帮助他们迅速融入新社会的文化学习，改变大脑的功能组织。如果没有适当的文化教育（以及大脑活动的相关变化），移民将很难发展和适应新的文化环境。

　　许多研究探讨了神经科学研究结果与教育之间的关系（Bruer, 1997, 2016; Hinton et al., 2012）。研究人员利用神经科学研究的结果（如神经发生和发育过程中大脑的持续重组）来重新考虑学校的教学方法和其他教育实践（Sousa, 2011）。针对这一点，文化神经科学的发现明显具有重要意义，因为学校教学可以显著改变学生的大脑，这无疑将影响学生的发展和未来的生活。对这些结果的关注应该会激发教育实践的改变。到目前为止，尚不清楚是否存在文化学习的关键期和敏感期，在这些时期，大脑可能更容易适应不熟悉的文化信息，并内化新的文化信仰／价值观。对这类问题的回答，对特定文化背景下的教育时间和内容，以及制定有关移民文化融合的政策具有重要意义。

跨文化交流与冲突

　　由于全球移民的不断增加和商业合作与个人关系的国际化趋势，具有不同文化信仰和文化经验的个体间的人际交流在当代社会无处不在。例如，国际旅行的便利性显著增加了在旅途中面对不同文化的游客的机会。国际商务不可避免地吸引了来自不同国家、具有不同文化背景的员工。数百万移民在职业培训和工作期间必须与来自当地文化的人进行交流。大学的教育过程中，国际学生和他们的教授频繁互动，而教授可能有截然不同的文化经历和文化信仰／价值观。即使在家里，人们也可能不得不与具有不同文化信仰／价值观的人打交道，比如跨文化婚姻和移民家庭中的第一代和第二代人。在跨文化交流过程中，人们必须谨言慎行，以免违背当地文化的社会规范。很明显，于各种跨文化互动而言，如制定有关国际关系的政策，达成跨国公司的商业目标，或在跨文化婚姻中改善家庭福祉等，有效和愉快的跨文化交流都至关重要。

　　跨文化交流的失败，可能会导致文化群体之间（如来自不同国家的公司之间的国际合作）或个体（例如，跨文化婚姻中的夫妇）之间的跨文化误解，甚至跨文化冲突。虽然社会冲突经常因资源或经济利益竞争而发生，但并不总是这种原因。跨文化冲突可能发生在国际商务和学术合作过程中追求相同目标的两个文化群体之间，也可能发生在两个利益相同但文化背景不同的个人（如学生和导师，跨国夫妻）之间。跨文化沟通失败的共同原因在于各方的文化信仰／价值观／规范的差异，这可能导致对同一问题的不一致或相反意见。这种跨文化冲突的问题在于，不一致或相反的观点并不仅仅来自于语言的差异。即使是在双方追求相同的目标时，这些差异也通常可能被误解为反映了达成不同（而非相同）目标的意图，这给进一步的沟通造成了困难。

然而，信仰／价值观／规范上的文化差异并不一定会产生群体或个人之间的冲突。理解明显不同观点的原因对跨文化交流和减少跨文化冲突来说很重要。从文化神经科学的角度来看，每个个体在发展过程中通过文化学习和经验获得一种文化默认的神经认知风格；然而，这并不排除个体可以从多种文化渠道获得知识，并学习不止一种神经认知策略。正如前几章所述，在西方文化中接受教育的个体在顶叶／颞叶／枕叶皮质发展出特定的神经活动模式，这些模式允许他们将注意力集中在显著物体或视觉输入的局部属性上，这支持了他们在文化上偏好的注重物体内部属性或个人特质的物理和社会事件的因果归因。相比之下，在东亚文化中接受教育的个体获得了独特的顶叶／颞叶／枕叶活动模式，这有助于对情境信息的分布式关注，以及视觉输入的整体属性。尽管这些文化上偏好的认知过程使用的神经认知策略可以暂时改变（例如当个体以互依或独立启动时），但它们默认指导日常生活中的感知、认知和决策。此外，大脑对文化上熟悉的产品和不熟悉的产品的反应可能不同，这可能与不同的奖励价值有关。关于人与人之间和物体之间关系的基本信念的神经表征，在不同的文化群体中可能差异巨大。鉴于这些文化神经科学的发现，当感知和讨论相同的问题时，进行跨文化交流的双方（如西方人和东亚人之间，或任何具有不同文化背景的个人之间）采用默认的神经认知策略和文化价值观，从而可能导致不同的意见或结论，也就不足为奇了。因此，在以双方共同利益为目标的跨文化合作中，文化默认的神经认知策略可能导致不同的观点，导致不愉快的结果甚至冲突。

我认为，在跨文化交流过程中，了解他人在文化上偏好的神经认知策略有助于理解其想法，预测其意见和决定。另一方面，个人也必须意识到自身在文化上默认的神经认知策略，包括感知、注意、因果判断和决策。理解人类认知和行为相关神经机制的文化独特性和文化普遍性，对于在跨文化交流和合作过程中相互理解、解决跨文化冲突、达成一致意见具有重要意义。然而，神经认知策略中的文化差异并不一定表明文化刻板印象必然阻止我们理解具有不同文化经历的人。相反，文化神经科学研究已经表明，长期和短期的文化经历都可以塑造神经认知策略。这些发现表明，跨文化交流可以改变相关各方的神经认知策略，从而为各方的协调提供机会。

人们通常倾向于在跨文化交流过程中表明和维护自己的文化信仰 / 价值观。对神经认知策略中的文化差异的乐观或积极看法是，通过跨文化交流，人们可以从其他具有不同文化背景的人那里学习新的视角和新的思维风格。对于在新文化中与导师一起学习和工作的国际学生来说，这可能尤为重要，因为学习新的神经认知思维策略可以帮助学生思考研究问题，并从多个角度寻求解决方案。在国际合作项目或商业活动中，鼓励采用不同的认知策略来解决问题，可以促进从多个角度对问题的批判性审查，并产生意想不到的创新。从这个意义上说，不同文化默认的神经认知策略的差异不一定会在跨文化交流中产生负面结果：它可以有利于人类社会。

精神病学

在人类中，抑郁、焦虑和精神分裂症等精神障碍的病例众多。这些精神障碍的临床治疗对政府和平民来说都已变得越来越昂贵。目前的生物医学研究集中于寻找这些神经精神疾病的多层次生物标志物（如神经元、分子和遗传），以揭示其潜在机制，并突出生物医学治疗的可能靶点。临床精神病学长期记录了主要精神疾病的发病、病程和结果方面的文化差异（Kirmayer & Minas, 2000）。例如，早期的研究报告称，与亚洲人和亚裔美国人相比，欧洲人和欧裔美国患者抑郁症的症状较轻（Shong, 1977; Marsella et al., 1975; Cheung, 1982）。此外，移民（特别是难民）的症状（特别是抑郁症状）更重（Westmeyer, 1983）。英国和其他国家的黑人移民已经表现出精神分裂症发病率升高，这种影响在第二代中持续存在，甚至变得更糟（Cantor-Graae, 2007; Cantor-Graae & Selton, 2005; Coid et al., 2008）。人们认为，文化可能对精神障碍的来源、疾病经历的形式、症状的解释、精神障碍的社会反应和应对神经精神障碍的模式产生多种影响（Kirmayer, 2001）。例如，抑郁症的概念模型在不同的文化中存在很大的差异。Karasz（2005）向南亚人和欧裔美国人展示了一段描述抑郁症状的短文，然后要求他们参与半结构化访谈，使其从疾病名称、原因、后果、时间线和治疗策略方面，说明症状的代表模型。Karasz 发现，欧裔美国人倾向于将短文中描述的症状解释为疾病障碍，而南亚人则倾向于从社会情境角度解释，如对各种致病情况的情绪反应。在抑郁症解释方面的文化差异与抑郁症概念模型中显示的文化差异一致，在西方社会占主导地位的是疾病模型（强调疾病的解剖学、遗传和病程根源，见 Keyes, 1985），而东亚社会和西方少数群体则是情境模型（强调社会背景和对原因、后果、时间线和治疗的结构化感知）（Patel, 1995）。精神障碍的文化特异性模型也与因果归因策略的文化差异主张一致，即西方人强调内部特质性因素，而东亚人受情境制约（Choi et al., 1999; Morris & Peng, 1994; Peng & Knowles, 2003）。

在精神疾病的流行率（和神经相关性）的跨文化差异方面，文化神经科学研究提出了崭新的重要问题。例如，一个有趣的问题是，精神障碍的症状性表现是否受到文化倾向的影响，例如，在鼓励集体主义的文化中接受教育的精神病患者的症状与在鼓励个人主义的文化中接受教育者的症状不同。另一个与文化神经科学发现尤为相关的问题是，神经精神疾病的症状是否由不同文化中类似的异常神经活动模式调节。以抑郁症为例，一项研究调查了愤怒抑制和抑郁症状之间的关系并发现，文化特征（如互依性自我构念）调节情绪抑制与抑郁间的关联，亚裔（比起欧裔）美国患者因其更强的互依型自我构念能够减弱愤怒抑制和抑郁症状之间的关系（Cheung & Park, 2010）。一项对亚裔美国大学生的研究也发现，相互依存调节了非适应性完美主义和抑郁症状之间的关系，因此高度相互依存的亚裔美国学生在表现出完美主义倾向时，似乎更容易出现抑郁（Yoon & Lau, 2008）。这些发现表明，文化特征（如相互依存）在抑郁症状的表达和调节方面具有潜在作用。

　　典型的抑郁认知模型强调增强的自我关注、对自我的消极看法或扭曲的自我消极图式（Beck, 1976; Beck et al., 1979）。根据抑郁症的认知模型，最近的脑成像研究促成了与自我参照处理相关的抑郁神经模型的发展，其特征为与健康对照组相比，抑郁症患者在自我参照处理过程中，内侧前额叶皮层更为活跃（Lemogne et al., 2009）。与健康对照组不同，抑郁症患者在认知任务中，如被动地查看消极图片或主动重新评价这些图片时，未能减少内侧前额叶皮层的活动（Sheline et al., 2009）。Lemogne 和同事（2012）进一步提出，基于重度抑郁症患者的脑成像研究，使用不同的范式，应对短暂的自我反思思维时，紧张性腹内侧前额叶激活水平升高，这可能体现了抑郁性自我关注的自动方面，如吸引对自我相关传入信息的注意。在持续的自我反思后，背内侧前额叶激活水平升高，这可能体现了抑郁性自我关注的策略方面，如比较自我和内在标准。以往大多数对抑郁症患者的脑成像研究都是针对西方患者的，研究结果表明，比起非抑郁症患者，内侧前额叶活动增加的异常模式为抑郁症患者增强的自我关注提供了神经基础。然而，考虑到文化神经科学的发现，来自东亚文化（如中国）的健康个体，比起来自西方文化（如丹麦）的健康个体，其在自我反思过程中表现出内侧前额叶活动减少（Ma et al., 2014a），有人可能会问，东亚文化中的抑郁症患者是否会表现出与西方文化中的抑郁症患者相似的内侧前额叶活动异常增强（比起健康对照组）？此外，与西方（如丹麦）文化相比，东亚（如中国）文化的健康个体在自我反思过程中，颞顶交界处激活更为显著，这由互依型文化特征调节，与他人对自己的看法有关（Ma et al., 2014a）。因此，有人可能会关心，两种文化中的抑郁症患者在自我反思过程中，是否都会表现出颞顶交界处的异常活动，以及这种异常活动是否与东亚和西方文化中抑郁症患者的类似抑郁症状有关。

另一个与文化神经科学发现的抑郁症神经基础相关的问题是，文化特征如何与个体的基因组成相互作用，从而形成大脑中抑郁症的生物标记物。因为同一基因的不同变异（例如 5-HTTLPR 的短等位基因和长等位基因）使个体遭受坎坷生活经历时的反应不同，其抑郁症状不同（Caspi et al., 2003），消极的自我反思和与情绪相关的神经回路的反应也有差异（Ma et al., 2014c）。这反映了文化价值观和自我反思背后大脑活动的耦合（Ma et al., 2014b），很可能基因对精神障碍和潜在的神经基质的影响受个人的文化特征和经验的调节。未来研究可以通过比较来自不同文化基因型患者的精神障碍（如抑郁症）的神经标记物来检验这一点，从而研究基因对精神障碍的神经标记物的影响如何因文化而异，以及它们如何被文化背景和 / 或特定文化特征所调节。

了解神经精神疾病的神经标记物的文化普遍性和文化特异性，对于确定相同的治疗方法是否适用于不同文化中的精神障碍，以及跨越不同文化去寻找有效的预防和干预手段具有重要的临床意义。已有证据表明，来自不同文化的个体对于抗抑郁药物治疗的反应各异。Wade 等（2010）从瑞典和土耳其招募了被基层保健医生诊断为抑郁症或焦虑症的成年患者，并为其开具了选择性5- 羟色胺再摄取抑制剂类的抗抑郁药。医生和患者均根据问卷，在开始抗抑郁药物治疗前和用药 8 周后记录了表现症状。数据表明，土耳其患者在抑郁、压力和疼痛等三种显著症状上的改善程度大于瑞典患者。研究人员已经意识到，多个因素影响精神健康治疗的种族差异，包括社会经济背景、文化信仰 / 态度和医患沟通（Stewart et al., 2012）。未来的文化神经科学研究可通过比较抗抑郁药物对不同文化背景的患者抑郁神经标记物的影响，阐明在精神健康护理期间，抗抑郁治疗效果的文化群体差异背后潜在的神经基础。

参 考 文 献

Adams Jr, R.B., Rule, N.O., and Franklin Jr, R.G. et al. (2010). Cross-cultural reading the mind in the eyes: an fMRI investigation. *Journal of Cognitive Neuroscience* 22, 97–108.

Adolphs, R., Tranel, D., Damasio, H., and Damasio, A. (1994). Impaired recognition of emotion in facial expressions following bilateral damage to the human amygdala. *Nature* 372, 669–72.

Aharon, I., Etcoff, N., Ariely, D., Chabris, C.F., O'Connor, E., and Breiter, H.C. (2001). Beautiful faces have variable reward value: fMRI and behavioral evidence. *Neuron* 32, 537–51.

Albahari, M. (2006). *Analytical Buddhism: the two-tiered illusion of self.* New York: Palgrave Macmillan.

Allman, J.M., Watson, K.K., Tetreault, N.A., and Hakeem, A.Y. (2005). Intuition and autism: a possible role for Von Economo neurons. *Trends in Cognitive Sciences* 9, 367–73.

Amato, P.R., and Gilbreth, J.G. (1999). Nonresident fathers and children's well-being: a meta- analysis. *Journal of Marriage and Family* 61, 557–73.

Ambady, N., and Bharucha, J. (2009). Culture and the brain. *Current Directions in Psychological Science* 18, 342–5.

Ames, D.L., and Fiske, S.T. (2010). Cultural neuroscience. *Asian Journal of Social Psychology* 13, 72–82.

Amodio, D.M., and Frith, C.D. (2006). Meeting of minds: the medial frontal cortex and social cognition. *Nature Reviews Neuroscience* 7, 268–77.

Amsterdam, B. (1972). Mirror self-image reactions before age two. *Developmental Psychobiology* 5, 297–305.

Archer, D. (1997). Unspoken diversity: cultural differences in gestures. *Qualitative Sociology* 20, 79–105.

Asendorpf, J.B., Warkentin, V., and Baudonniere, P.M. (1996). Self-awareness and otherawareness II: mirror self-recognition, social contingency awareness, and synchronic imitation. *Development Psychology* 32, 313–21.

Azari, N.P., Nickel, J., and Wunderlich, G. et al. (2001). Neural correlates of religious experience. *European Journal of Neuroscience* 13, 1649–52.

Baars, B.J. (1997). *In the theater of consciousness*. New York Oxford: Oxford University Press.

Bakermans-Kranenburg, M.J., and van IJzendoorn, M.H. (2014). A sociability gene? Metaanalysis of oxytocin receptor genotype effects in humans. *Psychiatric Genetics* 24, 45–51.

Baron-Cohen, S., Lombardo, M., Tager-Flusberg, H., and Cohen, D. (eds.) (2013). *Understanding Other Minds: Perspectives from Developmental Social Neuroscience*. New York: Oxford University Press.

Baron-Cohen, S., Ring, H., and Wheelwright, S. et al. (1999). Social intelligence in the normal and autistic brain: an fMRI study. *European Journal of Neuroscience* 11,1891–8.

Baron-Cohen, S., Wheelwright, S., Hill, J., Raste, Y., and Plumb, I. (2001). The "Reading the Mind in the Eyes" test revised version: a study with normal adults, and adults with Asperger syndrome or high-functioning autism. *Journal of Child Psychology and Psychiatry* 42, 241–51.

Batson, C.D. [2009] (2011). These things called empathy: eight related but distinct phenomena. In: J. Decety and W. Ickes (eds.), *The social neuroscience of empathy*. Cambridge, MA: MIT Press, pp. 3–15.

Batson, C.D. (2011). *Altruism in humans*. New York: Oxford University Press.

Beck, A.T. (1976). *Cognitive therapy and emotional disorders*. New York: International University Press.

Beck, A.T., Rush, A.J., Shaw, B.F., and Emery, G. (1979). *Cognitive therapy of depression*. New York: Guilford Press.

Belsky, J., Jonassaint, C., Pluess, M., Stanton, M., Brummett, B., and Williams, R. (2009). Vulnerability genes or plasticity genes & quest. *Molecular Psychiatry* 14, 746–54.

Belsky, J., and Pluess, M. (2009). Beyond diathesis stress: differential susceptibility to environmental influences. *Psychological Bulletin* 135, 885–908.

Benet-Martínez, V., Leu, J., Lee, F., and Morris, M.W. (2002). Negotiating biculturalism cultural frame switching in biculturals with oppositional versus compatible cultural identities. *Journal of Cross-Cultural Psychology* 33, 492–516.

Bentin, S., Allison, T., Puce, A., Perez, E., and McCarthy, G. (1996). Electrophysiological studies of face perception in humans. *Journal of Cognitive*

Neuroscience 8, 551–65.

Binder, J.R., and Desai, R.H. (2011). The neurobiology of semantic memory. *Trends in Cognitive Sciences* 15, 527–36.

Blais, C., Jack, R.E., Scheepers, C., Fiset, D., and Caldara, R. (2008). Culture shapes how we look at faces. *PLoS One* 3, e3022.

Blakemore, S.J. (2008). The social brain in adolescence. *Nature Reviews Neuroscience* 9, 267–77.

Blokland, G.A., McMahon, K.L., Thompson, P.M., Martin, N.G., de Zubicaray, G.I., and Wright, M.J. (2011). Heritability of working memory brain activation. *Journal of Neuroscience* 31, 10882–90.

Bochud, M. (2012). Estimating heritability from nuclear family and pedigree data. In: R.C. Elston, J.M. Satagopan, and S. Sun (eds.), *Statistical human genetics*. Totowa, NJ: Humana Press, pp.171–86.

Bohlken, M.M., Mandl, R.C., and Brouwer, R.M. et al. (2014). Heritability of structural brain network topology: a DTI study of 156 twins. *Human Brain Mapping* 35, 5295–305.

Bookheimer, S. (2002). Functional MRI of language: new approaches to understanding the cortical organization of semantic processing. *Annual Review of Neuroscience* 25, 151–88.

Botvinick, M.M., Cohen, J.D., and Carter, C.S. (2004). Conflict monitoring and anterior cingulate cortex: an update. *Trends in Cognitive Sciences* 8, 539–46.

Boyd, J.L., Skove, S. L., and Rouanet, J. P. et al. (2015). Human-chimpanzee differences in a FZD8 enhancer alter cell-cycle dynamics in the developing neocortex. *Current Biology* 25, 772–9.

Boyd, R., and Richerson, P.J. (1985). *Culture and the evolutionary Process*. Chicago: Chicago University Press.

Brewer, M.B., and Gardner, W.L. (1996). Who is this 'we'? Levels of collective identity andself representations. *Journal of Personality and Social Psychology* 71, 83–93.

Bromm, B., and Chen, A.C. (1995). Brain electrical source analysis of laser evoked potentials in response to painful trigeminal nerve stimulation. *Electroencephalogry of Clinical Neurophysiology* 95, 14–26.

Bruce, A.S., Bruce, J.M., and Black, W.R. et al. (2014). Branding and a child's brain: an fMRI study of neural responses to logos. *Social Cognitive and Affective Neuroscience* 9, 118–22.

Bruce, A.S., Martin, L.E., and Savage, C.R. (2011). Neural correlates of pediatric obesity. *Preventive Medicine* 52, S29–35.

Bruer, J.T. (1997). Education and the brain: a bridge too far. *Educational Researcher* 26, 4–16.

Bruer, J.T. (2016). Where is educational neuroscience? *Educational Neuroscience* 1, 1–12.

Burns, C. (2003). "Soul-less" Christianity and the Buddhist empirical self: Buddhist Christian convergence? *Buddhist Christian Studies* 23, 87–100.

Burton, H., Snyder, A.Z., Diamond, J.B., and Raichle, M.E. (2002). Adaptive changes in early and late blind: a fMRI study of verb generation to heard nouns. *Journal of Neurophysiology* 88, 3359–71.

Calvo-Merino, B., Glaser, D., Grezes, J., Passingham, R., and Haggard, P. (2005). Action observation and acquired motor skills: an fMRI study with expert dancers. *Ceberal Cortex* 15, 1243–9.

Campbell, J.I., and Xue, Q. (2001). Cognitive arithmetic across cultures. *Journal of Experimental Psychology General* 130, 299–315.

Campbell, P.S. (1997). Music, the universal language: fact or fallacy? *International Journal of Music Education* 1, 32–9.

Canli, T., and Lesch, K.P. (2007). Long story short: the serotonin transporter in emotion regulation and social cognition. *Nature Neuroscience* 10, 1103–9.

Canli, T., Qiu, M., and Omura, K. et al. (2006). Neural correlates of epigenesis. *Proceedings of the National Academy of Sciences* 103, 16033–8.

Cantor-Graae, E. (2007). The contribution of social factors to the development of schizophrenia: a review of recent findings. *Canadian Journal of Psychiatry* 52, 277–86.

Cantor-Graae, E., and Selten, J.P. (2005). Schizophrenia and migration: a meta-analysis and review. *American Journal of Psychiatry* 162, 12–24.

Carter, C.S., Braver, T.S., Barch, D.M., Botvinick, M.M., Noll, D., and Cohen, J.D. (1998). Anterior cingulate cortex, error detection, and the online monitoring of performance. *Science* 280, 747–9.

Caspi, A., and Moffitt, T.E. (2006). Gene–environment interactions in psychiatry: joining forces with neuroscience. *Nature Reviews Neuroscience* 7, 583–90.

Caspi, A., Sugden, K., and Moffitt, T. E. et al. (2003). Influence of life stress on depression: moderation by a polymorphism in the 5-HTT gene. *Science* 301, 386–9.

Cavalli-Sforza, L.L., and Feldman, M.W. (1981). *Culture and the evolutionary process*. Chicago: University of Chicago Press.

Cavanna, A.E., and Trimble, M.R. (2006). The precuneus: a review of its functional anatomy and behavioral correlates. *Brain* 129, 564–83.

Cesarini, D., Dawes, C.T., Fowler, J.H., Johannesson, M., Lichtenstein, P., and Wallace, B. (2008). Heritability of cooperative behavior in the trust game. *Proceedings of the National Academy of Sciences* 105, 3721–6.

Chang, L., Fang, Q., Zhang, S., Poo, M.M., and Gong, N. (2015). Mirror-induced self-directed behaviors in rhesus monkeys after visual-somatosensory training. *Current Biology* 25, 212–17.

Chen, C.H., Gutierrez, E.D., and Thompson, W. et al. (2012). Hierarchical genetic organization of human cortical surface area. *Science* 335, 1634–6.

Chen, P.H.A., Heatherton, T.F., and Freeman, J.B. (2015). Brain-as-predictor approach: an alternative way to explore acculturation processes. In: E. Warnick and D. Landis (eds.), *Neuroscience in intercultural contexts*. New York: Springer, pp.143–70.

Chen, P.H.A., Wagner, D.D., Kelley, W.M., and Heatherton, T.F. (2015). Activity in cortical midline structures is modulated by self-construal changes during acculturation. *Culture and Brain* 3, 39–52.

Chen, P.H.A., Wagner, D.D., Kelley, W.M., Powers, K.E., and Heatherton, T.F. (2013). Medial prefrontal cortex differentiates self from mother in Chinese: evidence from selfmotivated immigrants. *Culture and Brain* 1, 3–15.

Chen, X., Hastings, P.D., Rubin, K.H., Chen, H., Cen, G., and Stewart, S.L. (1998). Childrearing attitudes and behavioral inhibition in Chinese and Canadian toddlers: a crosscultural study. *Developmental Psychology* 34, 677–86.

Cheon, B.K., Im, D.M., and Harada, T. et al. (2011). Cultural influences on neural basis of intergroup empathy. *NeuroImage* 57, 642–50.

Cheon, B.K., Im, D.M., and Harada, T. et al. (2013). Cultural modulation of the neural correlates of emotional pain perception: the role of other-focusedness. *Neuropsychologia* 51, 1177–86.

Cheung, B.Y., Chudek, M., and Heine, S.J. (2011). Evidence for a sensitive period for acculturation younger immigrants report acculturating at a faster rate. *Psychological Science* 22, 147–52.

Cheung, F.M. (1982). Psychological symptoms among Chinese in urban Hong Kong.

Social Science and Medicine 16, 1339–44.

Cheung, R.Y., and Park, I.J. (2010). Anger suppression, interdependent self-construal, and depression among Asian American and European American college students. *Cultural Diversity and Ethnic Minority Psychology* 16, 517–25.

Chiao, J.Y. (2010). At the frontier of cultural neuroscience: introduction to the special issue. *Social Cognitive and Affective Neuroscience* 5, 109–10.

Chiao, J.Y., and Ambady, N. [2007] (2010). Cultural neuroscience: parsing universality and diversity across levels of analysis. In: S. Kitayama and D. Cohen (eds.), *Handbook of cultural psychology*. New York: Guilford, pp.237–54.

Chiao, J.Y., and Bebko, G.M. (2011). Cultural neuroscience of social cognition. In: S. Han and E. Poppel (eds.), *Culture and neural frames of cognition and communication*. Berlin: Springer, pp.19–40.

Chiao, J.Y., and Blizinsky, K.D. (2010). Culture-gene coevolution of individualismcollectivism and the serotonin transporter gene. *Proceedings of the Royal Society of London B: Biological Sciences* 277, 529–37.

Chiao, J.Y., Cheon, B.K., Pornpattananangkul, N., Mrazek, A.J., and Blizinsky, K.D.(2013). Cultural neuroscience: progress and promise. *Psychological Inquiry* 24, 1–19.

Chiao, J.Y., Harada, T., and Komeda, H. et al. (2010). Dynamic cultural influences on neural representations of the self. *Journal of Cognitive Neuroscience* 22, 1–11.

Chiao, J.Y., Iidaka, T., and Gordon, H.L. et al. (2008). Cultural specificity in amygdale response to fear faces. *Journal of Cognitive Neuroscience* 20, 2167–74.

Chiao, J.Y., Li, S.C., Seligman, R., and Turner, R. (eds.) (2016). *The Oxford handbook of cultural neuroscience*. New York: Oxford University Press.

Ching, J. (1984). Paradigms of the self in Buddhism and Christianity. *Buddhist-Christian Studies* 4, 31–50.

Chiu, C.Y., and Hong, Y.Y. (2013). *Social psychology of culture*. New York: Psychology Press.

Chiu, L.H. (1972). A cross-cultural comparison of cognitive styles in Chinese and American children. *International Journal of Psychology* 7, 235–42.

Choi, I., Nisbett, R.E., and Norenzayan, A. (1999). Causal attribution across cultures: variation and universality. *Psychological Bulletin* 125, 47–63.

Christmann, C., Koeppe, C., Braus, D., Ruf, M., and Flora, H. (2007). A simultaneous EEG–fMRI study of painful electrical stimulation. *NeuroImage* 34, 1428–37.

Chung, T., and Mallery, P. (1999). Social comparison, individualism-collectivism, and selfesteem in China and the United States. *Current Psychology* 18, 340–52.

Coid, J.W., Kirkbride, J.B., and Barker, D. et al. (2008). Raised incidence rates of all psychoses among migrant groups: findings from the East London first episode psychosis study. *Archives of General Psychiatry* 65, 1250–8.

Coley, R.L. (1998). Children's socialization experiences and functioning in single-mother households: the importance of fathers and other men. *Child Development* 69, 219–30.

Colzato, L.S., de Bruijn, E.R., and Hommel, B. (2012). Up to "me" or up to "us"? The impact of self-construal priming on cognitive self-other integration. *Frontiers in Psychology* 3, 341.

Constantine, M.G., and Sue, D.W. (2006). Factors contributing to optimal human functioning in people of color in the United States. *Counseling Psychologist* 34, 228–44.

Coon, K.A., and Tucker, K.L. (2002). Television and children's consumption patterns. A review of the literature. *Minerva Pediatrica* 54, 423–36.

Cross, E., Hamilton, A., and Grafton, S. (2006). Building a motor simulation de novo: observation of dance by dancers. *Neuroimage* 31, 1257–67.

Cunningham, W.A., Johnson, M.K., Gatenby, J.C., Gore, J.C., and Banaji, M.R. (2003). Neural components of social evaluation. *Journal of Personality and Social Psychology* 85, 639–49.

Cuthbert, B.N., Schupp, H.T., Bradley, M.M., Birbaumer, N., and Lang, P.J. (2000). Brain potentials in affective picture processing: covariation with autonomic arousal and affective report. *Biological Psychology* 52, 95–111.

Dannlowski, U., Kugel, H., and Grotegerd, D. et al. (2015). Disadvantage of social sensitivity: interaction of oxytocin receptor genotype and child maltreatment on brain structure. *Biological Psychiatry* 15, 1053–7.

D'Argembeau, A., Ruby, P., and Collette, F. et al. (2007). Distinct regions of the medial prefrontal cortex are associated with self-referential processing and perspective taking. *Journal of Cognitive Neuroscience* 19, 935–44.

Davidson, R.J., and Irwin, W. (1999). The functional neuroanatomy of emotion and affective style. *Trends in Cognitive Sciences* 3, 11–21.

Davis, M.H. (1994). *Empathy: a social psychological approach.* Boulder, CO: Westview Press.

De Greck, M., Shi, Z., and Wang, G. et al. (2012). Culture modulates brain activity during empathy with anger. *NeuroImage* 59, 2871–82.

De Waal, F.B.M. (2008). Putting the altruism back into altruism: the evolution of empathy. *Annual Review of Psychology* 59, 279–300.

De Waal, F.B.M. (2009). *The age of empathy*. New York: Harmony.

Debener, S., Makeig, S., Delorme, A., and Engel, A.K. (2005). What is novel in the novelty P3 event-related potential as revealed by independent component analysis. *Cognitive Brain Research* 22, 309–21.

Decety, J., and Lamm, C. (2007). The role of the right temporoparietal junction in social interaction: how low-level computational processes contribute to meta-cognition. *Neuroscientist* 13, 580–93.

Deco, G., Jirsa, V.K., and McIntosh, A.R. (2011). Emerging concepts for the dynamical organization of resting-state activity in the brain. *Nature Reviews Neuroscience* 12, 43–56.

Degler, C.N. (1991). *In search of human nature: the decline and revival of Darwinism in American social thought*. New York: Oxford University Press.

Demorest, S.M., Morrison, S.J., Stambaugh, L.A., Beken, M., Richards, T.L., and Johnson, C. (2010). An fMRI investigation of the cultural specificity of music memory. *Social Cognitive and Affective Neuroscience* 5, 282–91.

Demorest, S.M., and Osterhout, L. (2012). ERP responses to cross-cultural melodic expectancy violations. *Annals of the New York Academy of Sciences* 1252, 152–7.

Descartes, R. (1912). Meditations on the First Philosophy, meditation 2 (in English). In: *everyman's library, 570, philosophy*. London: J. M. Dent and Sons LTD.

Dobzhansky, T. (1962). *Mankind evolving: the evolution of the human species*. New Haven: Yale University Press.

Donchin, E., and Coles, M.G.H. (1988). Precommentary: is the P300 component a manifestation of context updating? *Behavioral and Brain Sciences* 11, 357–74.

Draganski, B., Gaser, C., Busch, V., Schuierer, G., Bogdahn, U., and May, A. (2004). Neuroplasticity: changes in grey matter induced by training. *Nature* 427, 311–12.

Drwecki, B.B., Moore, C.F., Ward, S.E., and Prkachin, K.M. (2011). Reducing racial disparities in pain treatment: the role of empathy and perspective-taking. *Pain* 152, 1001–6.

Dunbar, R.I. (1992). Neocortex size as a constraint on group size in primates. *Journal of Human Evolution* 22, 469–93.

Dunbar, R.I., and Shultz, S. (2007). Evolution in the social brain. *Science* 317, 1344–7.

Durham, W.H. (1991). *Coevolution: genes, culture, and human diversity*. Stanford:

Stanford University Press.

Eichenbaum, H. (2000). A cortical-hippocampal system for declarative memory. *Nature Reviews Neuroscience* 1, 41–50.

Eimer, M. (2000). The face-specific N170 component reflects late stages in the structural encoding of faces. *Neuroreport* 11, 2319–24.

Ekman, P., Friesen, W.V., and O'Sullivan, M. et al. (1987). Universals and cultural differences in the judgments of facial expressions of emotion. *Journal of Personality & Social Psychology* 53, 712–17.

Epstein, R., and Kanwisher, N. (1998). A cortical representation of the local visual environment. *Nature* 392, 598–601.

Erk, S., Spitzer, M., Wunderlich, A.P., Galley, L., and Walter, H. (2002). Cultural objects modulate reward circuitry. *Neuroreport* 13, 2499–503.

Etkin, A., Büchel, C., and Gross, J.J. (2015). The neural bases of emotion regulation. *Nature Reviews Neuroscience* 16, 693–700.

Evangelou, E., and Ioannidis, J.P. (2013). Meta-analysis methods for genome-wide association studies and beyond. *Nature Reviews Genetics* 14, 379–89.

Evans, P.D., Anderson, J.R., Vallender, E.J., Choi, S.S., and Lahn, B.T. (2004). Reconstructing the evolutionary history of microcephalin, a gene controlling human brain size. *Human Molecular Genetics* 13, 1139–45.

Falkenstein, M., Hohnsbein, J., Hoorman, J., and Blanke, L. (1991). Effects of crossmodal divided attention on late ERP components: II. Error processing in choice reaction tasks. *Electroencephalography and Clinical Neurophysiology* 78, 447–55.

Fan, Y., Duncan, N.W., de Greck, M., and Northoff, G. (2011). Is there a core neural network in empathy? An fMRI based quantitative meta-analysis. *Neuroscience & Biobehavioral Reviews* 35, 903–11.

Feldman, M.W., and Laland, K.N. (1996). Gene–culture coevolutionary theory. *Trends in Ecology & Evolution* 11, 453–7.

Ferguson, G.A. (1956). On transfer and the abilities of man. Canadian Journal of *Psychology/Revue Canadienne de Psychologie* 10, 121–31.

Festinger, L. (1954). A theory of social comparison processes. *Human Relations* 7, 117–40.

Figner, B., Knoch, D., and Johnson, E.J. et al. (2010). Lateral prefrontal cortex and selfcontrol in intertemporal choice. *Nature Neuroscience* 13, 538–9.

Flint, J., Greenspan, R.J., and Kendler, K.S. (2010). *How genes influence behavior.*

New York: Oxford University Press.

Fogassi, L., Ferrari, P.F., Gesierich, B., Rozzi, S., Chersi, F., and Rizzolatti, G. (2005). Parietal lobe: from action organization to intention understanding. *Science* 308, 662–7.

Folstein, J.R., and Van Petten, C. (2008). Influence of cognitive control and mismatch on the N2 component of the ERP: a review. *Psychophysiology* 45, 152–70.

Fong, M.C., Goto, S.G., Moore, C., Zhao, T., Schudson, Z., and Lewis, R.S. (2014). Switching between Mii and Wii: the effects of cultural priming on the social affective N400. *Culture and Brain* 2, 52–71.

Ford, J.A. (1949). Cultural dating of prehistoric sites in Virú Valley, Peru. *Anthropological Papers of the American Museum of Natural History* 43, 31–78.

Fortun, K., and Fortun, M. (2009). *Cultural anthropology*. London: SAGE.

Fox, P. T., Raichle, M. E., Mintun, M. A., and Dence, C. (1988). Nonoxidative glucose consumption during focal physiologic neural activity. *Science* 241, 462–4.

Fraga, M.F., Ballestar, E., and Paz, M.F. et al. (2005). Epigenetic differences arise during the lifetime of monozygotic twins. *Proceedings of the National Academy of Sciences of the United States of America* 102, 10604–9.

Freeman, J.B., Rule, N.O., Adams Jr, R.B., and Ambady, N. (2009). Culture shapes a mesolimbic response to signals of dominance and subordination that associates with behavior. *Neuroimage* 47, 353–9.

Friederici, A.D. (2002). Towards a neural basis of auditory sentence processing. *Trends in Cognitive Sciences* 6, 78–84.

Friederici, A.D. (2012). Thecortical language circuit: from auditory perception to sentence comprehension. *Trends in Cognitive Sciences* 16, 262–8.

Frith, U., and Frith, C.D. (2003). Development and neurophysiology and mentalizing. *Philosophical Transactions of the Royal Society of London* 358, 459–73.

Fung, Y. (1948/2007). *A short history of Chinese philosophy*. Tian Jin: Tian Jin Social Science Academy Press.

Furukawa, E., Tangney, J., and Higashibara, F. (2012). Cross-cultural continuities and discontinuities in shame, guilt, and pride: a study of children residing in Japan, Korea and the USA. *Self and Identity* 11, 90–113.

Gallagher, H.L., Happé, F., Brunswick, N., Fletcher, P.C., Frith, U., and Frith, C.D. (2000). Reading the mind in cartoons and stories: an fMRI study of "theory of mind" in verbal and nonverbal tasks. *Neuropsychologia* 38, 11–21.

Gallese, V., Fadiga, L., Fogassi, L., and Rizzolatti, G. (1996). Action recognition in the premotor cortex. *Brain* 119, 593–610.

Gallup, G.G. (1970). Chimpanzees: self-recognition. *Science* 167, 86–7.

Gardner, W.L., Gabriel, S., and Lee, A.Y. (1999). "I" value freedom, but "we" value relationships: self-construal priming mirrors cultural differences in judgment. *Psychological Science* 10, 321–6.

Gazzaniga, M.S. (ed.). (2004). *The cognitive neurosciences*. Cambridge, MA: MIT Press.

Ge, J., Gu, X., Ji, M., and Han, S. (2009). Neurocognitive processes of the religious leader in Christians. *Human Brain Mapping* 30, 4012–24.

Ge. J., and Han, S. (2008). Distinct neurocognitive strategies for comprehensions of human and artificial intelligence. *PLoS ONE* 3, e2797.

Geary, D.C. (2000). Evolution and proximate expression of human paternal investment. *Psychological Bulletin* 126, 55–77.

Gehring, W.J., Coles, M.G.H., Meyer, D.E., and Donchin, E. (1990). The error-related negativity: an event-related brain potential accompanying errors. *Psychophysiology* 27, S34.

Gehring, W.J., Himle, J., and Nisenson, L.G. (2000). Action-monitoring dysfunction in obsessive–compulsive disorder. *Psychological Science* 11, 1–6.

Gelfand, M.J., Raver, J.L., and Nishii, L. et al. (2011). Differences between tight and loose cultures: a 33-nation study. *Science* 332, 1100–4.

Geng, H., Zhang, S., Li, Q., Tao, R., and Xu, S. (2012). Dissociations of subliminal and supraliminal self-face from other-face processing: behavioral and ERP evidence. *Neuropsychologia* 50, 2933–42.

Gibbs, R.A., Rogers, J., and Katze, M.G. et al. (2007). Evolutionary and biomedical insights from the rhesus macaque genome. *Science* 316, 222–34.

Gimpl, G., and Fahrenholz, F. (2001). The oxytocin receptor system: structure, function, and regulation. *Physiological Reviews* 81, 629–83.

Glasser, M.F., Goyal, M.S., Preuss, T.M., Raichle, M.E., and Van Essen, D.C. (2014). Trends and properties of human cerebral cortex: correlations with cortical myelin content. *Neuroimage* 93, 165–75.

Gogtay, N., Giedd, J.N., and Lusk, L. et al. (2004). Dynamic mapping of human cortical development during childhood through early adulthood. *Proceedings of the National Academy of Sciences of the United States of America* 101, 8174–9.

Goh, J. O., Chee, M. W., and Tan, J. C. et al. (2007). Age and culture modulate object processing and object-scene binding in the ventral visual area. *Cognitive,*

Affective, & Behavioral Neuroscience 7, 44–52.

Goh, J.O., Hebrank, A.C., Sutton, B.P., Chee, M.W., Sim, S.K., and Park, D. C. (2013). Culture-related differences in default network activity during visuo-spatial judgments. *Social Cognitive and Affective Neuroscience* 8, 134–42.

Goh, J.O., Siong, S.C., Park, D., Gutchess, A., Hebrank, A., and Chee, M.W. (2004). Cortical areas involved in object, background, and object-background processing revealed with functional magnetic resonance adaptation. *Journal of Neuroscience* 24, 10223–8.

Gold, N., Colman, A.M., and Pulford, B.D. (2014). Cultural differences in responses to real-life and hypothetical trolley problems. *Judgment & Decision Making* 9, 65–76.

González, V.M., and Mark, G. (2004). Constant, constant, multi-tasking craziness: managing multiple working spheres. *Proceedings of the SIGCHI Conference on Human Factors in Computing Systems* pp.113–20.

Gornotempini, M.L., Pradelli, S., and Serafini, M. et al. (2001). Explicit and incidental facial expression processing: an fMRI study. *Neuroimage* 14, 465–73.

Goto, S.G., Ando, Y., Huang, C., Yee, A., and Lewis, R.S. (2010). Cultural differences in the visual processing of meaning: detecting incongruities between background and foreground objects using the N400. *Social Cognitive and Affective Neuroscience* 5, 242–53.

Goto, S.G., Yee, A., Lowenberg, K., and Lewis, R.S. (2013). Cultural differences in sensitivity to social context: detecting affective incongruity using the N400. *Social Neuroscience* 8, 63–74.

Gougoux, F., Belinb, P., Vossa, P., Leporea, F., Lassondea, M., and Zatorre, R.J. (2009). Voice perception in blind persons: a functional magnetic resonance imaging study. *Neuropsychologia* 47, 2967–74.

Greene, J., and Haidt, J. (2002). How (and where) does moral judgment work? *Trends in Cognitive Sciences* 6, 517–23.

Greenfield, P.M. (1999). Cultural change and human development. *New Directions for Child and Adolescent Development* 83, 37–59.

Greenfield, P.M. (2013). The changing psychology of culture from 1800 through 2000. *Psychological Science* 24, 1722–31.

Greenwald, A.G. (1980). The totalitarian ego: fabrication and revision of personal history. *American Psychologist* 35, 603–18.

Greenwald, A.G., McGhee, D.E., and Schwartz, J.L.K. (1998). Measuring individual differences in implicit cognition: the implicit association test. *Journal of Personality and Social Psychology* 74, 1464–80.

Grill-Spector, K., Henson, R., and Martin, A. (2006). Repetition and the brain: neural models of stimulus-specific effects. *Trends in Cognitive Sciences* 10, 14–23.

Grill-Spector, K., Kourtzi, Z., and Kanwisher, N. (2001). The lateral occipital complex and its role in object recognition. *Vision Research* 41, 1409–22.

Grön, G., Schul, D., Bretschneider, V., Wunderlich, A.P., and Riepe, M.W. (2003). Alike performance during nonverbal episodic learning from diversely imprinted neural networks. *European Journal of Neuroscience* 18, 3112–20.

Groner, R., Walder, F., and Groner, M. (1984). Looking at faces: local and global aspects of scanpaths. In: A.G. Gale and F. Johnson (eds.), *Theoretical and Applied Aspects of Eye Movements Research*. Amsterdam: Elsevier, pp.523–33.

Gu, X., and Han, S. (2007). Attention and reality constraints on the neural processes of empathy for pain. *NeuroImage* 36, 256–67.

Guan, L., Qi, M., Zhang, Q., and Yang, J. (2014). The neural basis of self-face recognition after self-concept threat and comparison with important others. *Social Neuroscience* 9, 424–35.

Gutchess, A.H., Hedden, T., Ketay, S., Aron, A., and Gabrieli, J.D. (2010). Neural differences in the processing of semantic relationships across cultures. *Social Cognitive and Affective Neuroscience* 5, 254–63.

Gutchess, A.H., Welsh, R.C., Boduroĝlu, A., and Park, D.C. (2006). Cultural differences in neural function associated with object processing. *Cognitive, Affective, & Behavioral Neuroscience* 6, 102–9.

Haber, S. N., and Knutson, B. (2010). The reward circuit: linking primate anatomy and human imaging. *Neuropsychopharmacology* 35, 4–26.

Haidt, J. (2001). The emotional dog and its rational tail: a social intuitionist approach to moral judgment. *Psychological Review* 108, 814–34.

Hajcak, G., and Nieuwenhuis, S. (2006). Reappraisal modulates the electrocortical response to unpleasant pictures. *Cognitive, Affective and Behavioral Neuroscience* 6, 291–7.

Han, H., Glover, G.H., and Jeong, C. (2014). Cultural influences on the neural correlate of moral decision making processes. *Behavioural Brain Research* 259, 215–28.

Han, S. (2013). Culture and brain: a new journal. *Culture and Brain* 1, 1–2.

Han, S. (2015). Cultural neuroscience. In: A.W. Toga (ed.), *Brain mapping: an encyclopedic reference*. Oxford: Elsevier, pp.217–20.

Han, S., Fan, S., Chen, L., and Zhuo, Y. (1997). On the different processing of wholes and parts: a psychophysiological analysis. *Journal of Cognitive Neuroscience* 9, 687–98.

Han, S., Fan, S., Chen, L., and Zhuo, Y. (1999). Modulation of brain activities by hierarchical processing: a high-density ERP study. *Brain Topography* 11, 171–83.

Han, S., and Fan, Y. (2009). Empathic neural responses to others' pain are modulated by emotional contexts. *Human Brain Mapping* 30, 3227–37.

Han, S., Gu, X., Mao, L., Ge, J., Wang, G., and Ma, Y. (2010). Neural substrates of selfreferential processing in Chinese Buddhists. *Social Cognitive and Affective Neuroscience* 5, 332–9.

Han, S., and Humphreys, G.W. (2016). Self-construal: a cultural framework for brain function. *Current Opinion in Psychology* 8, 10–14.

Han, S., Jiang, Y., and Gu, H. et al. (2004). The role of human parietal cortex in attention networks. *Brain* 127, 650–9.

Han, S., Jiang, Y., Humphreys, G.W., Zhou, T., and Cai, P. (2005). Distinct neural substrates for the perception of real and virtual visual worlds. *NeuroImage* 24, 928–35.

Han, S., and Ma, Y. (2014). Cultural differences in human brain activity: a quantitative meta-analysis. *NeuroImage* 99, 293–300.

Han, S., and Ma, Y. (2015). A culture-behavior-brain loop model of human development. *Trends in Cognitive Sciences* 19, 666–76.

Han, S., Ma, Y., and Wang, G. (2016). Shared neural representations of self and conjugal family members in Chinese brain. *Culture and Brain* 2, 72–86.

Han, S., Mao, L., Gu, X., Zhu, Y., Ge, J., and Ma, Y. (2008). Neural consequences of religious belief on self-referential processing. *Social Neuroscience* 3, 1–15.

Han, S., Mao, L., Qin, J., Friederici, A.D., and Ge, J. (2011). Functional roles and cultural modulations of the medial prefrontal and parietal activity associated with causal attribution. *Neuropsychologia* 49, 83–91.

Han, S., Mao, L., Qin, J., Friederici, A.D., and Ge, J. (2015). Neural substrates underlying contextual and dispositional causal judgments of physical events in Germany. unpublished manuscript.

Han, S., and Northoff, G. (2008). Culture-sensitive neural substrates of human cognition: a transcultural neuroimaging approach. *Nature Reviews Neuroscience* 9, 646–54.

Han, S., and Northoff, G. (2009). Understanding the self: a cultural neuroscience approach. *Progress in Brain Research* 178, 203–12.

Han, S., Northoff, G., Vogeley, K., Wexler, B.E., Kitayama, S., and Varnum, M.E.W. (2013). A cultural neuroscience approach to the biosocial nature of the human brain. *Annual Review of Psychology* 64, 335–59.

Han, S., and Poppel, E., (eds.), (2011). *Culture and neural frames of cognition and communication*. Berlin: Springer.

Han, S., Yund, E.W., and Woods, D.L. (2003). An ERP study of the global precedence effect: the role of spatial frequency. *Clinical Neurophysiology* 114, 1850–65.

Harada, T., Li, Z., and Chiao, J.Y. (2010). Differential dorsal and ventral medial prefrontal representations of the implicit self modulated by individualism and collectivism: an fMRI study. *Social Neuroscience* 5, 257–71.

Harari, Y.N. (2014). *Sapiens: a brief history of humankind*. London: Harvill Secker. Hariri, A.R., Mattay, V.S., and Tessitore, A. et al. (2002). Serotonin transporter genetic variation and the response of the human amygdala. Science 297, 400–3.

Harris, J.R. (2000). Context-specific learning, personality, and birth order. *Current Directions in Psychological Science* 9, 174–7.

Harris, M. (1999). *Theories of culture in postmodern times*. Walnut Creek, CA: AltaMira.

Hatemi, P.K., Smith, K., Alford, J.R., Martin, N.G., and Hibbing, J.R. (2015). The genetic and environmental foundations of political, psychological, social, and economic behaviors: a panel study of twins and families. *Twin Research and Human Genetics* 18, 243–55.

Haviland, W.A., Prins, H.E.L., Walrath, D., and McBride, B. (2008). *Cultural anthropology*. Belmont, CA: Thomson Wadsworth.

Haxby, J.V., and Gobbini, M.I. (2011). Distributed neural systems for face perception. In: A.J. Calder, G. Rhodes, M.H. Johnson, and J.V. Haxby (eds.), *The Oxford handbook of face perception*. Oxford University Press, pp. 93–110.

Haxby, J.V., Hoffman, E.A., and Gobbini, M.I. (2000). The distributed human neural system for face perception. *Trends in Cognitive Sciences* 4, 223–33.

Hedden, T., Ketay, S., Aron, A., Markus, H.R., and Gabrieli, J.D. (2008). Cultural influences on neural substrates of attentional control. *Psychological Science* 19, 12–17.

Heisz, J.J., Watter, S., and Shedden, J.M. (2006). Automatic face identity encoding at the N170. *Vision Research* 46, 4604–14.

Henderson, J.M., Williams, C.C., and Falk, R.J. (2005). Eye movements are functional during face learning. *Memory & Cognition* 33, 98–106.

Henrich, J., Heine, S.J., and Norenzayan, A. (2010). Most people are not WEIRD. *Nature* 466, 29.

Henson, R.N., Rylands, A., Ross, E., Vuilleumeir. P., and Rugg, M.D. (2004). The effect of repetition lag on electrophysiological and hemodynamic correlates of visual object priming. *NeuroImage* 21, 1674–89.

Herculano-Houzel, S. (2012). Neuronal scaling rules for primate brains: the primate advantage. *Progress in Brain Research* 195, 325–40.

Hernandez-Aguilar, R.A., Moore, J., and Pickering, T.R. (2007). Savanna chimpanzees use tools to harvest the underground storage organs of plants. *Proceedings of the National Academy of Sciences* 104, 19210–13.

Herrmann, C.S., and Knight, R.T. (2001). Mechanisms of human attention: Event-related potentials and oscillations. *Neuroscience and Biobehavioral Reviews* 25, 465–76.

Herrmann, E., Call, J., Hernández-Lloreda, M.V., Hare, B., and Tomasello, M. (2007).

Humans have evolved specialized skills of social cognition: the cultural intelligence hypothesis. *Science* 317, 1360–6.

Hibar, D.P., Stein, J.L., and Renteria, M.E. et al. (2015). Common genetic variants influence human subcortical brain structures. *Nature* 520, 224–9.

Hickok, G., and Poeppel, D. (2007). The cortical organization of speech processing. *Nature Reviews Neuroscience* 8, 393–402.

Higgins, E.T. (1987). Self-discrepancy: a theory relating self and affect. *Psychological Review* 94, 319–40.

Hinton, C., Fischer, K.W., and Glennon, C. (2010). Mind, brain, and education. *Mind* 6, 49–50.

Hodges, E.V.E., Finnegan, R.A., and Perry, D.G. (1999). Skewed autonomy–relatedness in preadolescents' conceptions of their relationships with mother, father, and best friend. *Developmental Psychology* 35, 737–48.

Hofman, M.A. (1988). Size and shape of the cerebral cortex in mammals. *Brain, Behavior and Evolution* 32, 17–26.

Hofstede, G. (1980). *Culture's consequences: international differences in work-related values*. Beverly Hills, CA: Sage.

Hofstede, G. (2001). *Culture's consequences: comparing values, behaviors, institutions, and organizations across nations*. Thousand Oaks, CA: Sage.

Holland, R.W., Roeder, U.R., Brandt, A.C., and Hannover, B. (2004). Don't stand so close to me the effects of self-construal on interpersonal closeness. *Psychological Science* 15, 237–42.

Holliday, R. (2006). Epigenetics: a historical overview. *Epigenetics* 1, 76–80.

Holloway, R.L. (1992). The failure of the gyrification index (GI) to account for volumetric reorganization in the evolution of the human brain. *Journal of Human Evolution* 22, 163–70.

Hong, Y. (2009). A dynamic constructivist approach to culture: moving from describing culture to explaining culture. In: R.S. Wyer, C.Y. Chiu, and Y.Y. Hong (eds.), *Problems and Solutions in Cross-cultural Theory, Research and Application*. New York: Psychology Press, pp. 3–24.

Hong, Y., Ip, G., Chiu, C., Morris, M.W., and Menon, T. (2001). Cultural identity and dynamic construction of the self: collective duties and individual rights in Chinese and American cultures. *Social Cognition* 19, 251–68.

Hong, Y., Morris, M., Chiu, C., and Benet-Martinez, V. (2000). Multicultural minds: a dynamic constructivist approach to culture and cognition. *American Psychologist* 55, 709–20.

Hong, Y., Wan, C., No, S., and Chiu, C. [2007] (2010). Multicultural identities. In: S. Kitayama and D. Cohen. (eds.), *Handbook of cultural psychology*. New York: Guilford Press, pp. 323–46.

Hopfinger, J.B., Buonocore, M.H., and Mangun, G.R. (2000). The neural mechanisms of topdown attentional control. *Nature Neuroscience* 3, 284–91.

Hu, S. (1929/2006). *An outline of the history of Chinese philosophy (in Chinese)*. Beijing: Uniting Press.

Huff, S., Yoon, C., Lee, F., Mandadi, A., and Gutchess, A.H. (2013). Self-referential processing and encoding in bicultural individuals. *Culture and Brain* 1, 16–33.

Hughes, H.C., Nozawa, G., and Kitterle, F. (1996). Global precedence, spatial frequency channels, and the statistics of natural images. *Journal of Cognitive Neuroscience* 8, 197–230.

Hume, D. (1978). *A treatise of human nature*. Oxford: Oxford University Press.

Humle, T., and Matsuzawa, T. (2002). Ant-dipping among chimpanzees of Bossou, Guinea, and some comparisons with other sites. *American Journal of Primatology* 58, 133–48.

Huntington, E. (1945). *Mainsprings of civilization*. New York: Wiley.

Iacoboni, M., Woods, R.P., Brass, M., Bekkering, H., Mazziotta, J.C., and Rizzolatti,

G.(1999). Cortical mechanisms of human imitation. *Science* 286, 2526–8.

Iidaka, T., Matsumoto, A., Nogawa, J., Yamamoto, Y., and Sadato, N. (2006). Frontoparietal network involved in successful retrieval from episodic memory. Spatial and temporal analyses using fMRI and ERP. *Cerebral Cortex* 16, 1349–60.

Imbo, I., and LeFevre, J.A. (2009). Cultural differences in complex addition: Efficient Chinese versus adaptive Belgians and Canadians. *Journal of Experimental Psychology, Learning, Memory, and Cognition* 35, 1465–76.

Inglehart, R., and Baker, W.E. (2000). Modernization, cultural change, and the persistence of traditional values. *American Sociological Review* 61, 19–51.

Ishigami-Iagolnitzer, M. (1997). The self and the person as treated in some Buddhist texts. *Asian Philosophy* 7, 37–45.

Ishii, K., Kim, H.S., Sasaki, J.Y., Shinada, M., and Kusumi, I. (2014). Culture modulates sensitivity to the disappearance of facial expressions associated with serotonin transporter polymorphism (5-HTTLPR). *Culture and Brain* 2, 72–88.

Ishii, K., Miyamoto, Y., Mayama, K., and Niedenthal, P.M. (2011). When your smile fades away: cultural differences in sensitivity to the disappearance of smiles. *Social Psychological and Personality Science* 2, 516–22.

Jack, R.E., Blais, C., Scheepers, C., Schyns, P. G., and Caldara, R. (2009). Cultural confusions show that facial expressions are not universal. *Current Biology* 19, 1543–8.

Jack, R.E., Garrod, O.G., Yu, H., Caldara, R., and Schyns, P.G. (2012). Facial expressions of emotion are not culturally universal. *Proceedings of the National Academy of Sciences*109, 7241–4.

Jackson, P.L., Meltzoff, A.N., and Decety, J. (2005). How do we perceive the pain of others? A window into the neural processes involved in empathy. *NeuroImage* 24, 771–9.

James, W. [1890] (1950). *The principles of psychology. Vols. 1 and 2.* New York: Dover.

Jenkins, A.C., and Mitchell, J.P. (2011). Medial prefrontal cortex subserves diverse forms of self-reflection. *Social Neuroscience* 6, 211–18.

Jenkins, L.J., Yang, Y.J., Goh, J., Hong, Y.Y., and Park, D.C. (2010). Cultural differences in the lateral occipital complex while viewing incongruent scenes. *Social Cognitive and Affective Neuroscience* 5, 236–41.

Ji, L.J., Peng, K., and Nisbett, R.E. (2000). Culture, control, and perception of relationship in the environment. *Journal of Personality and Social Psychology* 78, 943–55.

Ji, L.J., Zhang, Z., and Nisbett, R.E. (2004). Is it culture or is it language? Examination of language effects in cross-cultural research on categorization. *Journal of Personality and Social Psychology* 87, 57–65.

Jiang, C., Varnum, M.E., Hou, Y., and Han, S. (2014). Distinct effects of self-construal primingon empathic neural responses in Chinese and Westerners. *Social Neuroscience*, 9, 130–38.

Jiang, Y., and Han, S. (2005). Neural mechanisms of global/local processing of bilateral visual inputs: an ERP study. *Clinical Neurophysiology* 116, 1444–54.

Johnson, J.D., Simmons, C.H., Jordan, A., MacLean, L., Taddei, J., and Thomas, D. (2002). Rodney King and O.J. revisited: the impact of race and defendant empathy induction on judicial decisions. *Journal of Applied Social Psychology* 32, 1208–23.

Johnson, R.Jr. (1988). The amplitude of the P300 component of the event-related potential. Review and synthesis. *Advances in Psychophysiology*, 3, 69–137.

Johnson, S.C., Baxter, L.C., Wilder, L.S., Pipe, J.G., Heiserman, J.E., and Prigatano, G.P.(2002). Neural correlates of self-reflection. Brain 125, 1808–14.

Kan, K.J., Wicherts, J.M., Dolan, C.V., and van der Maas, H.L. (2013). On the nature and nurture of intelligence and specific cognitive abilities the more heritable, the more culture dependent. *Psychological Science* 24, 2420–8.

Kang, P., Lee, Y., Choi, I., and Kim, H. (2013). Neural evidence for individual and cultural variability in the social comparison effect. *Journal of Neuroscience* 33, 16200–8.

Kanwisher, N., McDermott, J., and Chun, M.M. (1997). The fusiform face area: a module in human extrastriate cortex specialized for face perception. *Journal of Neuroscience* 17, 4302–11.

Karasz, A. (2005). Cultural differences in conceptual models of depression. *Social Science and Medicine* 60, 1625–35.

Keenan, J.P., McCutcheon, B., Sanders, G., Freund, S., Gallup, G.G., and Pascual-Leone, A.(1999). Left hand advantage in a self-face recognition task. *Neuropsychologia* 37, 1421–5.

Keenan, J.P., Wheeler, M.A., Gallup, G.G., and Pascual-Leone, A. (2000). Self-recognition and the right prefrontal cortex. *Trends in Cognitive Science* 4, 338–44.

Kelley, W.M., Macrae, C.N., Wyland, C.L., Caglar, S., Inati, S., and Heatherton, T.F. (2002). Finding the self? An event-related fMRI study. *Journal of Cognitive Neuroscience*,14, 785–94.

Kelly, D.J., Liu, S., Rodger, H., Miellet, S., Ge, L., and Caldara, R. (2011). Developing cultural differences in face processing. *Developmental Science* 14, 1176–84.

Kelly, W., Macrae, C.N., Wyland, C.L., Caglar, S., Inati, S., and Heatherton, T.F. (2002). Finding the self? An event-related fMRI study. *Journal of Cognitive Neuroscience* 14, 785–94.

Kemmelmeier, M., and Cheng, B.Y.M. (2004). Language and self-construal priming a replication and extension in a Hong Kong sample. *Journal of Cross-Cultural Psychology* 35, 705–12.

Kendon, A. (1997). Gesture. *Annual Review of Anthropology* 26, 109–28.

Keyes, C.F. (1985). The interpretive basis of depression. In: A. Kleinman and B. Goodeds (eds.), *Culture and depression: studies in the anthropology and cross-cultural psychiatry of affect and disorder*. Berkeley: University of California Press, pp. 153–75.

Keyes, H., Brady, N., Reilly, R.B., and Fox, J.J. (2010). My face or yours? Event-related potential correlates of self-face processing. *Brain and Cognition* 72, 244–54.

Kim, B., Sung, Y.S., and McClure, S.M. (2012). The neural basis of cultural differences in delay discounting. *Philosophical Transactions of the Royal Society B: Biological Sciences* 367, 650–6.

Kim, H.S., and Sasaki, J.Y. (2014). Cultural neuroscience: biology of the mind in cultural contexts. *Annual Review of Psychology* 65, 487–514.

Kim, H.S., Sherman, D.K., and Mojaverian, T. et al. (2011). Gene–culture interaction oxytocin receptor polymorphism (OXTR) and emotion regulation. *Social Psychological and Personality Science* 2, 665–72.

Kim, H.S., Sherman, D.K., and Sasaki, J.Y. et al. (2010). Culture, distress, and oxytocin receptor polymorphism (OXTR) interact to influence emotional support seeking. *Proceedings of the National Academy of Sciences* 107, 15717–21.

Kim, Y., Sohn, D., and Choi, S.M. (2011). Cultural difference in motivations for using social network sites: a comparative study of American and Korean college students. *Computers in Human Behavior* 27, 365–72.

Kirmayer, L.J. (2001). Cultural variations in the clinical presentation of depression and anxiety: implications for diagnosis and treatment. *Journal of Clinical Psychiatry* 62, 22–30.

Kirmayer, L.J., and Minas, H. (2000). The future of cultural psychiatry: an international perspective. *Canadian Journal of Psychiatry* 45, 438–46.

Kita, S. (2009). Cross-cultural variation of speech-accompanying gesture: a review. *Language and Cognitive Processes* 24, 145–67.

Kitayama, S., and Cohen, D. (eds.) (2010). *Handbook of cultural psychology.* New York: Guilford.

Kitayama, S., and Park, J. (2014). Error-related brain activity reveals self-centric motivation: culture matters. *Journal of Experimental Psychology: General* 143, 62–70.

Kitayama, S., and Uskul, A.K. (2011). Culture, mind, and the brain: current evidence and future directions. *Annual Review of Psychology* 62, 419–49.

Kitayama, S., Duffy, S., Kawamura, T., and Larsen, J.T. (2003). Perceiving an object and its context in different cultures: a cultural look at new look. *Psychological Science* 14, 201–6.

Kitayama, S., Ishii, K., Imada, T., Takemura, K., and Ramaswamy, J. (2006). Voluntary settlement and the spirit of independence: evidence from Japan's "northern frontier." *Journal of Personality and Social Psychology* 91, 369–84.

Kitayama, S., King, A., Hsu, M., Liberzon, I., and Yoon, C. (2016). Dopamine-system genes and cultural acquisition: the norm sensitivity hypothesis. *Current Opinion in Psychology* 8, 167–74.

Kitayama, S., King, A., Yoon, C., Tompson, S., Huff, S., and Liberzon, I. (2014). The dopamine D4 receptor gene (DRD4) moderates cultural difference in independent versus interdependent social orientation. *Psychological Science* 25, 1169–77.

Kitayama, S., Park, H., Sevincer, A.T., Karasawa, M., and Uskul, A.K. (2009). A cultural task analysis of implicit independence: comparing North America, Western Europe, and East Asia. *Journal of Personality and Social Psychology* 97, 236–55.

Klein, S.B. (2012). The self and its brain. *Social Cognition* 30, 474–518.

Klein, S.B., Cosmides, L., Tooby, J., and Chance, S. (2002). Decisions and the evolution memory: multiple systems, multiple functions. *Psychological Review* 109, 306–29.

Klein, S.B., and Loftus, J. (1993). Behavioral experience and trait judgments about the self. *Personality & Social Psychology* 19, 740–6.

Klein, S.B., Loftus, J., and Burton, H.A. (1989). Two self-reference effects: the importance of distinguishing between self-descriptiveness judgments and autobiographical retrievalin self-referent encoding. *Journal of Personality and Social Psychology* 56, 853–65.

Klein, S.B., Loftus, J., Trafton, J.G., and Fuhrman, R.W. (1992). Use of exemplars and abstractions in trait judgments: a model of trait knowledge about the self and others. *Journal of Personality & Social Psychology* 63, 739–53.

Klein, S.B., Robertson, T.E., Gangi, C.E., and Loftus, J. (2007). The functional independence of trait self-knowledge: commentary on Sakaki. *Memory* 16, 556–65.

Kluckhohn, C., and Kelly, W.H. (1945). The concept of culture. In: R. Linton (ed.), *The Science of man in the world crisis*. New York: Columbia University Press, pp. 78–105.

Kobayashi, C., Glover, G.H., and Temple, E. (2006). Cultural and linguistic influence on neural bases of 'theory of mind': an fMRI study with Japanese bilinguals. *Brain & Language* 98, 210–20.

Kobayashi, C., Glover, G.H., and Temple, E. (2007). Cultural and linguistic effects on neural bases of 'theory of mind' in American and Japanese children. *Brain Research* 1164, 95–107.

Kogan, A., Saslow, L.R., Impett, E.A., Oveis, C., Keltner, D., and Saturn, S.R. (2011). Thinslicing study of the oxytocin receptor (OXTR) gene and the evaluation and expression of the prosocial disposition. *Proceedings of the National Academy of Sciences of the United States of America* 108, 19189–92.

Kogan, N. (1961). Attitudes toward old people: the development of a scale and an examination of correlates. *Journal of Abnormal and Social Psychology* 62, 44–54.

Kohlberg, L. [1969] (1971). Stage and sequence: the cognitive-developmental approach to socialization. In: D.A. Goslin (ed.), *Handbook of socialization theory and research*. Chicago: Rand McNally, pp. 347–480.

Koizumi, H. (2004). The concept of "developing the brain": a new natural science for learning and education. *Brain and Development* 26, 434–41.

Korn, C.W., Fan, Y., Zhang, K., Wang, C., Han, S., and Heekeren, H.R. (2014). Cultural influences on social feedback processing of character traits. *Frontiers in Human Neuroscience* 8, 192.

Koten, J.W., Wood, G., Hagoort, P., Goebel, R., Propping, P., Willmes, K., and Boomsma, D.I. (2009). Genetic contribution to variation in cognitive function: an FMRI study in twins. *Science* 323, 1737–40.

Kotlewska, I., and Nowicka, A. (2015). Present self, past self and close-other: event-related potential study of face and name detection. *Biological Psychology* 110, 201–11.

Kotz, S.A., Cappa, S.F., von Cramon, D.Y., and Friederici, A.D. (2002). Modulation of the lexical-semantic network by auditory semantic priming: an event-related functional MRI study. *Neuroimage* 17, 1761–72.

Krämer, K., Bente, G., and Kuzmanovic, B. et al. (2014). Neural correlates of emotion perception depending on culture and gaze direction. *Culture and Brain* 2, 27–51.

Kremer, I., Bachner-Melman, R., and Reshef, A. et al. (2005). Association of the serotonin transporter gene with smoking behavior. *American Journal of Psychiatry* 162, 924–30.

Krendl, A.C. (2016). An fMRI investigation of the effects of culture on evaluations of stigmatized individuals. *NeuroImage* 124, 336–49.

Kringelbach, M. L. (2005). The human orbitofrontal cortex: linking reward to hedonic experience. *Nature Reviews Neuroscience* 6, 691–702.

Krishna, A., Zhou, R., and Zhang, S. (2008). The effect of self-construal on spatial judgments. *Journal of Consumer Research* 35, 337–48.

Kroeber, A.L., and Kluckhohn, C. (1952). *Culture: a critical review of concepts and definitions. Papers of the Peabody Museum.* Cambridge, MA: Harvard University.

Kubota, J.T., and Ito, T.A. (2007). Multiple cues in social perception: the time course of processing race and facial expression. *Journal of Experimental Social Psychology* 43, 738–52.

Kuhn, M.H., and Mcpartland, T.S. (1954). An empirical investigation of self-attitudes. *American Sociological Review* 19, 68–76.

Kühnen, U., and Oyserman, D. (2002). Thinking about the self influences thinking in general: cognitive consequences of salient self-concept. *Journal of Experimental Social Psychology* 38, 492–9.

Kuper, A. (1999). *Culture: the anthropologists' account.* Cambridge, MA: Harvard University Press.

Kutas, M., and Hillyard, S.A. (1980). Reading senseless sentences: Brain potentials reflect semantic incongruity. *Science* 207, 203–5.

Laland, K.N., Odling-Smee, J., and Myles, S. (2010). How culture shaped the human genome: bringing genetics and the human sciences together. *Nature Reviews Genetics* 11, 137–48.

Lampl, Y., Eshel, Y., Gilad, R., and Sarova-Pinhas, I. (1994). Selective acalculia with sparing of the subtraction process in a patient with left parietotemporal hemorrhage. *Neurology* 44, 1759–61.

Lao, J., Vizioli, L., and Caldara, R. (2013). Culture modulates the temporal dynamics of global/local processing. *Culture and Brain* 1, 158–74.

Lau, E.F., Phillips, C., and Poeppel, D. (2008). A cortical network for semantics: (de) constructing the N400. *Nature Reviews Neuroscience* 9, 920–33.

LeClair, J., Janusonis, S., and Kim, H.S. (2014). Gene–culture interactions: a multi-gene approach. *Culture and Brain* 2, 122–40.

Lee, K.M. (2000). Cortical areas differentially involved in multiplication and subtraction: A functional magnetic resonance imaging study and correlation with a case of selective acalculia. *Annals of Neurology* 48, 657–61.

Lefevre, J.A., Bisanz, J., Daley, K.E., Buffone, L., Greenham, S.L., and Sadesky, G.S.(1996). Multiple routes to solution of single-digit multiplication problems. *Journal of Experimental Psychology* 125, 284–306.

Lemogne, C., Delaveau, P., Freton, M., Guionnet, S., and Fossati, P. (2012). Medial prefrontal cortex and the self in major depression. *Journal of Affective Disorders* 136, e1–e11.

Lemogne, C., le Bastard, G., and Mayberg, H. et al. (2009). In search of the depressive self: extended medial prefrontal network during self-referential processing in major depression. *Social Cognitive and Affective Neuroscience* 4, 305–12.

Lemonde, S., Turecki, G., and Bakish, D. et al. (2003). Impaired repression at a 5-hydroxytryptamine 1A receptor gene polymorphism associated with major depression and suicide. *Journal of Neuroscience* 2, 8788–99.

Lesch, K.P., Bengel, D., and Heils, A. et al. (1996). Association of anxiety-related traits with a polymorphism in the serotonin transporter gene regulatory region. *Science* 274, 1527–31.

Leung, K., Koch, P., and Lu L. (2002). A dualistic model of harmony and its implications for conflict management in Asia. *Asia Pacific Journal of Management* 19, 201–20.

Leung, F. K. (2014). What can and should we learn from international studies of mathematics achievement? *Mathematics Education Research Journal* 26, 579–605.

Levanen, S., Jousmaki, V., and Hari, R. (1998). Vibration-induced auditory-cortex activation in a congenitally deaf adult. *Current Biology* 8, 869–72.

Levitin, D.J. (2015). *Why the modern world is bad for your brain* [Online] (Updated 18 Jan 2015) Available at: http://www.theguardian.com/science/2015/jan/18/

modern-world-bad-for-brain-daniel-j-levitinorganized-mind-information-overload.

Lewis, M. (2011). The origins and uses of self-awareness or the mental representation of me. *Consciousness & Cognition* 20, 120–9.

Lewis, R.S., Goto, S.G., and Kong, L.L. (2008). Culture and context: East Asian American and European American differences in P3 event-related potentials and self-construal. *Personality and Social Psychology Bulletin* 34, 623–34.

Li, H.Z., Zhang, Z., Bhatt, G., and Yum, Y. (2006). Rethinking culture and selfconstrual: China as a middle land. *Journal of Social Psychology* 146, 591–610.

Li, S.C. (2003). Biocultural orchestration of developmental plasticity across levels: the interplay of biology and culture in shaping the mind and behavior across the life span. *Psychological Bulletin* 129, 171–94.

Lieberman, M.D. (2007). Social cognitive neuroscience: a review of core processes. *Annual Review of Psychology* 58, pp.259–89.

Liew, S.L., Han, S., and Aziz-Zadeh, L. (2011). Familiarity modulates mirror neuron and mentalizing regions during intention understanding. *Human Brain Mapping* 32, 1986–97.

Liew, S.L., Ma, Y., Han, S., and Aziz-Zadeh, L. (2011). Who's afraid of the boss: cultural differences in social hierarchies modulate self-face recognition in Chinese and Americans. *PLoS ONE* 6, e16901.

Lin, H. (2005). Religious wisdom of no-self. In: Y. Wu, P. Lai, and W. Wang (eds.), *Dialogue between Buddhism and Christianity*. Beijing, China: Zhong Hua Book Company, pp. 317–38.

Lin, Z., and Han, S. (2009). Self-construal priming modulates the scope of visual attention. *Quarterly Journal of Experimental Psychology* 62, 802–13.

Lin, Z., Lin, Y., and Han, S. (2008). Self-construal priming modulates visual activity underlying global/local perception. *Biological Psychology* 77, 93–7.

Liu, D.Z. (1984). *History of ancient Chinese architecture*. 2nd ed. Beijing: China Architecture and Building Press.

Liu, Y., Sheng, F., Woodcock, K.A., and Han, S. (2013). Oxytocin effects on neural correlates of self-referential processing. *Biological Psychology* 94, 380–7.

Locke, J. [1690] (1731). *An essay concerning human understanding*. London: Edmund Parker.Logothetis, N.K. (2008). What we can do and what we cannot do with fMRI. *Nature* 453, 869–78.

Lou, H.C., Luber, B., and Crupain, M. et al. (2004). Parietal cortex and representation of the mental self. *Proceedings of the National Academy of Sciences of the United States of America* 101, 6827–32.

Luck, S.J. (2014). *An introduction to the event-related potential technique*. Cambridge, MA: MIT press.

Luncz, L.V., Mundry, R., and Boesch, C. (2012). Evidence for cultural differences between neighboring chimpanzee (Pan troglodytes) communities. *Current Biology* 22, 922–6.

Luo, S., and Han, S. (2014). The association between an oxytocin receptor gene polymorphism and cultural orientations. *Culture and Brain* 2, 89–107.

Luo, S., Li, B., Ma, Y., Zhang, W., Rao, Y., and Han, S. (2015a). Oxytocin receptor gene and racial ingroup bias in empathy-related brain activity. *NeuroImage* 110, 22–31.

Luo, S., Ma, Y., and Liu, Y. et al. (2015b). Interaction between oxytocin receptor polymorphism and interdependent culture on human empathy. Social *Cognitive and Affective Neuroscience* 10, 1273–81.

Luo, S., Shi, Z., Yang, X., Wang, X., and Han, S. (2014). Reminders of mortality decrease midcingulate activity in response to others' suffering. *Social Cognitive and Affective Neuroscience* 9, 477–86.

Lupien, S.J., McEwen, B.S., Gunnar, M.R., and Heim, C. (2009). Effects of stress throughout the lifespan on the brain, behaviour and cognition. *Nature Reviews Neuroscience* 10. 434–45.

Lynch, M.P., and Eilers, R.E. (1992). A study of perceptual development for musical tuning. *Perception & Psychophysics* 52, 599–608.

Ma, Y., and Han, S. (2009). Self-face advantage is modulated by social threat—boss effect on self-face recognition. *Journal of Experimental Social Psychology* 45, 1048–51.

Ma, Y., and Han, S. (2010). Why respond faster to the self than others? An implicit positive association theory of self advantage during implicit face recognition. *Journal of Experimental Psychology: Human Perception and Performance* 36, 619–33.

Ma, Y., and Han, S. (2011). Neural representation of self-concept in sighted and congenitally blind adults. *Brain* 134, 235–46.

Ma, Y., and Han, S. (2012). Functional dissociation of the left and right fusiform gyrus in self-face recognition. *Human Brain Mapping* 33, 2255–67.

Ma, Y., Bang, D., and Wang, C. et al. (2014a). Sociocultural patterning of neural activity during self-reflection. *Social Cognitive and Affective Neuroscience* 9, 73–80.

Ma, Y., Bang, D., Wang, C. et al. (2014b). Sociocultural patterning of neural activity during self-reflection. *Social Cognitive and Affective Neuroscience* 9, 73–80.

Ma, Y., Li, B., and Wang, C. et al. (2014c). 5-HTTLPR polymorphism modulates neural mechanisms of negative self-reflection. *Cerebral Cortex* 24, 2421–9.

Ma, Y., Li, B., Wang, C., Zhang, W., Rao., Y., and Han, S. (2015). Genetic difference in acute citalopram effects on human emotional network. *British Journal of Psychiatry* 206, 385–92.

Ma, Y., Wang, C., Li, B., Zhang, W., Rao, Y., and Han, S. (2014). Does self-construal predict activity in the social brain network? A genetic moderation effect. *Social Cognitive and Affective Neuroscience* 9, 1360–7.

Macrae, C.N., Moran, J.M., Heatherton, T.F., Banfield, J.F., and Kelley, W.M. (2004). Medial prefrontal activity predicts memory for self. *Cerebral Cortex* 14, 647–54.

Maess, B., Koelsch, S., Gunter, T.C., and Friederici, A.D. (2001). Musical syntax is processed in Broca's area: an MEG study. *Nature Neuroscience* 4, 540–5.

Maguire, E.A., Frackowiak, R.S., and Frith, C.D. (1997). Recalling routes around London: activation of the right hippocampus in taxi drivers. *Journal of Neuroscience*, 17, 7103–10.

Ma-Kellams, C., Blascovich, J., and McCall, C. (2012). Culture and the body: East–West differences in visceral perception. *Journal of Personality and Social Psychology* 102, 718–28.

Malpass, R.S., and Kravitz, J. (1969). Recognition for faces of own and other race. *Journal of Personality & Social Psychology* 13, 330–4.

Mantini, D., Corbetta, M., Romani, G.L., Orban, G.A., and Vanduffel, W. (2013). Evolutionarily novel functional networks in the human brain? *Journal of Neuroscience* 33, 3259–75.

Markowitsch, H.J., Vandekerckhovel, M.M., Lanfermann, H., and Russ, M.O. (2003). Engagement of lateral and medial prefrontal areas in the ecphory of sad and happy autobiographical memories. *Cortex* 39, 643–65.

Markus, H.R., and Hamedani, M.G. [2007] (2010). Sociocultural psychology: the dynamic interdependence among self systems and social systems. In: S. Kitayama and D. Cohen (eds.), *Handbook of cultural psychology*. New York: Guilford, pp. 3–39.

Markus, H.R., and Kitayama, S. (1991). Culture and the self: implications for cognition, emotion, and motivation. *Psychological Review* 98, 224–53.

Markus, H.R., and Kitayama, S. (2010). Cultures and selves: a cycle of mutual constitution. *Perspectives on Psychological Science* 5, 420–30.

Mars, R.B., Jbabdi, S., and Sallet, J. et al. (2011). Diffusion-weighted imaging tractographybased parcellation of the human parietal cortex and comparison with human and macaque resting-state functional connectivity. *Journal of Neuroscience* 31, 4087–100.

Marsella, A.J., Sanborn, K.O., Kameoka, V., Shizuru, L., and Brennan, J. (1975). Crossvalidation of self-report measures of depression among normal populations of Japanese, Chinese, and Caucasian ancestry. *Journal of Clinical Psychology* 31, 281–7.

Martin, A., Wiggs, C.L., Ungerleider, L.G., and Haxby, J.V. (1996). Neural correlates of category-specific knowledge. *Nature* 379, 649–52.

Martinez, A., Anllo-Vento, L., and Sereno, M.I. et al. (1999). Involvement of striate and extrastriate visual cortical areas in spatial attention. *Nature Neuroscience* 2, 364–9.

Masuda, T., and Nisbett, R.E. (2001). Attending holistically vs. analytically: comparing the context sensitivity of Japanese and Americans. *Journal of Personality & Social Psychology* 81, 922–34.

Mathur, V.A., Harada, T., Lipke, T., and Chiao, J.Y. (2010). Neural basis of extraordinary empathy and altruistic motivation. *NeuroImage* 51, 1468–75.

Matsunaga, R., Yokosawa, K., and Abe, J.I. (2012). Magnetoencephalography evidence for different brain subregions serving two musical cultures. *Neuropsychologia* 50, 3218–27.

McClure, S.M., Li, J., Tomlin, D., Cypert, K.S., Montague, L.M., and Montague, P.R.(2004). Neural correlates of behavioral preference for culturally familiar drinks. *Neuron* 44, 379–87.

McGue, M. (1993). From proteins to cognitions: the behavioral genetics of alcoholism. In: R. Plomin, and G.E. McClearn (eds.), *Nature, nurture and psychology.* Washington, DC: American Psychological Association, pp. 245–68.

McGue, M., and Bouchard Jr, T.J. (1998). Genetic and environmental influences on human behavioral differences. *Annual Review of Neuroscience*, 21, 1–24.

Mead, M. (1937). Public opinion mechanisms among primitive peoples. *Public Opinion Quarterly* 1, 5–16.

Menon, V., Levitin, D.J., and Smith, B.K. et al. (2002). Neural correlates of timbre change in harmonic sounds. *Neuroimage* 17, 1742–54.

Mercader, J., Barton, H., Gillespie, J. et al. (2007). 4,300-year-old chimpanzee sites and the origins of percussive stone technology. *Proceedings of the National Academy of Sciences USA* 104, 3043–8.

Michalska, K.J., Decety, J., and Liu, C. et al. (2014). Genetic imaging of the association of oxytocin receptor gene (OXTR) polymorphisms with positive maternal parenting. *Frontiers in Behavioral Neuroscience* 8, 21.

Miellet, S., Vizioli, L., He, L., Zhou, X., and Caldara, R. (2013). Mapping face recognition information use across cultures. *Frontiers in Psychology* 4, 1–12.

Minami, M., and McCabe, A. (1995). Rice balls and bear hunts: Japanese and North American family narrative patterns. *Journal of Child Language* 22, 423–45.

Mitchell, J.P., Banaji, M.R., and MacRae, C.N. (2005). The link between social cognition and self-referential thought in the medial prefrontal cortex. *Journal of Cognitive Neuroscience* 17, 1306–15.

Mitchell, J.P., Heatherton, T.F., and Macrae, C.N. (2002). Distinct neural systems subserve person and object knowledge. *Proceedings of National Academy of Sciences* 99, 15238–43.

Miyamoto, Y., Nisbett, R.E., and Masuda, T. (2006). Culture and the physical environment holistic versus analytic perceptual affordances. *Psychological Science* 17, 113–19.

Moffitt, T.E. (2005). Genetic and environmental influences on antisocial behaviors: evidence from behavioral–genetic research. *Advances in Genetics* 55, 41–104.

Moll, J., de Oliveira-Souza, R., Bramati, I.E., and Grafman, J. (2002). Functional networks in emotional moral and nonmoral social judgments. *Neuroimage* 16, 696–703.

Molnar-Szakacs, I., Wu, A.D., Robles, F.J., and Iacoboni, M. (2007). Do you see what I mean? Corticospinal excitability during observation of culture-specific gestures. *PLoS ONE*, 2, e626.

Montepare, J.M., and Zebrowitz, L.A. (1993). A cross-cultural comparison of impressions created by age-related variations in gait. *Journal of Nonverbal Behavior* 17, 55–68.

Moran, M.A., Musfson, E.J., and Mesulam, M.M. (1987). Neural inputs into the temporopolar cortex of the rhesus monkey. *Journal of Comparative Neurology* 256, 88–103.

Morelli, G.A., Rogoff, B., Oppenheim, D., and Goldsmith, D. (1992). Cultural variation in infants' sleeping arrangements: questions of independence. *Developmental Psychology* 28, 604–13.

Morikawa, H., Shand, N., and Kosawa, Y. (1998). Maternal speech to prelingual infants in Japan and the United States: relationships among functions, forms, and referents. *Journal of Child Language* 15, 237–56.

Morris, D., Collett, P., Marsh, P., and O'Shaughnessy, M. (1979). *Gestures, their origins and distribution*. New York: Stein and Day.

Morris, M., and Peng, K. (1994). Culture and cause: American and Chinese attributions for social and physical events. *Journal of Personality and Social Psychology* 67, 949–71.

Morris, M., and Peng, K. (1994). Culture and cause: American and Chinese attributions for social and physical events. *Journal of Personality and Social Psychology* 67, 949–71.

Moya, P., and Markus, H.R. (2011). Doing race: a conceptual overview. In: H.R. Markus, and P. Moya (eds.), *Doing race: 21 essays for the 21st century*. New York: Norton, pp. 1–102.

Mrazek, A.J., Chiao, J.Y., Blizinsky, K.D., Lun, J., and Gelfand, M.J. (2013). The role of culture–gene coevolution in morality judgment: examining the interplay between tightness–looseness and allelic variation of the serotonin transporter gene. *Culture and Brain* 1, 100–17.

Mu, Y., and Han, S. (2010). Neural oscillations involved in self-referential processing. *NeuroImage* 53, 757–68.

Mu, Y., and Han, S. (2013). Neural oscillations dissociate between self-related attentional orienting versus evaluation. *NeuroImage* 67, 247–56.

Mu, Y., Kitayama, S., Han, S., and Gelfand, M. (2015). How culture gets embrained: cultural differences in event-related potentials of social norm violations. *Proceedings of the National Academy of Sciences* 112, 15348–53.

Mulcahy, N.J., Call, J., and Dunbar, R.I. (2005). Gorillas (Gorilla gorilla) and orangutans (Pongo pygmaeus) encode relevant problem features in a tool-using task. *Journal of Comparative Psychology* 119, 23–32.

Munafò, M.R., Brown, S.M., and Hariri, A.R. (2008). Serotonin transporter (5-HTTLPR) genotype and amygdala activation: a meta-analysis. *Biological Psychiatry* 63, 852–7.

Münte, T.F., Altenmüller, E., and Jäncke, L. (2002). The musician's brain as a model of neuroplasticity. *Nature Reviews Neuroscience* 3, 473–8.

Murata, A., Moser, J.S., and Kitayama, S. (2013). Culture shapes electrocortical responses during emotion suppression. *Social Cognitive and Affective Neuroscience* 8, 595–601.

Mutti, D.O., Zadnik, K., and Adams, A.J. (1996). The nature versus nurture debate goes on. *Investigative Ophthalmology & Visual Science* 37, 952–7.

Nan, Y., Knösche, T. R., and Friederici, A. D. (2006). The perception of musical phrase structure: a cross-cultural ERP study. *Brain Research* 1094, 179–91.

Nan, Y., Knösche, T.R., Zysset, S., and Friederici, A.D. (2008). Cross-cultural music phrase processing: an fMRI study. *Human Brain Mapping* 29, 312–28.

Navon, D. (1977). Forest before trees: The precedence of global features in visual perception. *Cognitive Psychology* 9, 353–83.

Nelson, N.L., and Russell, J.A. (2013). Universality revisited. *Emotion Review* 5, 8–15.

Neumann, R., Steinhäuser, N., and Roeder, U.R. (2009). How self-construal shapes emotion: cultural differences in the feeling of pride. *Social Cognition* 27, 327–37.

Ng, S.H. (2009). Effects of culture priming on the social connectedness of the bicultural self. *Journal of Cross-Cultural Psychology* 40, 170–86.

Ng, S.H., Han, S., Mao, L., and Lai, J.C. (2010). Dynamic bicultural brains: fMRI study of their flexible neural representation of self and significant others in response to culture primes. *Asian Journal of Social Psychology* 13, 83–91.

Nikolova, Y.S., and Hariri, A.R. (2015). Can we observe epigenetic effects on human brain function? *Trends in Cognitive Sciences* 19, 366–73.

Nikolova, Y.S., Koenen, K.C., and Galea, S. et al. (2014). Beyond genotype: serotonin transporter epigenetic modification predicts human brain function. *Nature Neuroscience* 17, 1153–5.

Nisbett, R.E. (2003). *The geography of thought: how Asians and Westerners think differently, and why.* New York: Free Press.

Nisbett, R.E., and Cohen, D. (1996). *Culture of honor: the psychology of violence in the South.* Boulder: Westview Press.

Nisbett, R.E., and Masuda, T. (2003). Culture and point of view. *Proceedings of the National Academy of Sciences* 100, 11163–70.

Nisbett, R.E., Peng, K., Choi, I., and Norenzayan, A. (2001). Culture and systems of thought: holistic versus analytic cognition. *Psychological Review* 108, 291–310.

Nishimura, H., Hashikawa, K., Doi, K., Iwaki, T., Watanabe, Y., and Kusuoka, H. (1999). Sign language "heard" in the auditory cortex. *Nature* 397, 116.

Nobre, A.C., Sebestyen, G.N., Gitelman, D.R., Mesulam, M.M., Frackowiak, R.S., and Frith, C.D. (1997). Functional localization of the system for visuospatial attention using positron emission tomography. *Brain* 120, 515–33.

Norenzayan, A., Smith, E.E., Kim, B.J., and Nisbett, R.E. (2002). Cultural preferences for formal versus intuitive reasoning. *Cognitive Science* 26, 653–84.

Northoff, G. (2014). *Unlocking the brain*. Oxford, UK/New York: Oxford University Press.

Northoff, G., Heinze, A., de Greck, M., Bermpoh, F., Dobrowolny, H., and Panksepp, J. (2006). Self-referential processing in our brain--a meta-analysis of imaging studies on the self. *NeuroImage* 31, 440–57.

O'Doherty, J.P. (2004). Reward representations and reward-related learning in the human brain: insights from neuroimaging. *Current Opinion in Neurobiology* 14, 769–76.

Obhi, S.S., Hogeveen, J., and Pascual-Leone, A. (2011). Resonating with others: the effects of self-construal type on motor cortical output. *Journal of Neuroscience* 31, 14531–5.

Ochsner, K.N., and Gross, J.J. (2005). The cognitive control of emotion. *Trends in Cognitive Sciences* 9, 242–9.

Ochsner, K.N., and Lieberman, M.D. (2001). The emergence of social cognitive neuroscience. *American Psychologist* 56, 717–34.

Ochsner, K.N., Silvers, J.A., and Buhle, J.T. (2012). Functional imaging studies of emotion regulation: a synthetic review and evolving model of the cognitive control of emotion. *Annals of the New York Academy of Sciences* 1251, E1–E24.

O'Doherty, J., Kringelbach, M.L., Rolls, E.T., Hornak, J., and Andrews, C. (2001). Abstract reward and punishment representations in the human orbitofrontal cortex. *Nature Neuroscience* 41, 95–102.

Olson, I.R., Plotzker, A., and Ezzyat, Y. (2007). The enigmatic temporal pole: a review of findings on social and emotional processing. *Brain* 130, 1718–31.

Or, C.C.F., Peterson, M.F., and Eckstein, M.P. (2015). Initial eye movements during face identification are optimal and similar across cultures. *Journal of Vision* 15, 1–25.

Oyserman, D. (2011). Culture as situated cognition: cultural mindsets, cultural fluency, and meaning making. *European Review of Social Psychology* 22, 164–214.

Oyserman, D., Coon, H.M., and Kemmelmeier, M. (2002). Rethinking individualism and collectivism: evaluation of theoretical assumptions and meta-analyses.

Psychological Bulletin 128, 3–72.

Oyserman, D., and Lee, S.W.S. [2007] (2010). Priming "culture." In: S. Kitayama, and D. Cohen. (eds.), *Handbook of cultural psychology*. New York: Guilford, pp. 255–79.

Oyserman, D., Novin, S., Flinkenflögel, N., and Krabbendam, L. (2014). Integrating culture-as-situated-cognition and neuroscience prediction models. *Culture and Brain* 2, 1–26.

Oyserman, D., Sorensen, N., Reber, R., and Chen, S.X. (2009). Connecting and separating mind-sets: culture as situated cognition. *Journal of Personality and Social Psychology* 97, 217–35.

Paladino, P. M., Leyens, J. P., Rodriguez, R. T., Rodriguez, A. P., Gaunt, R., and Demoulin, S. (2002). Differential association of uniquely and nonuniquely human emotions to the ingroup and the outgroups. *Group Processes and Intergroup Relations* 5, 105–17.

Paquette, D., Coyl-Shepherd, D.D., and Newland, L.A. (2013). Fathers and development: new areas for exploration. *Early Child Development and Care* 183, 735–45.

Park, B.K., Tsai, J.L., Chim, L., Blevins, E., and Knutson, B. (2015). Neural evidence for cultural differences in the valuation of positive facial expressions. *Social Cognitive & Affective Neuroscience* 11, 243–52.

Park, D.C., and Huang, C.M. (2010). Culture wires the brain: a cognitive neuroscience perspective. *Perspectives on Psychological Science* 5, 391–400.

Park, S. (2013). Always on and always with mobile tablet devices: a qualitative study on how young adults negotiate with continuous connected presence. *Bulletin of Science Technology & Society* 33, 182–90.

Parke, R.D. (1996). *Fatherhood*. Cambridge, MA: Harvard University Press.

Paschou, P., Lewis, J., Javed, A., and Drineis, P. (2001). Ancestry informative markers for fine-scale individual assignment to worldwide populations. *Journal of Medical Genetics* 47, 835–47.

Pascual-Leone, A., Amedi, A., Fregni, F., and Merabet, L.B. (2005). The plastic human brain cortex. *Annual Review of Neuroscience* 28, 377–401.

Pascual-Marqui, R.D., Esslen, M., Kochi, K., and Lehmann, D. (2002). Functional imaging with low-resolution brain electromagnetic tomography (LORETA): a review. *Methods and Findings in Experimental and Clinical Pharmacology* 24, 91–5.

Patel, V. (1995). Explanatory models of mental illness in Sub-Saharan Africa. *Social*

Science and Medicine 40, 1291–8.

Patterson, K., Nestor, P.J., and Rogers, T.T. (2007). Where do you know what you know? The representation of semantic knowledge in the human brain. Nature Reviews Neuroscience, 8, 976–87.

Peng, K., and Knowles, E.D. (2003). Culture, education, and the attribution of physical causality. *Personality and Social Psychology Bulletin* 29, 1272–84.

Penn, D.C., and Povinelli, D.J. (2007). Causal cognition in human and nonhuman animals: a comparative, critical review. *Annual Review of Psychology* 58, 97–118.

Peper, J.S., Brouwer, R.M., Boomsma, D.I., Kahn, R.S., and Hulshoff, P.H.E. (2007). Genetic influences on human brain structure: a review of brain imaging studies in twins. *Human Brain Mappin*, 28, 464–73.

Perry, S.E. (2006). What cultural primatology can tell anthropologists about the evolution of culture. *Annual Review of Anthropology* 35, 171–90.

Peyron, R., Laurent, B., and García-Larrea, L. (2000). Functional imaging of brain responses to pain. A review and meta-analysis. *Neurophysiologie Clinique* 30, 263–88.

Pezawas, L., Meyer-Lindenberg, A., and Drabant, E.M. et al. (2005). 5-HTTLPR polymorphism impacts human cingulate-amygdala interactions: a genetic susceptibility mechanism for depression. *Nature Neuroscience* 8, 828–34.

Pfundmair, M., Aydin, N., Frey, D., and Echterhoff, G. (2014). The interplay of oxytocin and collectivistic orientation shields against negative effects of ostracism. *Journal of Experimental Social Psychology* 55, 246–51.

Platek, S.M., Keenan, J.P., Gallup, G.G., and Mohamed, F.B. (2004). Where am I? The neurological correlates of self and other. *Brain Research Cognitive Brain Research* 19, 114–22.

Platek, S.M., Loughead, J.W., and Gur, R.C. et al. (2006). Neural substrates for functionally discriminating selfface from personally familiar faces. *Human Brain Mapping* 27, 91–8.

Platel, H., Baron, J.C., Desgranges, B., Bernard, F., and Eustache, F. (2003). Semantic and episodic memory of music are subserved by distinct neural networks. *Neuroimage* 20, 244–56.

Plomin, R., and Daniels, D. (1987). Why are children in the same family so different from one another? *Behavioral and Brain Sciences*, 10, 1–16.

Plotnik, J.M., De Waal, F.B., and Reiss, D. (2006). Self-recognition in an Asian elephant. *Proceedings of the National Academy of Sciences* 103, 17053–7.

Pluess, M., Belsky, J., Way, B.M., and Taylor, S.E. (2010). 5-HTTLPR moderates effects of current life events on neuroticism: differential susceptibility to environmental influences. *Progress in Neuro-Psychopharmacology and Biological Psychiatry*34, 1070–4.

Porter, D. (ed.) (2013). *Internet culture*. New York: Routledge.

Prado, J., Lu, J., Liu, L., Dong, Q., Zhou, X., Booth, J.R. (2013). The neural bases of the multiplication problem-size effect across countries. *Frontiers in Human Neuroscience* 7, 189.

Prado, J., Mutreja, R., and Zhang, H. et al. (2011). Distinct representations of subtraction and multiplication in the neural systems for numerosity and language. *Human Brain Mapping* 32, 1932–47.

Premack, D. (2004). Is language the key to human intelligence? *Science* 303, 318–20.

Premack, D., and Woodruff, G. (1978). Does the chimpanzee have a theory of mind? *Behavioral and Brain Sciences* 1, 515–26.

Ptito, M., Moesgaard, S.M., Gjedde, A., and Kupers, R. (2005). Cross-modal plasticity revealed by electrotactile stimulation of the tongue in the congenitally blind. *Brain* 128, 606–14.

Ranganath, C., and Rainer, G. (2003). Neural mechanisms for detecting and remembering novel events. *Nature Reviews Neuroscience* 4, 193–202.

Reader, S.M., and Laland, K.N. (2002). Social intelligence, innovation, and enhanced brain size in primates. *Proceedings of the National Academy of Sciences* 99, 4436–41.

Reiss, D. and Marino, L. (2001). Mirror self-recognition in the bottlenose dolphin: a case of cognitive convergence. *Proceedings of the National Academy of Sciences of the United States of America* 98, 5937–42.

Reist, C., Ozdemir, V., Wang, E., Hashemzadeh, M., Mee, S., and Moyzis, R.(2007). Novelty seeking and the dopamine D4 receptor gene (DRD4) revisited in Asians: haplotype characterization and relevance of the 2-repeat allele. *American Journal of Medical Genetics Part B: Neuropsychiatric Genetics* 144, 453–7.

Renninger, L.B., Wilson, M.P., and Donchin, E. (2006). The processing of pitch and scale: an ERP study of musicians trained outside of the western musical system. *Empirical Musicology Review* 1, 185–97.

Richerson, P.J., and Boyd, R. (2005). *Not by genes alone*. Chicago: University of Chicago Press.

Richerson, P.J., Boyd, R., and Henrich, J. (2010). Gene-culture coevolution in the age of genomics. *Proceedings of the National Academy of Sciences* 107, 8985–92.

Richiardi, J., Altmann, A., and Milazzo, A.C. et al. (2015). Correlated gene expression supports synchronous activity in brain networks. *Science* 348, 1241–4.

Richman, A.L., Miller, P.M., and Solomon, J.J. (1988). The socialization of infants in suburban Boston. In: R.A. LeVine, P.M. Miller, and M.M. West (eds.), *Parental behavior in diver societies*. San Francisco: Jossey-Bass, pp. 65–74.

Rietveld, C.A., Medland, S.E., and Derringer, J. et al. (2013). GWAS of 126,559 individuals identifies genetic variants associated with educational attainment. *Science* 340, 1467–71.

Rilling, J.K., and Insel, T.R. (1999). The primate neocortex in comparative perspective using magnetic resonance imaging. *Journal of Human Evolution* 37, 191–223.

Rilling, J.K., and Seligman, R.A. (2002). A quantitative morphometric comparative analysis of the primate temporal lobe. *Journal of Human Evolution* 42, 505–33.

Rizzolatti, G., and Craighero, L. (2004). The mirror-neuron system. *Annual Review of Neuroscience* 27, 169–92.

Robinson, T.N., Borzekowski, D.L., Matheson, D.M., and Kraemer, H.C. (2007). Effects of fast food branding on young children's taste preferences. *Archives of Pediatric and Adolescent Medicine* 161, 792–7.

Rodrigues, S.M., Saslow, L.R., Garcia, N., John, O.P., and Keltner, D. (2009). Oxytocin receptor genetic variation relates to empathy and stress reactivity in humans. *Proceedings of the National Academy of Sciences of the United States of America* 106, 21437–41.

Rogers, C. (1961). On becoming a person: a therapist's view of psychotherapy. Boston: Houghton Mifflin Harcourt.

Rogers, J., and Gibbs, R.A. (2014). Comparative primate genomics: emerging patterns of genome content and dynamics. *Nature Reviews Genetics* 15, 347–59.

Rogers, T.B., Kuiper, N.A., and Kirker, W.S. (1977). Self-reference and the encoding of personal information. *Journal of Personality and Social Psychology* 35, 677–88.

Rogoff, B. (2003). *The cultural nature of human development*. New York: Oxford University Press.

Ross, C.T., and Richerson, P.J. (2014). New frontiers in the study of human cultural and genetic evolution. *Current Opinion in Genetics & Development* 29, 103–9.

Rossion, B., Schiltz, C., Robaye, L., Pirenne, D., and Crommelinck, M. (2001). How does the brain discriminate familiar and unfamiliar faces?: a PET study of face categorical perception. *Journal of Cognitive Neuroscience* 13, 1019–34.

Rowe, D.C. (1994). *The limits of family influence: genes, experience, and behavior.* New York: Guilford Press.

Rubens, M., Ramamoorthy, V., and Attonito, J. et al. (2016). A review of 5-HT transporter linked promoter region (5-HTTLPR) polymorphism and associations with alcohol use problems and sexual risk behaviors. *Journal of Community Genetics* 7, 1–10.

Rule, N.O., Freeman, J.B., and Ambady, N. (2013). Culture in social neuroscience: a review. *Social Neuroscience* 8, 3–10.

Russell, M.J., Masuda, T., Hioki, K., and Singhal, A. (2015). Culture and social judgments: the importance of culture in Japanese and European Canadians' N400 and LPC processing of face lineup emotion judgments. *Culture and Brain* 3, 131–47.

Rütgen, M., Seidel, E.M., and Riecansky, I. et al. (2015). Reduction of empathy for pain by placebo analgesia suggests functional equivalence of empathy and first-hand emotion experience. *Journal of Neuroscience* 35, 8938–47.

Rütgen, M., Seidel, E.M., and Silani, G. et al. (2015). Placebo analgesia and its opioidergic regulation suggest that empathy for pain is grounded in self pain. *Proceedings of the National Academy of Sciences of the United States of America* 112, E5638–E5646.

Saarela, M. V., Hlushchuk, Y., Williams, A. C. D. C. et al. (2007). The compassionate brain: humans detect intensity of pain from another's face. Cerebral Cortex 17, 230–7.

Sadato, N., Pascual-Leone, A., and Grafman, J. et al. (1996). Activation of the primary visual cortex by Braille reading in blind subjects. *Nature* 380, 526–8.

Samson, S., and Zatorre, R.J. (1992). Learning and retention of melodic and verbal information after unilateral temporal lobectomy. *Neuropsychologia* 30, 815–26.

Sanfey, A.G., Rilling, J.K., Aronson, J.A., Nystrom, L.E., and Cohen, J.D. (2003). The neural basis of economic decision-making in the ultimatum game. *Science* 300, 1755–8.

Santos, J.P., Moutinho, L., Seixas, D., and Brandão, S. (2012). Neural correlates of the emotional and symbolic content of brands: a neuroimaging study. *Journal of Customer Behaviour* 11, 69–93.

Sasaki, J.Y. (2013). Promise and challenges surrounding culture–gene coevolution and gene–culture interactions. *Psychological Inquiry* 24, 64–70.

Sasaki, J.Y., Kim, H.S., Mojaverian, T., Kelley, L.D., Park, I.Y., and Janušonis, S.

(2013). Religion priming differentially increases prosocial behavior among variants of the dopamine D4 receptor (DRD4) gene. *Social Cognitive and Affective Neuroscience* 8, 209–15.

Sasaki, J.Y., Kim, H.S., and Xu, J. (2011). Religion and well-being: the moderating role of culture and the oxytocin receptor (OXTR) gene. *Journal of Cross-Cultural Psychology* 42, 1394–405.

Saw, S.M., Chua, W.H., Wu, H.M., Yap, E., Chia, K.S., and Stone, R.A. (2000). Myopia: geneenvironment interaction. *Annals of the Academy of Medicine of Singapore* 29, 290–7.

Saxe, R., and Kanwisher, N. (2003). People thinking about thinking people. The role of the temporo-parietal junction in "theory of mind." *Neuroimage* 19, 1835–42.

Scally, A., Dutheil, J.Y., and Hillier, L.W. et al. (2012). Insights into hominid evolution from the gorilla genome sequence. *Nature* 483, 169–75.

Schaefer, M., Berens, H., Heinze, H.J., and Rotte, M. (2006). Neural correlates of culturally familiar brands of car manufacturers. *Neuroimage* 31, 861–5.

Schaefer, M., and Rotte, M. (2007). Thinking on luxury or pragmatic brand products: brain responses to different categories of culturally based brands. *Brain Research* 1165, 98–104.

Scheepers, D., Derks, B., and Nieuwenhuis, S. et al. (2013). The neural correlates of ingroup and self-face perception: is there overlap for high identifiers? *Frontiers in Human Neuroscience* 7, 528.

Schubotz, R.I., and von Cramon, D.Y. (2001). Functional organization of the lateral premotor cortex: fMRI reveals different regions activated by the anticipation of object properties, location and speed. *Cognitive Brain Research* 11, 97–112.

Schurr, T.G. (2013). When did we become human? Evolutionary perspectives on the emergence of the emergence of the modern human mind, brain, and culture. In: G. Hatfield, and H. Pittman (eds.), *Evolution of mind, brain, and culture*. Philadelphia: University of Pennsylvania Press, pp. 45–90.

Searle, J.R. (2004). *Mind: a brief introduction*. New York: Oxford University Press.

Sedikides, C. and Spencer, S.J. (eds.). (2007). *The self*. New York: Psychology Press.

Seeger, G., Schloss, P., and Schmidt, M.H. (2001). Marker gene polymorphisms in hyperkinetic disorder—predictors of clinical response to treatment with methylphenidate? *Neuroscience Letters* 313, 45–8.

Segall, M.H., Campbell, D.T., and Herskovits, M.J. (1966). *The influence of culture on visual perception*. Indianapolis: Bobbs-Merrill.

Seigel, J. (2005). *The idea of the self: thought and experience in Western Europe since the seventeenth century.* Cambridge: Cambridge University Press.

Seitz, R.J., and Angel, H.F. (2012). Processes of believing—a review and conceptual account. *Reviews in the Neurosciences* 23, 303–9.

Sergent, J., Ohta, S., and MacDonald, B. (1992). Functional neuroanatomy of face and object processing. A positron emission tomography study. *Brain* 115, 15–36.

Shackman, A.J., Salomons, T.V., Slagter, H.A., Fox, A.S., Winter, J.J., and Davidson, R.J.(2011). The integration of negative affect, pain and cognitive control in the cingulate cortex. *Nature Reviews Neuroscience* 12, 154–67.

Shah, N.J., Marshall, N.C., Zafiris, O., Schwab, A., Zilles, K., and Markowitsch, H.J. et al. (2001). The neural correlates of person familiarity—a functional magnetic resonance imaging study with clinical implications. *Brain* 124, 804–15.

Shariff, A.F., and Norenzayan, A. (2007). God is watching you: priming god concepts increases prosocial behavior in an anonymous economic game. *Psychological Science* 18, 803–9.

Shaw, C., and McEachern, J. (eds.) (2001). *Toward a theory of neuroplasticity.* London: Psychology Press.

Sheline, Y.I., Barch, D.M., and Price, J.L. et al. (2009). The default mode network and selfreferential processes in depression. *Proceedings of the National Academy of Sciences* 106, 1942–7.

Sheng, F., and Han, S. (2012). Manipulations of cognitive strategies and intergroup relationships reduce the racial bias in empathic neural responses. *NeuroImage* 61, 786–97.

Sheng, F., Han, X., and Han, S. (2016). Dissociated neural representations of pain expressions of different races. *Cerebral Cortex* 26, 1221–33.

Sheng, F., Liu, Q., Li, H., Fang, F., and Han, S. (2014). Task modulations of racial bias in neural responses to others' suffering. *NeuroImage* 88, 263–70.

Shi, Z., Ma, Y., Wu, B., Wu, X., Wang, Y., and Han, S. (2016). Neural correlates of reflection on actual versus ideal self-discrepancy. *NeuroImage* 124, 573–80.

Shong, O.K.M. (1977). A study of the self-rating depression scale (SDS) in a psychiatric outpatient clinic. *Journal of the Korean Neuropsychiatric Association* 16, 84–94.

Shulman, G.L., Sullivan, M.A., Gish, K., and Sakoda, W.J. (1986). The role of spatialfrequency channels in the perception of local and global structure. *Perception* 15, 259–73.

Shweder, R. (1991). *Thinking through cultures.* Cambridge, MA: Harvard University

Press.

Simon, J.R. (1969). Reactions toward the source of stimulation. *Journal of Experimental Psychology* 81, 174–6.

Singelis, T.M. (1994). The measurement of independent and interdependent self-construals. *Personality and Social Psychology Bulletin* 20, 580–91.

Singer, T., Seymour, B., O'Doherty, J., Kaube, H., Dolan, R.J., and Frith, C.D. (2004). Empathy for pain involves the affective but not sensory components of pain. *Science* 303, 1157–62.

Smith, K.E., Porges, E.C., Norman, G.J., Connelly, J.J., and Decety, J. (2014). Oxytocin receptor gene variation predicts empathic concern and autonomic arousal while perceiving harm to others. *Social Neuroscience* 9, 1–9.

Snibbe, A.C., and Markus, H.R. (2005). You can't always get what you want: educational attainment, agency, and choice. *Journal of Personality and Social Psychology* 88, 703–20.

Solomon, R.C. (1990). *The big questions: a short introduction to philosophy* (3rd ed.). San Diego, CA: Harcourt Brace Jovanovich, Publishers.

Sousa, D. (2011). Mind, brain and education: the impact of educational neuroscience on the science of teaching. *Learning Landscapes* 5, 37–43.

Sparrow, B., Liu, J., and Wegner, D.M. (2011). Google effects on memory: cognitive consequences of having information at our fingertips. *Science* 333, 776–8.

Spiro, M.E., Killborne, B., and Langness, L.L.L. (eds.). (1987). *Culture and human nature*. New Brunswick: Transaction Publishers.

Stanley, J.T., Zhang, X., Fung, H.H., and Isaacowitz, D.M. (2013). Cultural differences in gaze and emotion recognition: Americans contrast more than Chinese. *Emotion* 13, 36–46.

Stein, J.L., Medland, S.E., and Vasquez, A.A. (2012). Identification of common variants associated with human hippocampal and intracranial volumes. *Nature Genetics* 44, 552–61.

Stenberg, G., Wiking, S., and Dahl, M. (1998). Judging words at face value: interference in word processing reveals automatic processing of affective facial expressions. *Cognition and Emotion* 12, 755–82.

Stewart, S.M., Simmons, A., and Habibpour, E. (2012). Treatment of culturally diverse children and adolescents with depression. *Journal of Child and Adolescent Psychopharmacology* 22, 72–9.

Strike, L.T., Couvy-Duchesne, B., Hansell, N.K., Cuellar-Partida, G., Medland, S.E., and Wright, M.J. (2015). Genetics and brain morphology. *Neuropsychology Review* 25, 63–96.

Suddendorf, T., and Butler, D.L. (2013). The nature of visual self-recognition. *Trends in Cognitive Sciences* 17, 121–7.

Sugiura, M., Watanabe, J., Maeda, Y., Matsue, Y., Fukuda, H., and Kawashima, R. (2005). Cortical mechanisms of visual self-recognition. *NeuroImage* 24, 143–9.

Sui, J., and Han, S. (2007). Self-construal priming modulates neural substrates of selfawareness. *Psychological Science* 18, 861–6.

Sui, J., Hong, Y., Liu, C.H., Humphreys, G.W., and Han, S. (2013). Dynamic cultural modulation of neural responses to one's own and friend's faces. *Social Cognitive and Affective Neuroscience* 8, 326–32.

Sui, J., and Humphreys, G. W. (2015). The integrative self: How self-reference integrates perception and memory. *Trends in Cognitive Sciences* 19, 719–28.

Sui, J., Liu, C.H., and Han, S. (2009). Cultural difference in neural mechanisms of selfrecognition. *Social Neuroscience* 4, 402–11.

Sui, J., Zhu, Y., and Chiu, C.Y. (2007). Bicultural mind, self-construal, and self- and motherreference effects: consequences of cultural priming on recognition memory. *Journal of Experimental Social Psychology* 43, 818–24.

Sui, J., Zhu, Y., and Han, S. (2006). Self-face recognition in attended and unattended conditions: an ERP study. *NeuroReport* 17, 423–7.

Sullivan, E.V., Pfefferbaum, A., Swan, G.E., and Carmelli, D. (2001). Heritability of hippocampal size in elderly twin men: equivalent influence from genes and environment. *Hippocampu* 11, 754–62.

Sutherland, R.L., and Woodward, J.L. (1940). *An introduction to sociology*. Chicago: University of Chicago Press.

Tang, Y., Zhang, W., and Chen, K. et al. (2006). Arithmetic processing in the brain shaped by cultures. *Proceedings of the National Academy of Sciences* 103, 10775–80.

Tangney, J.P., Wagner, P.E., Burggraf, S.A., Gramzow, R., and Fletcher, C. (1990). *The test of self-conscious affect for children*. Fairfax, VA: George Mason University.

Tarkka, I.M., and Treede, R.D. (1993). Equivalent electrical source analysis of painrelated somatosensory evoked potentials elicited by a CO_2 laser. *Journal of Clinical Neurophysiology* 10, 513–19.

Tattersall, I. (2008). An evolutionary framework for the acquisition of symbolic cognition by Homo sapiens. *Comparative Cognition & Behavior Reviews* 3,

99–114.

Taylor, S.E., Way, B.M., Welch, W.T., Hilmert, C.J., Lehman, B.J., and Eisenberger, N.I.(2006). Early family environment, current adversity, the serotonin transporter promoter polymorphism, and depressive symptomatology. *Biological Psychiatry* 60, 671–6.

The concise Oxford dictionary. (1990). 8th ed. New York.

Thompson, P.M., Cannon, T.D., and Narr, K.L. et al. (2001). Genetic influences on brain structure. *Nature Neuroscience* 4, 1253–8.

Thompson-Schill, S.L., D'Esposito, M., Aguirre, G.K., and Farah, M.J. (1997). Role of left inferior prefrontal cortex in retrieval of semantic knowledge: a reevaluation. *Proceedings of the National Academy of Sciences* 94, 14792–7.

Thomsen, L., Sidanius, J., and Fiske, A.P. (2007). Interpersonal leveling, independence, and self-enhancement: a comparison between Denmark and the US, and a relational practice framework for cultural psychology. *European Journal of Social Psychology* 37, 445–69.

Toga, A.W., and Thompson, P.M. (2005). Genetics of brain structure and intelligence. *Annual Review of Neuroscience* 28, 1–23.

Tomasello, M., Kruger, A.C., and Ratner, H.H. (1993). Cultural learning. *Behavioral and Brain Sciences* 16, 495–511.

Tong, F., and Nakayama, K. (1999). Robust representations for faces: evidence from visual search. *Journal of Experiment Psychology: Human Perception and Performance* 25, 1016–35.

Tost, H., Kolachana, B., and Hakimi, S. et al. (2010). A common allele in the oxytocin receptor gene (OXTR) impacts prosocial temperament and human hypothalamic-limbic structure and function. *Proceedings of the National Academy of Sciences* 107, 13936–41.

Trafimow, D., Silverman, E.S., Fan, R.M.T., and Law, J.S.F. (1997). The effects of language and priming on the relative accessibility of the private self and the collective self. *Journal of Cross-Cultural Psychology* 28, 107–23.

Trafimow, D., Triandis, H.C., and Goto, S.G. (1991). Some tests of the distinction between the private self and the collective self. *Journal of Personality and Social Psychology* 60, 649–55.

Triandis, H.C. (1989). The self and social behavior in differing cultural contexts. *Psychological Review* 96, 506–20.

Triandis, H.C. (1994). *Culture and social behavior.* New York: McGraw-Hill Book

Company.

Triandis, H.C. (1995). *Individualism and collectivism*. Boulder, CO: Westview.

Triandis, H.C. (2001). Individualism-collectivism and personality. *Journal of Personality* 69, 907–24.

Triandis, H.C., Bontempo, R., Villareal, M.J., Asai, M., and Lucca, N. (1988). Individualism and collectivism: cross-cultural perspectives on self-ingroup relationships. *Journal of Personality and Social Psychology* 54, 323–38.

Triandis, H.C., and Gelfand, M.J. (1998). Converging measurement of horizontal and vertical individualism and collectivism. *Journal of Personality and Social Psychology* 74, 118–28.

Tsai, J.L. (2007). Ideal affect: cultural causes and behavioral consequences. *Perspectives on Psychological Science* 2, 242–59.

Tsai, J.L., Knutson, B., and Fung, H.H. (2006). Cultural variation in affect valuation. *Journal of Personality and Social Psychology* 90, 288–307.

Turkheimer, E. (2000). Three laws of behavior genetics and what they mean. *Current Directions in Psychological Science* 9, 160–4.

Turkle, S. [2006] (2008). Always-on/always-on-you: the tethered self. In: J.E. Katz. *Handbook of mobile communication and social change*. Cambridge, MA: MIT Press.

Uddin, L.Q., Kaplan, J.T., Molnar-Szakaca, I., Zaidel, E., and Iacoboni, M. (2005). Selfface recognition activates a frontoparietal "mirror" network in the right hemisphere: an event-related fMRI study. *NeuroImage* 25, 926–35.

Ungerleider, L.G., and Haxby, J.V. (1994). "What" and "where" in the human brain. *Current Opinion in Neurobiology* 4, 157–65.

Ungerleider, S.K.A.L.G. (2000). Mechanisms of visual attention in the human cortex. *Annual Review of Neuroscience* 23, 315–41.

Uskul, A.K., Kitayama, S., and Nisbett, R.E. (2008). Ecocultural basis of cognition: farmers and fishermen are more holistic than herders. *Proceedings of the National Academy of Sciences* 105, 8552–6.

Utz, S. (2004). Self-construal and cooperation: is the interdependent self more cooperative than the independent self? *Self and Identity* 3, 177–90.

Van Beijsterveldt, C.E., Molenaar, P.C., De Geus, E.J., and Boomsma, D.I. (1996). Heritability of human brain functioning as assessed by electroencephalography. *American Journal of Human Genetics* 58, 562–73.

Van Beijsterveldt, C.E.M., and Van Baal, G.C.M. (2002). Twin and family studies of the human electroencephalogram: a review and a meta-analysis. *Biological Psychology* 61, 111–38.

Van der Elst, W., Van Boxtel, M.P., Van Breukelen, G.J., and Jolles, J. (2008). Is left-handedness associated with a more pronounced age-related cognitive decline? *Laterality* 13, 234–54.

Van Essen, D.C., and Dierker, D.L. (2007). Surface-based and probabilistic atlases of primate cerebral cortex. *Neuron* 56, 209–25.

Van Pelt, S., Boomsma, D.I., and Fries, P. (2012). Magnetoencephalography in twins reveals a strong genetic determination of the peak frequency of visually induced gamma-band synchronization. *Journal of Neuroscience* 32, 3388–92.

Varnum, M.E., Shi, Z., Chen, A., Qiu, J., and Han, S. (2014). When "Your" reward is the same as "My" reward: self-construal priming shifts neural responses to own vs. friends' rewards. *NeuroImage* 87, 164–9.

Volkow, N.D., Wang, G.J., and Fowler, J.S. et al. (2002). "Nonhedonic" food motivation in humans involves dopamine in the dorsal striatum and methylphenidate amplifies this effect. *Synapse* 44, 175–80.

Wade, A.G., Johnson, P.C., and Mcconnachie, A. (2010). Antidepressant treatment and cultural differences—a survey of the attitudes of physicians and patients in Sweden and Turkey. *Bmc Family Practice* 11, 93.

Wagner, A.D., Shannon, B.J., Kahn, I., and Buckner, R.L. (2005). Parietal lobe contributions to episodic memory retrieval. *Trends in Cognitive Sciences* 9, 445–53.

Walther, D.B., Caddigan, E., Fei-Fei, L., and Beck, D.M. (2009). Natural scene categories revealed in distributed patterns of activity in the human brain. *Journal of Neuroscience* 29, 10573–81.

Wan, X.H., Nakatani, H., Ueno, K., Asamizuya, T., Cheng, K., and Tanaka, K. (2011). The neural basis of intuitive best next-move generation in board game experts. *Science* 331, 341–6.

Wang, C., Ma, Y., and Han, S. (2014). Self-construal priming modulates pain perception: event-related potential evidence. *Cognitive Neuroscience* 5, 3–9.

Wang, C., Oyserman, D., Li, H., Liu, Q., and Han, S. (2013). Accessible cultural mindset modulates default mode activity: evidence for the culturally situated brain. *Social Neuroscience* 8, 203–16.

Wang, C., Wu, B., Liu, Y., Wu, X., and Han, S. (2015). Challenging emotional prejudice by changing self-concept: priming independent self-construal reduces racial in-group bias in neural responses to other's pain. *Social Cognitive &*

Affective Neuroscience 10, 1195.

Wang, E., Ding, Y.C., and Flodman, P. et al. (2004). The genetic architecture of selection at the human dopamine receptor D4 (DRD4) gene locus. *American Journal of Human Genetics* 74, 931–44.

Wang, G., Mao, L., and Ma, Y. et al. (2012). Neural representations of close others in collectivistic brains. *Social Cognitive and Affective Neuroscience* 7, 222–9.

Wang, J., Qin, W., and Liu, B. et al. (2014). Neural mechanisms of oxytocin receptor gene mediating anxiety-related temperament. *Brain Structure and Function* 219, 1543–54.

Wang, Q. (2001). Culture effects on adults' earliest childhood recollection and selfdescription: implications for the relation between memory and the self. *Journal of Personality and Social Psychology* 81, 220–33.

Wang, Q. (2004). The emergence of cultural self-constructs: autobiographical memory and self-description in European American and Chinese children. *Developmental Psychology* 40, 3–15.

Watanabe, M. (1996). Reward expectancy in primate prefrontal neurons. *Nature* 382, 629–32.

Way, B.M., and Lieberman, M.D. (2010). Is there a genetic contribution to cultural differences? Collectivism, individualism and genetic markers of social sensitivity. *Social Cognitive and Affective Neuroscience* 5, 203–11.

Wegner, D., and Ward, A. (2013). The internet has become the external hard drive for our memories. *Scientific American* 309, 6.

Westermeyer, J., Vang, T.F., and Neider, J. (1983). A comparison of refugees using and not using a psychiatric service: an analysis of DSM-III criteria and self-rating scales in crosscultural context. *Journal of Operational Psychiatry* 14, 36–41.

Wexler, B.E. (2006). *Brain and culture: neurobiology, ideology and social Change*. Cambridge, MA: MIT Press.

Whalen, P.J., Rauch, S.L., Etcoff, N.L., McInerney, S.C., Lee, M.B., and Jenike, M.A. (1998).

Masked presentations of emotional facial expressions modulate amygdala activity without explicit knowledge. *Journal of Neuroscience* 18, 411–18.

White, K., and Lehman, D.R. (2005). Culture and social comparison seeking: the role of self-motives. *Personality and Social Psychology Bulletin* 31, 232–42.

Whiting, J.W.M. (1964). The effects of climate on certain cultural practices. In: W.H. Goodenough (ed.), *Explorations in cultural anthropology: essays in honor of*

Gerrge Peter Murdock. New York: McGraw-Hill, pp. 511–44.

Wilkins, D. (2003). Why pointing with the index finger is not a universal (in sociocultural and semiotic terms). In: S. Kita (ed.), *Pointing: where language, culture, and cognition meet*. Mahwah, NJ: Lawrence Erlbaum, pp. 171–215.

Wilkinson, P.O., Trzaskowski, M., Haworth, C., and Eley, T.C. (2013). The role of gene–environment correlations and interactions in middle childhood depressive symptoms. *Development and Psychopathology* 25, 93–104.

Wilson, E.O. (2012). *On human nature*. Cambridge, MA: Harvard University Press.

Wong, R.Y.M., and Hong, Y.Y. (2005). Dynamic influences of culture on cooperation in the prisoner's dilemma. *Psychological Science* 16, 429–34.

Wright, I.C., Sham, P., Murray, R.M., Weinberger, D.R., and Bullmore, E.T. (2002). Genetic contributions to regional variability in human brain structure: methods and preliminary results. *Neuroimage* 17, 256–71.

Wright, M.J., Hansell, N.K., Geffen, G.M., Geffen, L.B., Smith, G.A., and Martin, N.G. (2001). Genetic influence on the variance in P3 amplitude and latency. *Behavior Genetics* 31, 555–65.

Wu, S., and Keysar, B. (2007). The effect of culture on perspective taking. *Psychological Science* 18, 600–6.

Xu, X., Zuo, X., Wang, X., and Han, S. (2009). Do you feel my pain? Racial group membership modulates empathic neural responses. *Journal of Neuroscience* 29, 8525–9.

Yang, J., Benyamin, B., and McEvoy, B.P. et al. (2010). Common SNPs explain a large proportion of the heritability for human height. *Nature Genetics* 42, 565–9.

Yilmaz, O., and Bahçekapili, H. G. (2015). Without God, everything is permitted? The reciprocal influence of religious and meta-ethical beliefs. *Journal of Experimental Social Psychology* 58, 95–100.

Yoon, J., and Lau, A.S. (2008). Maladaptive perfectionism and depressive symptoms among Asian American college students: contributions of interdependence and parental relations. *Cultural Diversity and Ethnic Minority Psychology* 14, 92–101.

Zang, Y., Jiang, T., Lu, Y., He, Y., and Tian, L. (2004). Regional homogeneity approach to fMRI data analysis. *NeuroImage* 22, 394–400.

Zaslansky, R., Sprecher, E., Tenke, C., Hemli, J., and Yarnitsky, D. (1996). The P300 in pain evoked potentials. *Pain* 66, 39–49.

Zeng, J., Konopka, G., Hunt, B.G., Preuss, T.M., Geschwind, D., and Soojin, V.Y.

(2012). Divergent whole-genome methylation maps of human and chimpanzee brains reveal epigenetic basis of human regulatory evolution. *American Journal of Human Genetics* 91, 455–65.

Zhang, H., and Zhou, Y. (2003). The teaching of mathematics in Chinese elementary schools. *International Journal of Psychology* 38, 286–98.

Zhang, S.Y. (2005). *An introduction to philosophy*. Beijing: Peking University Press.

Zhou, X., Chen, C., and Zang, Y. et al. (2007). Dissociated brain organization for singledigit addition and multiplication. *Neuroimage* 35, 871–80.

Zhu, Y., and Han, S. (2008). Cultural differences in the self: from philosophy to psychology and neuroscience. *Social and Personality Psychology Compass* 2, 1799–811.

Zhu, Y., and Zhang, L. (2002). An experimental study on the self-reference effect. *Sciences in China, Series C* 45, 120–8.

Zhu, Y., Zhang, L., Fan, J., and Han, S. (2007). Neural basis of cultural influence on selfrepresentation. *Neuroimage* 34, 1310–16.

Zuo, X., and Han, S. (2013). Cultural experiences reduce racial bias in neural responses to others' suffering. *Culture and Brain* 1, 34–46.